植民地初期の
朝鮮農業

植民地近代化論の
農業開発論を検証する

許 粹烈 著
庵逧由香 訳

明石書店

일제초기 조선의 농업
──식민지근대화론의 농업개발론을 비판한다

(주)도서출판 한길사

ISBN 978-89-356-6202-9 93300

日本語版序文

　拙著『開発なき開発——日帝下朝鮮経済開発の現象と本質』は、2005年に初版が出版され、3年後に『植民地朝鮮の開発と民衆——植民地近代化論、収奪論の超克』(保坂祐二訳、明石書店)というタイトルで日本の読者と出会うことができた。

　この本は非常に実証的であったにもかかわらず、韓国歴史学界でかなり大きな議論を巻き起こした。一方では、第2回林鍾國賞と第57回大韓民国学術院賞を受賞するなど、肯定的な評価を受けもしたが、また一方では激烈な批判の標的になることもあった。批判は主に、農業部門に関するものであった。

　2011年にこの間の批判に対する回答として『日帝初期朝鮮の農業——植民地近代化論の農業開発論を批判する』(ハンギル社)という拙著を出版した。本書もやはり出版後に学界の多くの関心を集め、鄭然泰、李松順、松本武祝教授の書評が出て、大韓民国学術院の優秀図書にも選定された。同時に「植民地近代化論」の最高峰とも言えるソウル大・李栄薫教授からの猛烈な批判も続いた。

　李栄薫教授の批判は、筆者としては同意しがたいものであり、また筆者の主張もやはり李教授としては同意しがたいものであったため、経済史学会学会誌である『経済史学』で下記のようなタイトルで批判と再批判が繰り返された。

李栄薫「混乱と幻想の歴史的時空：許粹烈の『日帝初期朝鮮の農業』に答える」『経済史学』第53号、2012年12月。

許粹烈「想像と事実：李栄薫教授の批評に再び答える」『経済史学』第54号、2013年6月。

李栄薫「許粹烈教授の批判に再回答する」『経済史学』第54号、2013年6月。

許粹烈「日帝初期萬頃江および東津江流域の防潮堤と河川の堤防」『経済史学』第 56 号、2014 年 6 月。

　この乾坤一擲の論争の過程で、朝鮮後期から現在にいたる韓国の農業をより客観的に見つめる上で、若干の進展があったと思う。論争があってこそ学問の発展がより一層促進されうるという点で、批判者の皆様に尊敬と感謝の意を表したい。

　最後に、翻訳版の出版と関連して、特別の謝辞を申し上げたい方がいる。まず、立命館大学の庵逧由香教授は、専門的な内容が多く、翻訳が簡単ではないにもかかわらず、快く本書の翻訳を引き受けてくださった。引用文などを原文に対照しながら丁寧に翻訳するのに労を厭わずやってくださった。庵逧教授は韓国の歴史に精通されているだけでなく、筆者の考えを最もよく理解してくださる方のお一人であったため、翻訳それ自体、なにより素晴らしいものであると信じてやまない。もし内容に問題があるとすれば、そのすべての責任は当然原著者である筆者にある。

　また、本書の日本語翻訳版は、韓国の東北亜歴史財団の支援を受けた。東北亜歴史財団の金学俊理事長と李元雨博士にも感謝申し上げる。

　前作に続いて、今回再び日本の読者の皆様の前に立つことになったのは、無限の栄光であると思う。

2015 年 7 月 13 日
許粹烈

はじめに

　『開発なき開発』(邦訳書『植民地朝鮮の開発と民衆　植民地近代化論、収奪論の超克』明石書店、2008年)という本を書いてから、いつの間にか6年が過ぎた。この本の内容をめぐり様々な批判が提起されたが、そのほとんどが日帝時代〔1910〜1945年〕の農業部門に関するものであった。これらの批判のうち、土地生産性を考慮した場合の日本人所有耕地面積の推計と、これに関わる生産物の民族別分布に対する金洛年教授の批判は痛烈なものであった。筆者が単位を錯覚していたこともこれに拍車をかけた。今後、この本の修正版を出版する時には、これらの批判を受け入れようと思う。有益な批判をしてくださった東國大の金洛年教授に感謝する。しかし、これ以外のほとんどの批判については、私は現在でも考え方を異にしており、こうした点をもう少し明確にしておく必要が生じた。それが本書を書くことになった理由である。

　またもう1つの理由としては、偶然の機会にではあるが国家記録院の朝鮮総督府文書解題作業を引き受けたことがあげられる。解題作業のために読んだ文書は、主に水利組合、土地改良、河川改修などに関するものであったが、これらを読むことで日帝時代の朝鮮農業に関して、より深く理解できるようになった。特に東津北部水利組合、東津南部水利組合、東津江水利組合などの設立認可申請文書からは、日帝初期の金堤・萬頃平野地帯に関する多くの有益な情報を得ることができた。これらの水利組合は、1925年に設立された東津水利組合の前史にあたるもので、設立認可のための申請は行われたが、結局設立できなかった組合であった。したがって、もっぱら国家記録院が所蔵している朝鮮総督府文書によってのみ、多少の具体的な内容を把握しえたのである。この資料を見ることがなかったら、本書の第2章、3章を書くのは難しかったであろう。朝鮮総督府文書綴を見る機会を与えてくださった国家記録院学芸士の盧英鍾氏、李炅龍氏、吉基泰氏にこの場を借りてお礼を申し上げたい。また、全国歴史学大会でこれに関連した発表をした時、有益な批評をしてくださり、関連史料をコピーしてくださった全北大の蘇淳烈

教授にもお礼を申し上げたい。『旧韓末韓半島地形図』の一部が見られるようご助力くださったソウル大学校の梁東烋教授にも感謝する。

しかし、本書が単に批判に対する再批判のみにとどまるのでは、学問発展に大した寄与をすることにはならないと判断し、日帝時代の農業のなかでも土地改良と農事改良部分に関するより体系的な分析を加えた。例えば、開墾や干拓面積、あるいは灌漑面積の変化といったことは、農業生産において非常に重要な生産要素であるにもかかわらず、既存の研究には総合的な研究がないように思われる。また、優良品種の普及や肥料の投入量の変化といったことも、やはり農業生産において非常に重要な要因であるにもかかわらず、その意味を総合的に考察した研究はあまりないようである。そのため本書の第4章と第5章では、土地改良と農事改良のなかでも、既存の様々な研究があまり扱わなかった部分をより新しい視角で扱ってみようと努力した。干拓に関するデータを提供してくださったソウル大学校の林采成教授と、面識が全くない筆者の資料要請に対して農業基盤施設に関する膨大なデータを快く提供してくださった韓国農漁村公社の洪文杓社長とムン・ジュノチーム長に感謝する。

また、日帝時代の農業の変化は日帝時代に限定して見ることも重要であるが、朝鮮時代および解放〔1945年8月〕以後の変化の過程の中で考察すると、その変化の意味がより明確になり得ると考え、長期的な観点でも考察してみようとした。第7章は、そのような目的で付け加えたものである。計量的な分析の解釈に関わり、多くの助言をくださった忠南大の裵霙漢教授と呉根燁教授に、この場を借りて感謝の意を伝えたい。

尊敬するソウル大の李栄薫教授の見解に対し、特に多くの異見を唱えたが、それがもしや真意を曲解したり、誤った批判になってしまったのではないかと、気がかりである。容赦のない叱正と教示を期待する。

出版に快く応じてくださったハンギル社の金彦鎬社長と、よい本となるようご尽力くださった朴ヒジン編集部長にも感謝する。

2011年11月　普門山をのぞむ寓居にて
許粹烈　記す

目次

日本語版序文　3

はじめに　5

第1章　問題提起──事実と虚構 …………………………………………………… 9

第2章　1910年代初めの金堤・萬頃平野の水利施設 …………………… 29
　　第1節　全羅北道地域への日本人の進出と
　　　　　　水利組合の設立　35
　　第2節　東津江水利組合設置の試み　43
　　第3節　1910年頃の全羅北道の水利施設　57

第3章　碧骨堤 ………………………………………………………………………… 89
　　第1節　碧骨堤に関する古い記録の検討　91
　　第2節　碧骨堤の発掘調査とその近隣地域の
　　　　　　地形に関する実測資料　105
　　第3節　過去2000年間の気候の変化　138
　　第4節　防潮堤説批判　152

第4章　米穀生産量と価格 ………………………………………………………… 161
　　第1節　日帝初め朝鮮の米穀市場　163
　　第2節　第1次世界大戦と米穀生産量の変化　175

第5章　土地改良 …………………………………………………………………… 181
　　第1節　土地改良事業の展開過程　183
　　第2節　開墾、干拓および地目変換　189
　　第3節　灌漑改善　196
　　第4節　耕地面積と栽培面積　210

第 6 章　改良農法..221
　　第 1 節　優良品種の普及拡大　223
　　第 2 節　施肥の拡大　250
　　第 3 節　米穀生産量修正の検討　262

第 7 章　農業生産性の長期的変化..269
　　第 1 節　地代量と地代率　271
　　第 2 節　朝鮮後期から日帝時代までの
　　　　　　農業生産性の変化　290
　　第 3 節　20世紀韓国の農業生産性　309

第 8 章　おわりに──誇張された危機、そして誇張された開発..319

付表　　347

＊凡例
1. 本書は、2011年に出版された『일제초기 조선의 농업 식민지근대화론의 농업개발론을 비판한다』(한길사)を翻訳したものである。翻訳は第1刷第1版を底本とし、訳注は本文中に〔　〕で括って入れた。
2. 翻訳にあたり、著者を通じて底本の誤字や誤りを訂正した。また、著者の判断により文章が改訂された部分もある。
3. 韓国語の引用文献はすべて日本語訳した。
4. 人名や固有名詞のうち、漢字のわからないものについては適宜ハングル表記を入れた。
6. 引用文は読みやすくするため、現代仮名づかいに直した箇所がある。

第1章

問題提起──事実と虚構

1970年に第二回ノーベル経済学賞を受賞した、アメリカの著名な経済学者であるサミュエルソン（P. A. Samuelson）の『経済学』序文には、「それぞれ異なる理論の色眼鏡をかけた科学者にとっては、同じ事実も違って見える」という言葉とともに、〈図1-1〉が掲載されている[1]。図の（a）は、左側を向いている鳥なのか、右側を向いている鹿（またはウサギ）なのかあいまいな絵であるが、（b）のように鳥の群れの中に入れればほとんどの人がこれを鳥と思うであろうし、（c）のように鹿の群れの中に入れれば鹿と思うようになる、というのである[2]。多くの統計を扱う経済史の場合、十分に留意しなければならない警告であると思う。

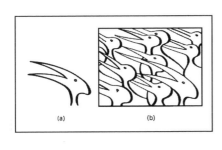
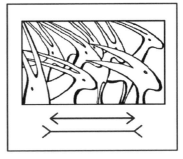

〈図1-1〉それぞれ異なる理論の色眼鏡をかけると、同じ事実も違って見える
〈資料〉P.A.Samuelson, *Economics*（8th edition）, McGraw Hill, 1970, p.10.

　日帝時代〔1910〜1945年〕初期の朝鮮経済の事実（fact）に対する認識は、特にそうであった。朝鮮王朝の統計は非常に不正確で、またその種類も多くはなかった。甲午改革〔1894〜1896〕以後に近代的統計制度が導入されはじめたが、依然として不正確で不十分であった。朝鮮総督府『統計年報』

---

[1] サミュエルソンはこの絵を、N.R.Hanson, *Patterns of Discovery,* Cambridge University Press, 1961 から引用した。
[2] 右側の絵が鹿であることは、動物の脚の部分を見るとわかる。

に見られるような統計体制は、1909年から作成されはじめ徐々に補完され、土地調査事業が終了する1918年以後になってようやく、まともな形になりはじめた。したがって、日本が朝鮮を併呑〔併合〕してから数年後までの統計は、依然として非常に不正確なものであった。このように、統計が十分でなく、また不正確であると、経済の実体があいまいにならざるをえず、そのため事実だと信じたい虚構（fiction）が入り込む余地がそれだけ大きくなり、どの理論の色眼鏡をかけるのかによって、鳥に見えることもあり鹿に見えることもあるのである。

　代表的な例の1つとして、趙廷來と李榮薫の間の金堤（キムジェ）・萬頃（マンギョン）平野地帯の農業発達状態に対する極端な認識の違いを挙げることができる。趙廷來は「収奪論」という理論の色眼鏡をかけて『アリラン』という小説（fiction）を書いたのだが、これに対して「植民地近代化論」という理論の色眼鏡をかけた李榮薫の猛烈な批判があった。趙廷來の色眼鏡は、収奪論の中でもいわゆる「原始的収奪論」と呼ばれるものに近いものであった。「奪われ、連行され」という表現に要約される、そのような歴史像であった。しかし、植民地近代化論の歴史像は、その反対であった。植民地近代化論の無数の研究があり、そのほとんどの研究に日帝の朝鮮支配が不当であるという主張は必ず登場するが、収奪の側面を扱った研究はほとんど見られない。不当な支配ではあったが、それによって朝鮮が近代化され、朝鮮人の生の質がむしろ向上したと考えるためである。のみならず、日帝時代に成し遂げられた近代化が解放後韓国経済の高度成長の歴史的背景になったと主張している。まさしくこのような理論の色眼鏡をかけて1910年代初めの金堤・萬頃平野をのぞくとしたら、『アリラン』で描写されたものと正反対の光景しか見えざるを得ないのである。

　筆者は、植民地朝鮮経済において収奪が重要な側面の1つを成しているという点を否定しないが、よく「原始的収奪論」で考えられているように、暴力で強制的に奪っていった、という意味の収奪論に対しては懐疑的である。収奪は、生産手段が日本人の手に集中し、所得が民族別で不平等になり、それが民族差別を強化していく過程が拡大再生産される植民地的経済構造においてなされたものであり、暴力が介入することもあったが、それが本質的な

ものとは限らなかったからである。この点については、『開発なき開発』〔邦訳書：保坂祐二訳『植民地朝鮮の開発と民衆——植民地近代化論、収奪論の超克』明石書店、2008年〕ですでに扱ったことがあるため、詳しい言及は省略することにする。

　ならば、植民地近代化論の主張は妥当なのだろうか？　植民地近代化論は非常に実証的であるため、その主張の妥当性は実証的に検討しうる。このような実証的な研究の最も代表的なものが、『韓国の経済成長　1910-1945』で一段落した日帝時代朝鮮のGDP推計であると考える[3]。最近の植民地近代化論の諸研究の根底には、この研究が敷かれていると言っても過言ではないであろう。

　植民地近代化論が日帝時代の朝鮮のGDPを推計するより前に、すでに李潤根と徐相喆による研究がある。しかしより体系的で信頼しうる研究は、溝口敏行によって行われた[4]。『韓国の経済成長』は、この溝口の研究を再検討しつつ、独自に推計されたものである。このほか、世界各国の人口とGDPおよび1人あたりのGDPに関する時系列資料を集めたマディソン（A.

---

[3]　金洛年編『韓国の経済成長　1910－1945』ソウル大学校出版部、2006年〔邦訳書『植民地期朝鮮の国民経済計算—1910－1945』東大出版会、2008年〕。本書では以後『韓国の経済成長』と表記する。

[4]　朝鮮総督府理財局でも1937～1945年について朝鮮の国民所得を推計したものがあり、1947～1951年の間に関しても、〔韓国〕企画処と財務部司税局で推計した国民所得がある（解放前に行われた国民所得推計に関しては、韓国産業銀行調査部『韓国産業経済十年史』（1955年）の591頁を参照のこと。解放後にはネイサン報告で1949～50、1952～53、1953～54年の国民所得を推計したことがある（民衆院商工委員会『ネイサン報告－韓国経済再建計画－』1954年、1137－1140頁）。しかし「この数字は非公式的だということを強調する」としている（前掲書、1093頁）。解放後の個人による研究としては、李潤根が最初に1926～1935年の日帝時代国民所得を推計したことがあり（『韓国の国民所得推計およびその内容：1926－1935年』蛍雪出版社、1968年）、徐相喆によって1910～1940年の朝鮮の国民所得が推計されたことがある（Suh, Sang-Chul, *Growth and Structural Changes in the Korean Economy, 1910－1940*, Harvard University Press, 1978）。朝鮮の国民総支出（GNE）に関するより精緻な推計は、溝口敏行などにより行われた（溝口敏行・梅村又次編『旧日本植民地経済統計：統計と分析』東洋経済新報社、1988年）。金洛年は、既存の推計方法と資料を補完して新たな国内総生産（GDP）推計を行った（金洛年編『韓国の経済成長　1910－1945』ソウル大学校出版部、2006年）。ただし、溝口敏行などの推計は1911～1938年までであり、金洛年らの推計は1911～1940年までである。最近金洛年は、既存の研究を土台にGDPの道別分割を行い（「日帝時期我が国GDPの道別分割」『経済史学』第45号、2008年）、韓国銀行のGDP系列と連結させる作業（「韓国の国民勘定、1911－2007年——主要指標を中心に」『韓国銀行金融経済研究院経済分析』第15巻第2号、2009年）を行った。

図2　溝口推計（不変価格）の検討

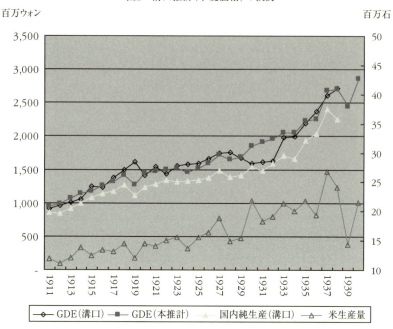

〈図1-2〉溝口の研究と『韓国の経済成長』で推計された日帝時代朝鮮のGDE
〈注〉凡例の「本推計」は、『韓国の経済成長』の推計をさす。
〈資料〉金洛年「日帝下経済成長に関するいくつかの論点」『2006年経済史学会年末学術大会』（経済史学会、2006年）からこの図をコピーして利用した。ただし、原図にハングルで表記された部分は、日本語に翻訳した。原資料は、金洛年編『韓国の経済成長　1910-1945』ソウル大学校出版部、2006年、372頁および溝口敏行・梅村又次編『旧日本植民地経済統計：統計と分析』東洋経済新報社、1988年、238頁。

Maddison）の資料でも、日帝時代朝鮮のGDPが南北朝鮮別に区分されて出てくる。ただし、マディソンの資料は溝口の研究結果を南北朝鮮別に区分して1990年の不変価格ドルに換算したものであるため、1911〜1938年のGDP推計は、溝口のものと事実上変わらない[5]。

『韓国の経済成長』と溝口の推計結果を比較してみると、〈図1-2〉のよう

---

[5] この資料は、*The World Economy: Historical Statistics*（OECD）という本として出版されたものだが、データはエクセルファイルの形態でマディソンのホームページ（http://www.ggdc.net/Maddison/）で公開されている。

になる。4つのグラフ線のうち一番上の2つの線が、それぞれで推計された GDE（国内総支出：Gross Domestic Expenditure）を比較したものである[6]。細部に入ると両者の間には相当な違いがあるであろうが、あえて評価するならば、『韓国の経済成長』の推計の方が一段階進展しているように思われる。しかし、推計の結果だけを見るならば、両者の間に差はほとんどない[7]。1919年と1930〜1932年間の4つの年度においてのみ若干の差があるだけで、残りの年度では事実上同一と見てもよい。

　一方、1人あたりのGDPはGDPを人口で割ったものであるが、両者の研究ではこれに関する資料も見ることができる（〈図1-3〉参照）。前記の〈図1-2〉で見たように、推計されたGDPが両者間でほぼ同じようなものであるにもかかわらず、1人あたりのGDPではかなりの差が出ている。当然予想されうるように、この違いはGDPを割った時に使用した人口がそれぞれ異なるためである。『韓国の経済成長』で推計した人口も、実は何度も修正を経てから本に収録されたのであるが、区間別の人口増加率の振り幅がかなり特異である。したがって、現在ではその推計が信頼に値するのかどうか、評価するのは難しい。このように1人あたりのGDPを計算するのに使用した人口がそれぞれ異なったため、推計された1人あたりのGDPは、その差が両者間で相当大きくなる。特に主要な違いは、溝口の場合には1919〜1932年の1人あたりのGDPが停滞ないし減少しているのに比べ、『韓国の経済成長』では緩慢ではあるが持続的に成長することになっている。

　このように両者は主に1919年と1930〜1932年の間に若干の差が見られつつも、結果的には似たような推計値を出しているが、その中で我々が注目したいのは、1911〜1918年の間の直線的な成長である。〈図1-2〉のGDEや〈図1-3〉の1人あたりのGDPを見ると、『韓国の経済成長』でも、また

---

[6] 国内総支出（GDE）は、支出の側面から国民所得を測定したもので、国内総生産（GDP）は生産の側面から国民所得を測定したものである。国民所得を測定する方法が違うだけで、国民所得の三面等価の原則によって、両者はその大きさが同じである。すなわち、GDE＝GDPである。

[7] 2006年の経済史学会年末大会の発表で、金洛年は両者間に約6.2%の格差があるとしたが、その格差は主にこの4つの年度において発生したものであることが一目でわかる。金洛年「日帝下経済成長に関するいくつかの論点」『2006年経済史学会年末学術大会』（経済史学会）、2006年。

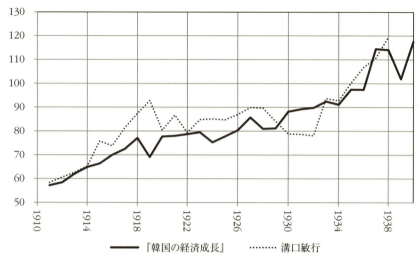

〈図1-3〉『韓国の経済成長』と溝口の1人あたりのGDP比較（単位：円）
〈資料〉1人あたりの国内総生産は『韓国の経済成長』の「1935年価格の国内総生産」（372頁）を「人口」（360頁）で割って計算した。溝口敏行・梅村又次編『旧日本植民地経済統計：推計と分析』東洋経済新報社、1988年。

　溝口の推計でも、ともにこの1911〜1918年の間に急速に成長したことになっている。溝口推計の場合には、その成長の勢いがより一層際立つ。この期間に朝鮮経済がこれほど急速に成長したのには、果たして特別な理由でもあるのだろうか？

　『韓国の経済成長』では、産業別実質生産額も推計しているため、この本に収録されているデータで産業別実質生産額をグラフにしてみると、〈図1-4〉のようになる。太い灰色線と点線（a–B）は、筆者が変化の趨勢を念頭に置いて付け加えたものである。

　この図によると、1911〜1940年に農業生産額はほかの産業の生産額を圧倒している。工業が本格的に発展しはじめるのは1932年以降であったため、1920年代末まで産業生産額全体において農業生産額が占める割合は非常に高く、農業生産の動向がGDPの変化に多大な影響を与えざるをえない時期であった。しかし、農業の割合が圧倒的であった1911〜1929年の農業の実質生産額を見ると、1918年を境に変化の趨勢がはっきりと分かれている。

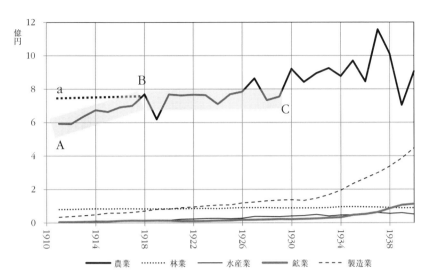

〈図 1-4〉経済活動別国内総生産と国民所得（1935 年価格）
〈資料〉『韓国の経済成長』370 頁より作成。

1911 ～ 1918 年には農業生産額が急速に増加したが、1918 ～ 1929 年には事実上停滞状態に置かれていた。〈図 1-2〉の GDE と〈図 1-3〉の 1 人当たり GDP が、1918 年まではとりわけ急速に増加していた最大の理由は、まさにこの時期の農業生産が非常に急速に増加したと推計されたためであった。

ところが『韓国の経済成長』で農業生産が急速に増加したと推計していた 1911 ～ 1917 年は、あいにく朝鮮総督府自身が、統計が不正確であったと 2 回にわたって自ら修正していた、ちょうどその期間に当たる。すなわち、朝鮮総督府は 1918 年に土地調査事業が完了した後、朝鮮総督府『統計年報』1918 年版と 1919 年版で、農業生産量と栽培面積に関する過去（1917 年以前）の統計を修正して発表していたのである。

『韓国の経済成長』で米穀以外の農産物生産量は、どのように扱われているだろうか？『韓国の経済成長』では 14 の主要農産物の生産量に関する表が収録されている。GDP 推計ではこのデータが使用されたのであろう。14 の農産物の種類は、玄米・大麦・小麦・裸麦・大豆・小豆・粟・ジャガイモ・大根・白菜・綿・りんご・牛・繭などであるが、このうち食用栽培畑作

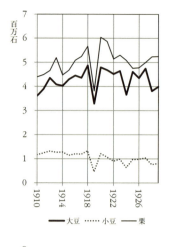
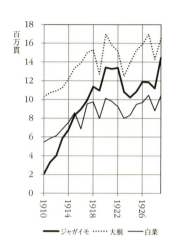
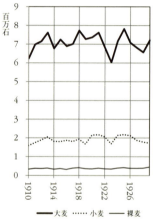

〈図1-5〉米穀以外の主要栽培作物の生産量推計
〈注〉14個品目のうち玄米、牛、綿、繭、りんごはグラフを省略した。
〈資料〉『韓国の経済成長』410-411頁より作成。

物の場合（9種類）のみ抜き出してグラフにすると、〈図1-5〉のようになる。大麦・小麦・裸麦のように1918年までの趨勢がそれ以後の趨勢とそれほど違わないものもあるが、残りの6品目、すなわち大豆・小豆・粟・ジャガイモ・大根・白菜の生産量は1918年を境に変化の様相が明らかに区別される。

『韓国の経済成長』で列挙した14品目は、当時朝鮮の農業生産で非常に大

〈表1-1〉畑作物の作物別生産額とその構成比率（1918年）

	生産額（円）	構成比		生産額（円）	構成比
大麦	65,692,637	17.2%	陸地綿	14,677,869	3.8%
小麦	28,717,713	7.5%	在来綿	4,015,056	1.1%
裸麦	6,522,189	1.7%	大根	15,317,697	4.0%
大豆	66,367,237	17.4%	白菜	13,647,617	3.6%
粟	50,124,172	13.1%	小計	315,742,449	82.7%
小豆	20,985,736	5.5%	その他	65,853,542	17.3%
ジャガイモ	29,674,526	7.8%	合計	381,595,991	100.0%

〈資料〉朝鮮総督府『統計年報』1918年版より作成。

きな割合を占める品目であった。畑作物の場合について1918年の朝鮮総督府『統計年報』の生産額構成比率を見ると、〈表1-1〉のようになる。

　全部で11の作物の生産額が1918年の畑作物生産額の合計において占める割合は82.7％で、ほとんど大部分を占める。『韓国の経済成長』が数多くの作物の中からこれらの作物を列挙した理由は、これらの品目が全体の農業生産において非常に大きな割合を占めていたからであろう。ともあれ、『韓国の経済成長』でGDPを推計するなかで使用された畑作物生産量のデータは、ほとんどの場合1918年を境に生産量の変化の趨勢が明確に区別される。果たして畑作物が1918年を境にこのように生産趨勢が変化した特別な理由があったのであろうか？

　『韓国の経済成長』で農業部門を担当していた朴ソプは、GDP推計に使用した農業生産統計を非常に慎重に処理した。あらゆる修正でそれなりに合理的な修正の根拠を提示しようと努力した[8]。しかし、修正の結果は〈図1-4〉

---

8) 『韓国の経済成長』の農業部門を担当していた朴ソプは、2006年経済史学会年末学術大会の発表文で「筆者は統計を過剰修正しないように注意した。そうして筆者が求めた情報を最大限多く活用し、その情報のうち修正すべき根拠を見いだせないものはそのままにしておいた。前述したように、過剰修正しないためである。筆者の修正に満足できない読者は、筆者の発見を利用してより積極的に修正し、その結果を使用すればよいだろう」と言った。朴ソプ「『植民地近代化論』をめぐる最近の論争に対する所見」『2006年経済史学会年末学術大会発表文』2006年。この引用文で1911～1917年の農業統計の処理と関連して、彼がどのような立場を取ったのか、推し量ることができる。

で見たように、1918年を境に前後の2つの期間の変化趨勢が画然と区別されることになってしまったのである。

　筆者は1911〜1918年の農業生産額は1918〜1926年の趨勢線を延長して推計するのが正しいと考えた。言い換えれば、1918年までの農業生産の変化趨勢は、1918〜1926年の農業生産の変化趨勢と大きく異ならないであろうと考えたのである。なぜ大きく異ならないと見たのかについては、本書全体を通じて論証されるであろう。

　1917年までの農業統計の修正は、ざっと見ただけでは非常に些細な問題のようであるが、事実はそうではない。この時期の変化をどのように把握するのかによって、日帝時代の朝鮮経済の変化に対する評価が大きく異なりうるためである。〈図1-6〉はマディソンの資料を使用して1911〜1954年の韓国（南部朝鮮）の1人当たりGDPの変化を考察したものである[9]。この図を利用して、1917年までの変化に対する修正がどのような意味を持つのか、見てみることにしよう。

　もし朝鮮の1人あたりGDPがこの図のように変化したとすれば、日帝時代の朝鮮経済はどのように成長したと見ることができるだろうか？　植民地近代化論の論著では、おおよそ以下のような類型の言及にしばしば接することになる[10]。

　　　三カ年移動平均値で計算した実質GDPは、1912〜1939年の間、年平均3.6％が増加し、2.66倍に増え、民間消費は同期間中に年平均3.3％増加し、2.66倍に増えた……1人あたりの所得は1.87倍……に増えた……27年間の1人あたり所得増加率年2.3％は、20世紀後半の高度成長の記憶に慣れている人々にとっては、低調な数値に見えるかもしれないが、しかし1913〜50年の世界各国の1人あたり所得の年間成長率は0.9％であり、日本を除くアジアのそれは、−0.02％とマイナス成長を

---

[9] 『韓国の経済成長』と溝口の1人当たりGDPについては、前述の〈図1-3〉を参照せよ。
[10] 李大根ほか『新しい韓国経済発展史——朝鮮後期から20世紀高度成長まで』ナナム出版、2005年、320頁、朱益鐘論文。同書289頁の金洛年の論文でも、朝鮮の経済が1911〜1940年の間に年間3.7％の成長率を示したと計算されている。

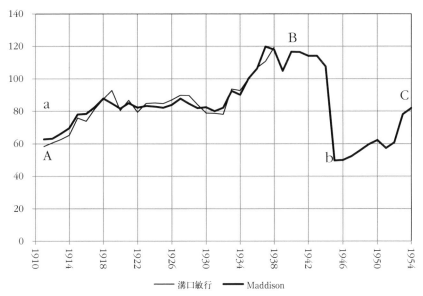

〈図 1-6〉マディソンと溝口による韓国（南部朝鮮）の 1 人当たり GDP（単位：円）

〈資料〉A. Maddison, *The World Economy: Historical Statistics*（OECD）. ここではマディソンのホームページ（http://www.ggdc.net/Maddison/）からダウンロードしたエクセルファイルを使用した。

見せたこと、そして 1880 ～ 1990 年の米国の 1 人あたり所得増加率が年 1.7 ％ だったという事実に照らし合わせれば、これは決して低い数値とはいえない。それは、経済が持続的な成長局面に入ったことを、すなわち近代経済成長に突入したことを示すには十分だ。

この引用文からもわかるように、実質 GDP が急速に増加するものと推計されたことが根拠となり、民間消費も 1 人あたりの所得も増加し、近代経済成長も始まったと言うのである[11]。これらすべてが植民地近代化論の核心的な主張に属するものである。

---

[11] 1917 年までの朝鮮の GDP が急速に増加したと推計された原因のうちの 1 つが、前述〈図 1-4〉に見られるような農業生産の特異な増加のためであった。このような統計を使用したため、1910 ～ 1917 年の間に 1 人あたりの民間消費も、また 1 人あたりの食糧消費量または 1 人あたりの一日カロリー摂取量も、他のどの区間より急速に増加したか改善されたことになり、植民地近代化論の主張を補強する役割を果たすことになる。

そうであるなら、この引用文で年平均成長率が3.6％というのは、どのように計算されたのであろうか？　それは、1912年と最終年度である1939年のGDPを、次のような年間平均成長率（CAGR ; Compound Annual Growth Rate）計算公式に当てはめて計算したものである[12]。

$$CAGR(t_0, t_n) = \left(\frac{V(t_n)}{V(t_0)}\right)^{\frac{1}{t_n - t_0}} - 1$$

1人あたりの所得増加率が年2.3％というのも、似たような方法で計算される。簡単に言って、〈図1-6〉のAとBを比較して計算することができる。しかし、もし1911年の1人あたりGDPがAではなくa付近であったとすると、どうなるであろうか？　この場合、年平均成長率はaとBで計算されることになり、成長率は明らかに低くなるであろう。日帝時代初期の値は、このような比較計算の場合には、比較の土台となるものであるため、変化率に非常に大きな影響を与えざるを得ない。筆者は1911年の1人あたりGDPがAではなくa付近の位置にあったと主張してきており、植民地近代化論ではAと推計しても何ら問題はないと主張してきたのである。

植民地近代化論の日帝時代の経済変化に対する評価には、もう1つ問題がある。前述したように、『韓国の経済成長』は本書で便宜上呼んでいる略称であり、本来のタイトルは『韓国の経済成長　1910-1945』である。タイトルだけだと日帝時代全体をすべてカバーしているかのように見えるが、本書でGDP推計が行われる区間は1911～1940年のみであり、1941～1945年は含まれていない。

もちろん、1941～1945年のGDP推計が行われていなかったということ

---

12) ここでt_0は1912年で、t_nは1939年であり、V（t_0）は1912年のGDP、V（t_n）は1939年のGDP、$t_n - t_0$は1939－1912すなわち27である。計算式が複雑に見えるが、エクセルを使用すれば簡単に計算できる。1912年のGDPが1000（百万円）で、1939年のGDPが2670（百万円）だとすると、年平均成長率 $CAGR = \left(\frac{2670}{1000}\right)^{\frac{1}{1939-1912}} - 1$ となり、エクセルで＝(2670/1000)^(1/27)－1と計算してみると、その値は0.03704すなわち毎年3.7％ずつ成長していることになる。ただし、朱益鐘が計算に使用した統計は、1911～1913年の間の3年平均を1912年として把握し、1938～1940年の3年平均を1939年として把握して両者を比較したものである。

が問題になるのではない。この時期は戦時経済体制が最高潮に達した区間を含んでいるため、戦時統制による資料の欠落や不正確および歪曲が数多くあり、そのためまともな推計を行うのは非常に難しいと判断される。溝口が推計期間を1938年までにしたのも、また『韓国の経済成長』が多少の無理をしても、この期間を1940年までのかろうじて2年だけしか延長できなかったのも、こうした理由によるため、1941年以後に関して推計しなかったのは、十分に理解できる。

　問題は、GDP推計で1941〜1945年が抜けているということではない。日帝時代に行われた植民地的開発を評価しようとするならば、どのような方法によってでも、この期間に対する考慮が伴わなければならないという点を強調したいのである。1941〜1945年は5年間の短い期間にすぎないが、〈図1-6〉に見られるように、日帝植民地経済体制が崩壊する区間を含んでいるため、もしこの期間を除外して日帝時代の経済開発現象を分析するならば、植民地経済体制の成立・発展のみ論じ崩壊期は議論から抜け落ちてしまい、まともな評価にはなり難い。

　1941〜1945年の期間も含めて再計算してみると、今度は〈図1-6〉のAとbの比較となるであろう。マディソンの資料では、1945年の1人あたりGDPが1911年より低いため、年平均成長率はマイナスになるであろう[13]。もし1911年のGDPがAではなくaだとすれば、aとbの比較により年平均成長率が計算されなければならないであろうし、マイナスの成長率はいっそう大きくなる。

　問題は1941〜1952年のマディソンの推計が信頼しうるだけのものかどうかという点であるが、筆者はこれはそれほど厳密なものだとは考えない。単なる1つの参考事項程度にすぎない。戦時統制経済の強化と日本帝国主義の崩壊、米軍政の実施、南北分断、朝鮮戦争など、韓国の歴史上このよう

---

13) 前述の引用文で朱益鐘は、1912〜1939年の朝鮮の1人あたり所得は年2.3%増加したが、「1913〜50年の世界各国の1人あたり所得の年間成長率は0.9%であり、日本を除くアジアのそれは−0.02%のマイナス成長」だったことと比較すると、決して低い数値ではないとした。朝鮮以外の地域の1人あたり所得はマディソンのデータを使用した。もし朝鮮に対しても比較期間を同一にして1913〜1950年とするなら、この引用文とは完全に異なる結論が得られるであろう。

に激烈な変化が起きた時期も珍しいであろう。当然、この時期の1人あたりGDPに対する正確な推計は事実上不可能であろうが、日帝末期と解放直後にそれが急落しただろうという点だけは、異議がないであろう。すなわち、1945年の実際の1人あたりGDPは、〈図1-6〉でマディソンが計算した1人あたりGDPの位置bより、少し高くもなりうるし、もう少し低くもなりうるであろう。この点を考慮したとしても、日帝時代全体の成長成績表は『韓国の経済成長』で主張するように、それほど高いものではなく、非常に貧弱なものにならざるを得ない。さらに日帝初期の1人あたりGDPがAではなくaだとすると、成長成績表はよりいっそう貧弱にならざるをえない。

マディソンの推計が信頼できないとしたら、韓国銀行で公表した1953年のGDPと比較してみるのも1つの方法であろう。この場合も、AとCの比較およびaとCの比較は、成長成績表上では全く異なるイメージを見せてくれる。AとCの場合には、若干のプラス成長率を示すことになるが、aとCの場合には、その成長率がほとんど0に近いか、あるいはマイナスの値となるであろう。

筆者の主張のように、〈図1-4〉や〈図1-6〉で実質農業生産額や1人あたりGDPがAではなくaだとすると、前述の引用文に見られる植民地近代化論の核心的な主張は、ほとんど立つ瀬を失ってしまうであろう。植民地近代化論を批判する中で1911～1918年の間の朝鮮の農業を集中的に扱う理由が、まさにここにある。

筆者は、1911～1918年の朝鮮農業の変化の様相は、1918～1929年と大きく違わなかったであろうと判断した。そのため1911～1918年の農業生産を、1918～1929年と同様に、それ以後の趨勢線に沿って修正しなければならないと主張した。1918～1929年の実質農業生産額がごくわずかだけ増加したため、1911～1918年の間の実質農業生産額もわずかに増加したとみるのが正しいということである。ところが、植民地近代化論において、筆者の主張を受け入れて日帝初期の値を修正することになれば、開発の効果がなくなることになり、それは単純な統計の修正ではなく、植民地近代化論的歴史観の修正となってしまうため、受け入れられなくなる。そのため、1911～1918年の農業生産に関する統計は、とてつもなく重要な争点とならざる

を得ない。日帝初期の農業生産に関する統計の修正を要求する筆者の見解に対して、植民地近代化論から強い批判を浴びせている理由も、まさにここにあるであろう。

果たして『韓国の経済成長』のデータを使用して描いた〈図1-4〉のように、1911～1918年の朝鮮の実質農業生産額が1919～1926年に比べてはるかに急速に増加した、何か明白な理由があったであろうか？　筆者はそれだけの理由はなかったと見て、植民地近代化論は十分な理由があったと主張しているのである。植民地近代化論の主張を整理すると、その理由としては次のようなものが挙げられている。

第一に、1910年代の朝鮮経済は第一次世界大戦の好景気で生産が急増した期間であり、したがって農業生産も急増した。第二に、日露戦争以後、日本人が朝鮮に進出するなか開墾と干拓および各種の水利施設が発達するようになり、それが農業生産を急増させた。第三に、この時期には畑を水田に変更させる地目変換が活発に行われ、それが米穀生産を大きく増加させた。第四に、改良農法、特に優良品種の普及が広範に行われたことで、農業生産が大幅に増加した。

もう一度強調するが、1911～1918年に上記の要因が存在したということだけでは、十分な説明になりえない。例えば、1911～1918年の農業生産の急増が耕地面積あるいは栽培面積の増加によるとすれば、単純にこの期間の間、耕地面積あるいは栽培面積が増加したということだけでは十分な説明にはならず、その増加が1918～1929年に比べてはるかに急速であったことを立証しなければならないのである。結局1911～1918年の農業生産の急増を説明するためには、この期間の統計だけでなく、その後の期間に対する検討も必要となる。筆者は耕地面積あるいは栽培面積は、1911～1918年よりも、産米増殖計画が実施された1920年以後により急速に増加したと考えているため、これらの要因によって1911～1918年に農業生産がより急速に増加したという主張は、正しくないと考えたのである。農業生産の増加に影響を与えた他の要因、例えば価格や改良農法の普及のような場合でも同様の指摘をすることができる。言ってみれば、1911～1918年に農業生産をことさらに急速に増加させるだけの栽培面積の増加や価格要因は存在せず、優

良品種の普及や改良農法の普及も、実際には反歩当たりの生産量を大幅に増加させることは出来なかったと見たのである。

このように互いに対立的な主張を検討するためには、農業生産に影響を与える様々な要因に対する総合的な検討が必要となる。したがって、本書の第2章では、全羅北道地域を事例として、日露戦争以後から日帝初期に至るまで、朝鮮在来の水利施設と日本人らによって造られた水利施設に関して検討することで、植民地近代化論の主張が朝鮮在来の水利施設は過小評価して日本人による開発は過大評価しているという点を、明らかにしようとした。第3章では植民地近代化論が碧骨堤を防潮堤だと仮定したため、その堤防より下の平野地帯を干潟や浜辺とみなし、その過程でやはり在来的な農業発展を過小評価して日本人による農業開発を過大評価する、という問題を扱ってみた。第2章と第3章の分析は、地域事例に該当するものであるが、それを通じて植民地近代化論的な事実認識にどのような問題があるのか、明らかになるであろう。第4章から第6章までは、農業生産に影響を及ぼす要因に関して検討した。すなわち、第4章では米穀価格の変化と農業生産量の変化の間の関係を扱った。植民地近代化論では第一次世界大戦の好景気が農業生産を大きく突出させたと主張しているが、そうした主張が厳密ではなかったということが明らかになるだろう。第5章では、土地改良という項目の中で栽培面積に影響を及ぼす開墾と干拓および地目変換を扱い、土地改良と密接な関連を持つ灌漑施設の変化も扱った。土地改良という側面から見ると、それが本格化するのは産米増殖計画がはじまる1920年以後であるため、土地改良の拡大によって農業生産が増加したとすれば、それは1911～1918年の間というよりは、むしろ1918年以後だったと言えることを明らかにした。

第6章では、土地の反歩当たりの生産量に影響を及ぼす様々な要因の中から、肥料使用量の変化と優良品種の普及に関して検討した。肥料使用量の増加という側面から農業生産の変化を検討して見ると、1911～1918年よりは販売肥料の奨励が始まる1919年以後に農業生産量がより多く増加しなければならない、というのが筆者の考えであった。1911～1918年の間の農業生産の増加が、肥料投入量が他の時期に比べこの時期により急速に増加したために成し遂げられたとは、植民地近代化論でさえも考えないであろう。第6章で核心的な争点は、優良品種の普及と関連することであると考える。1911

〜1918年に農業生産が大幅に増加したという植民地近代化論の主張は、在来品種より生産性が優れて高い優良品種の普及率がこの時期に急増したという統計によるところが大きいであろう。しかし、朝鮮総督府の統計を詳しく見てみると、優良品種の普及がこの時期の農業生産量を実際に大幅に増加させたとみるのは難しい、というのが筆者の考えである。同じ朝鮮総督府の統計を使用したにもかかわらず、その統計の解釈は大きく異なった。おそらく、理論の色眼鏡がそのように作用したと思われる。金洛年は、筆者は論理的に矛盾しているとしたが、実際は彼の方が論理的に矛盾していることを明らかにしようとした。最後に第7章では、日帝初期の農業生産の変化を、朝鮮後期から最近にいたる長期間の変化の中で考察することで、植民地近代化論の農業観が朝鮮王朝時代末期の農業の不調を過度に拡大解釈して日帝時代の農業開発を過度に拡大解釈することによって、結果的に植民史観と事実上変わらない主張をしているという点が明らかになるだろう。そして20世紀全体を通じて朝鮮の農業がどのような軌跡を描きながら発展してきたのかを考察することで、植民地的農業開発が意外にも非常に制限的であり、本格的な農業開発は解放以後にようやくなされたことが、明らかになるであろう。

第2章

1910年代初めの
金堤・萬頃平野の水利施設

2007年夏、小説家である趙廷來(チョジョンネ)と歴史学者である李栄薫(イヨンフン)の間で、日帝時代、特に1910年代初頭の朝鮮農業に関わるいくつかの事実認識をめぐって、激烈な論争があった。始まりは、李栄薫がニューライト（New Right）の季刊誌である『時代精神』2007年夏号に「われわれの時代の進歩的知識人――④趙廷來論　狂気みなぎる憎悪の歴史小説家・趙廷來――大河小説『アリラン』を中心に」という、長い上に非常に挑発的なタイトルの批判文を発表したことから始まった。李栄薫によると、「去る（2007年：引用者）7月初めにはMBC放送局が『ニュース・フー』という企画報道を通じて私の趙廷來批判に対する反論を試みた」とした。そして『時代精神』2007年秋号では、「金堤の歴史の本流にも届かず、異邦人としてくすぶる趙廷來と、何がわかって何を知らないのか、区別さえできないMBC――趙廷來とMBCの反駁に対する再反駁」という、やはり長く激烈なタイトルの批判文を発表した[1]。

　李栄薫の批判文は、大衆紙に掲載されたものであったため、そのタイトルや表現法についてとやかく言うつもりはない。また趙廷來に対する数多くの批判を1つ1つ検討する余裕もない。しかし1910年頃の全羅北道の農業と碧骨堤についての李栄薫の見解については、もう少し具体的に検討してみる必要がある。

　これには2つの理由がある。1つは、全羅北道という地域が韓国の水利施設の近代化において、最も代表的な所であるという点があげられる。周知のように、この地域では三国時代から湖南平野の最大貯水池に数えられてきた碧骨堤、訥堤、黄登堤（または腰橋堤）があり、1910年を前後して朝鮮において最も早くに、そして最も活発に水利組合が創設されていた地域であり、早くから不二興業などによる大規模な干拓事業が行われていた所でもあった。また、1920年代に築造された大雅ダムと雲岩ダムは、韓国の水源地開発史

---

[1]　この2つの批判文は、ともに『時代精神』のホームページ（http://www.sdjs.co.kr/sub1a.php）で原文を読むことができる。本書では、「われわれの時代の進歩的知識人……」を「李栄薫（2007年夏）」と表記し、「金堤の歴史の本流……」を「李栄薫（2007年秋）」と表記することにする。

において非常に重要な意味を持つものである。さらに、1925年には朝鮮総督府による萬頃江改修工事が始まるが、これは洛東江下流の改修工事とあわせて、朝鮮で最初の河川改修工事であった。解放後も界火島の干拓地の造成とセマンクム〔新萬金〕事業によって、碧海が完全な桑田に変えられる大々的な改造が行われた地域でもある[2]。一言で言えば、古代から現代にいたるまで韓国の水利施設と関連するあらゆる土木工事の集約版をこの地に見ることができる。特に20世紀に大々的な変化が起こる前のこの地域の水利状態を明らかにすることは、この地域の開発と関連するあらゆる研究の出発点になるという点で、非常に重要である。しかし、まず結論から言えば、李栄薫の批判は、そのほとんどが事実に対する不正確な理解と無理な推論に依拠しており、非常に問題が多い。そうした批判を自信を持って書いている李栄薫を見ても、またそのような間違った批判に対して未だにまともな批判の1つもなかった点を見ても、この時期の研究が極めて不足していることがわかる。

　またもう1つの理由は、李栄薫がいわゆる「植民地近代化論」の権威者だという点とも関連がある。筆者は植民地近代化論の1910年代初の農業に対する認識は、朝鮮総督府の不正確な初期統計をきちんと修正せずに使用したため間違えた、と批判してきたが、李栄薫は、統計が正しく、したがってこの時期に実際に農業生産が非常に急速に増加したという認識のもと、筆者を猛烈に批判してきた。彼がなぜ、1910年代の朝鮮の農業生産が急速に増加したと信じているのかを示す1つの事例が、まさにこの趙廷來に対する批判の中にも余すところなく入り込んでいる、と考える。

　まず、1910年代の全羅北道の平野地帯である金堤・萬頃平野に対する趙廷來と李栄薫の視角の違いから確認してみよう。趙廷來は『アリラン』という小説で、金堤・萬頃平野に対してこのように書いた[3]。

　　その果てが空と触れあう広い広い野辺は、どこのだれがどれだけ躍起

---

[2] 人間による河川の利用方法に焦点を絞って萬頃江を扱ったチョ・ソンウク（조성옥）の論文が参照に値する。チョ・ソンウク「萬頃江の役割と意味の変化」『韓国地域地理学会誌』第13巻第2号、2007年。
[3] 趙廷來『アリラン』ヘネム出版社、第1巻、11頁、143頁。

になって歩いても、いつも、もとの場所で無駄足を踏んでいるような錯覚に陥らせる。その野原は「チンゲメンゲン　ウェエミットゥル〔「징게맹갱외에밋들」、キムジェマンギョン、広い野原〕」と呼ばれる金堤・萬頃平野であり、それは湖南平野の一部だった……その緑の野原は誰に対しても限りなく豊かでたっぷりとしており、敬虔で謙遜する心まで抱かせてくれた。

同じ時期、同じ地域に対する李栄薫の描写はこうである[4]。

『アリラン』が始まる1904年に戻ると、その地平線にいたるまで、広闊な干潟と塩水で草が枯れた浜田ばかりだった。その歴史を知ってか知らずか、趙廷來は「キムジェマンギョン　広い野原」の、その広闊さと豊かさをこれほどまでに情緒豊かにうたいあげた。

「キムジェマンギョン　広い野原」と言われる金堤・萬頃平野地帯。李栄薫はこの地域が日帝初期までは荒涼とした不毛地であったことを説明するために、〈図2-1〉のような地図を作成した。「地図で赤い部分は本来の干潟で、青い部分は海水の浸入にさらされる浜田に該当する」とした。この地図に凝縮して説明されているように、趙廷來が「「キムジェマンギョン　広い野原」とうたった金堤・萬頃平野」は、この地図では青く塗られた部分に該当し、したがって「海水で草が枯れた浜田ばかりだ」った地域となる[5]。李栄薫の批判文は、この図で記号を付した地域を中心に、趙廷來の歴史認識を1つ1つ批判していくものになっている。

これら批判は、1つ1つその根拠を挙げているため、一見非常に客観的で妥当なもののように見える。しかし、事実はその反対である。1910年頃の全羅北道の農業に関するこの批判は、ほとんどが不正確な事実認識に基づい

---

4) 李栄薫（2007年秋）、133頁。
5) 李栄薫の地図は、インターネット版ではカラーになっているが、出版された地図は白黒版であるため、色の描写が異なる。すなわち、インターネット版の赤い色は濃い灰色に、青い色は薄い灰色となる。

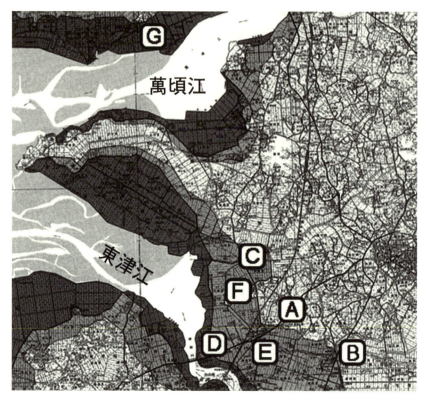

〈図2-1〉金堤・萬頃平野の原状と干拓過程
〈注〉地図は李栄薫（2007秋）の〈地図5〉をコピーした。A～Fの番号は、同じ論文にある〈地図1〉の番号をそのまま書いたものである。ただし、Gは李栄薫の論文で取り扱っている萬頃江の入口地域で、筆者が追加表記しておいたものである。地図で「赤い色（濃い灰色）の部分はもともと干潟で、青色（薄い灰色）部分は海水の浸入にさらされている浜田にあたる」。ただし、この地図で濃い灰色の部分は解放後に干拓されたものも含まれる。符号のついている各地域は、次の通りである。カッコの中の内容は李栄薫の説明によるものである。
A；外里と内里一帯（『アリラン』の主人公であるチ・サムチュル、ソン・スイク、シン・セホなどが住んでいた所）
B；碧骨堤遺跡（碧骨堤の外側に青い色が塗られている）
C；竹山面宗新里一帯（旧来の防潮堤の左側に青い色が塗られている）
D；橋本農場区域（本来は干潟だった土地が干拓された所である）
E；橋本農場事務所の所在地（近隣に竹山洑水門施設が残っている）
F；海倉地域（海倉閘門の所在地および大倉防潮堤がはじまる所）
図の左下の干拓地は界火島干拓地で解放後に完成したもので、残りの干拓地はほとんどが解放前に完成したものである。図のタイトルも李栄薫のものをそのまま持って来た。
〈資料〉李栄薫（2007秋）、132頁。

ているか、あるいは恣意的な解釈であふれており、事実認識にかなり問題がある。

本書の第2章では、Bをのぞくほかの A～G の部分、すなわち碧骨堤の下の地域を、そして第3章ではB、すなわち碧骨堤を検討することで、日本が朝鮮を併合したころの全羅北道、特に金堤・萬頃平野地域に対する植民地近代化論的な事実認識にどのような問題があるのか、1つ1つ検討してみることになるであろう。

第1節　全羅北道地域への日本人の進出と水利組合の設立

全羅北道の平野地帯への日本人の進出は、日露戦争以後に急増することになる。すなわち、日露戦争以後の日本が、朝鮮において覇権を握るようになるなか、この地域に日本人が大挙して進出し、土地を買い集めはじめた。1909年に発刊されたある資料によると、全州平野地域への日本人の進出は1903年から始まったとしている。1904年までの買収耕地は40町歩に過ぎなかったが、その後3～4年の間に顕著に増え、1909年にはすでに2万町歩、すなわち平野の三分の一を占めるようになり、もはやこの平野で日本農村が見られない場所は珍しくなったとしている[6]。そしてこれら日本人の買収地は、益山、臨陂、沃溝、金堤の4郡に集中しており、日本人は自分たちの土地所有権を確保するために1904年に群山農事組合を組織したが、1909年にはその組合員数が188名を数えるようになり、1909年3月末現在でこの組合に登録された日本人土地所有者が買収した耕地面積は、水田17万5000斗落、田2万6000斗落、陳蘆田（陳田と蘆田）および荒廃地1万2000斗落、山地200筆であったという[7]。

---

6) 福島士朗『李朝と全州』共存舎、1909年、121頁。ただし、ここで言う全州平野は湖南平野と同じ意味と考えても差し支えない。
7) 福島士朗、前掲書、122頁。1908年と1909年には日本人農事経営者の朝鮮進出が大きく鈍化した。初期の進出者が有利な地域を先に占めてしまったことと、日露戦争以後の不景気がその原因であったと思われる。

全羅北道地域の農業への日本人の進出は、朝鮮全体で見ても非常に異例のことであった。1909年の朝鮮総督府『統計年報』に収録されている750名の日本人農事経営者の進出地域を各理事庁の管轄別にその割合を見ると、釜山が30.0％で最も高く、その次に京城、木浦、大邱の順であった。群山理事庁管轄の割合は8.8％に過ぎなかった。数的に見ると、この割合は非常に低い。しかし、これら日本人農事経営者の所有土地面積を理事庁管轄別に見ると、群山が31.6％で圧倒的に高く、その次に木浦、釜山、平壌などの順となっている[8]。また、日本人所有の土地のうち、既墾地の割合は全国平均が80.3％であるが、群山、大邱は93％ほどで最も高い地域に属する。要するに、日本人農事経営者の朝鮮進出は、全羅北道に大幅に集中しており、主に既墾地を買い入れて巨大農場を創設する方向で行われてきたということがわかる。

　日本人は最初に朝鮮に進出する頃には違法で買い集めた土地の所有権を合法的なものに転換するために、大韓帝国政府に土地家屋証明規則などを制定するよう圧力を行使する一方、群山農事組合を組織して、集団で土地所有権確保のために努力した[9]。またこの地域は平野地帯に比べて水源が絶対的に不足していたため、韓国政府をして水利組合条例を制定させ、水利組合設立のための法的装置も整えた。これにより、この地域では朝鮮のほかの地域に比べて、はるかに早い時期から水利組合設立の動きが活発化するようになる。

　1910年末ごろの朝鮮の水利組合に関しては、朝鮮総督府が作成した「水利組合既決書類引継の件」という公文で、より具体的な内容がわかる[10]。こ

---

8) この資料では、投資額5000円以上の場合には、経営者個々に対する所有土地（既墾地および未墾地）面積と投資額に関する情報が示されている。しかし5000円未満の場合には、理事庁別に合算された情報のみが示されている。

9) 1884年の韓英修好通商条約では、英国人が租界内では土地や家屋を購買できたが、「租界の外で土地家屋を賃貸したりあるいは購買する場合には、租界から韓国の距離で10里を超えることはできない」と規定し、4km外の外国人土地所有を法的に禁止した。1906年の土地家屋証明規則（勅令第65条）第8条には「日本理事官ニ申請スヘシ日本理事官ハ先ツ當該ノ郡守又ハ府尹ニ通知シ土地建物証明台帳ニ記載ノ後証明スルモノトス」とあり、従前の違法な土地所有がようやく合法化された。

10) 「水利組合既決書類引継の件」という文書は、1910年12月19日付けで度支部長官が内務部長官に、水利組合関連書類を引継ぎする時に作成されたものである（国家記録院所蔵朝鮮総督府文書、水利組合、MF90-0741、93-97頁）。ほとんどの水利組合研究が設置認可を受けた水利組合のみを扱い、設置認可申請をしたが認可を受けられなかった水利組合については扱

の文書は、大韓帝国の度支部から朝鮮総督府内務部に水利組合関連事務書類を引き継ぐ中で作成されたものであるが、この引継目録では水利組合が、既決か未決の2つの範疇に区分されている。既決とは、業務引継当時にすでに水利組合設置認可が行われていたものを指し、未決とは設置認可申請は行われたが、いまだに検討中であるものを指す。この引継目録を見ると、沃溝、臨益、密陽、連山、臨陂中部、臨益南部、全益の水利組合が「既決」水利組合として分類されており、臨沃、恩津、東津江南部および東津江北部、比安、雲山、金海、永川、河陽、慶山の水利組合は「未決」水利組合に分類されている[11]。

既決水利組合のうち臨陂中部水利組合をのぞく残りすべての水利組合は、その後の各種資料からも設立が確認される[12]。未決状態で引継がれた水利組合のうち、その後に設置が認可されたのは、臨沃（1911）と金海（1912）の2つしかなく、残りはすべて認可されなかった[13]。要するに、この書類で名前が挙げられており、かつ1912年まで設置認可を受けた水利組合は、洛東江水系の密陽と金海水利組合および錦江水系の連山（馬九坪）水利組合などの3つをのぞく6つが、萬頃江北側に設置されたのである[14]。

　　っていない。朝鮮総督府のこの文書綴は、認可を受けられなかったが、認可を受けるために申請した書類の中にある情報を通じて水利組合の創設期の歴史を理解するうえで、非常に重要である。
11) 既決水利組合の中で沃溝水利組合は、沃溝西部水利組合と同じもので、連山水利組合は馬九坪水利組合と同じものである。
12) 臨陂中部水利組合は1910年朝鮮総督府『統計年報』の水利組合名簿にも収録されているが、その後どの資料にも出て来ない。しかし朝鮮総督府文書綴によると、この水利組合の設置妥当性を調査して報告した朝鮮総督府技師・大田黒宣三の報告書では、「臨陂中部水利組合は一時これを中止して、萬頃江水利事業調査を待つか、あるいはこれに合併してその水利を計るのもよい方策だと信ずる」と言う言葉を見ても、設置許可が行われたとは思えない。国家記録院所蔵朝鮮総督府文書、水利組合、MF90-0741、82頁。
13) 名称は同一だが、はるかに後日に設立が認可された水利組合には、慶山（1925）、比安（1928）があり、河陽は金潮（1931）と名称を変更して設立されたと思われる。
14) 連山（馬九坪）水利組合は、錦江支流である論山川に設立された水利組合である。ただし、この地域最初の水利組合は沃溝西部水利組合（1909）だが、この水利組合は米堤と船堤を主要な水源として従来から契の形態で水利施設の維持管理が行われていた所であった。したがって、少数の日本人が土地を所有していたが、組合の主軸は朝鮮人で、水利組合の設置は在来の水利組織が水利組合の形態に展開したものにすぎなかったと見ても、無理はないであろう。水利組合設置と関連して最も重要な工事は、貯水池の浚渫であり、それもほとんどが賦役の動員により行われた。したがって、水利組合としては非常に特異なことだが、起債が行われなかった。

このように、全州平野地帯は早くから日本人農事経営者による水利組合設置の動きが朝鮮のほかのどの地域よりも活発であった所である。1911年に作成された臨沃水利組合関係書類綴の中に含まれている群山付近の平面図に、この頃の湖南平野とその近隣地域の水利組合設置状況を見ることができる（〈図2-2〉参照）。前述したように、1911年までに設置認可を受けた水利組合で、この図で名前が挙げられている以外のものは、洛東江水系の密陽水利組合ただ1つだけであった。朝鮮水利組合創設期の歴史は、まさに萬頃江以北地域の水利組合の歴史であったと言っても過言ではない。

　この地図で見ると、9つの水利組合が出ているが、そのうち8つが萬頃江以北に存在するものであり、さらにその中で恩津水利組合1つだけが設置認可申請中であっただけで、残りの7つは成功裏に創設された。その反面、萬頃江以南地域では、東津江水利組合ただ1つの名前が出ているが、それも設置認可申請中であった。水利組合に関する法令が「水利組合条例」から「朝鮮水利組合令」に変わる1917年まで、全北地域では上記に挙げたものの他に淳昌水利組合の設置申請と古阜水利組合の創設があった。水利組合条例により設立認可を受けた全北地域の主要水利組合の変遷過程を略述すると、〈図2-3〉のようになる。

　〈図2-3〉で見ると、朝鮮で最も早く設立された水利組合は、沃溝西部水利組合で、朝鮮人が主軸となる水利組合であった。ただし、この水利組合の設立には、当時政治的実力者だった李完用の影響力が作用しているようである。1914年5月1日付け沃溝西部水利組合の「組合区域変更申請の件」という文書によると、組合区域面積が6026斗落から6544斗落と518斗落も拡張されたが、この時に李完用の水田が、拡張された組合面積の半分に当たる281斗落も含まれていたことになっている（〈図2-4〉参照）。ただし、この資料だけでは沃溝西部水利組合区域内にどれだけ土地を所有していたのかはわからない。しかし、1914年にも李完用が全羅北道一帯に土地を所有していたのが確認される。

　これに関連して、李栄薫は「李完用が職位を利用して3000〜5000石落（およそ3000〜5000町歩）も所有したというが、いくら小説であっても全く

〈図2-2〉1911年ごろの群山付近平面図
〈注〉右側の凡例は筆者が追加で記入しておいたものである。ただし、水利組合のうちAとCは原本には表示されていなかったが、筆者が追加で書き入れておいたものである。アルファベットで表記された各水利組合の実際の名称は、下記の通りであり、「龍山洑」は東学農民革命の契機となった萬石洑である。原本では（G）を「東津水利組合」と記載しているが、「東津江水利組合」とみるのが正しい。東津水利組合は1925年に設置認可される。

A＝沃溝水利組合　　　B＝臨沃水利組合　　　　　　C＝臨陂中部水利組合
D＝臨益水利組合　　　E＝臨益南部水利組合　　　　F＝全益水利組合
G＝東津水利組合　　　H＝連山（馬九坪）水利組合　I＝恩津水利組合

〈資料〉朝鮮総督府内務部第二課「臨益水利組合関係書類」1911年。国家記録院所蔵朝鮮総督府文書、水利組合、MF 90－0740、648頁。以下MF（マイクロフィルム番号）ではじまるものは、すべて国家記録院所蔵朝鮮総督府水利組合文書である。以後は簡単にマイクロフィルム番頭と頁数のみ表記することとする。

第2章　1910年代初めの金堤・萬頃平野の水利施設　39

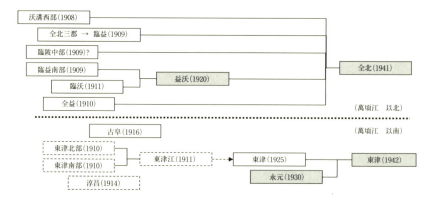

〈図2-3〉水利組合条例によって設立（申請）された全北の水利組合
〈注〉①灰色の四角は、朝鮮水利組合令制定以後に設立された水利組合の中の一部であるが、この地域の水利組合の統合過程を示すために加えたものである。点線の四角は設置認可申請をしたが結果的には認可が下りなかったものである。②（ ）の中の数字は、設立認可年度を示す。ただし、点線の四角の場合には、設置認可申請年度を示す。③臨益水利組合は「（全北）三郡水利組合」という名称で設立認可申請をしたが、その後、組合区域が臨陂、益山、咸悦の3郡から咸悦が除外されて、臨益という名称に変更された。
〈資料〉MF 90-0740 などから作成。

常識に欠ける発想だ」と、趙廷来を批判した[15]。ところが、親日財産調査委員会が発刊した『清算されない歴史、親日財産』では、この頃の李完用の財産に関して、以下のように書いている[16]。

　　李完用は1907年高宗の強制退位と「韓日新条約（丁未7条約）」の代価として10万円を受け取った。また1910年「韓日併合条約」の代価として15万円（現時価の金価格基準で30億ウォン）の恩賜公債を受領した。さらに、国有未墾地や国有林野の無償貸与を受け、これを第三者に

---

15) 李栄薫（2007夏）、273、275頁。
16) 親日反民族行為者財産調査委員会『清算されない歴史、親日財産』（親日財産調査委員会白書2）、2010年、168頁。洪性譜によると、李完用は地境里327番地の雑種地10万坪余りを所有しており、「萬頃江付近に小作料で稲5、6000石を収穫する田畑」を持っていたという。洪性譜「日帝下全北地域日本人農場の農業経営」洪性譜など共著『日帝下萬頃江流域の社会史――水利組合、地主制、地域政治』ヘアン（혜안）、2006年、71頁（原文は『毎日申報』1912年2月28日）。

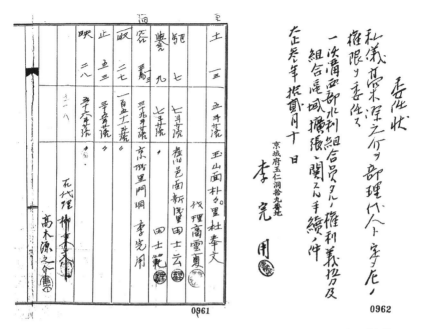

〈図2-4〉沃溝西部水利組合新蒙里区域調査票のうち、李完用関連部分と彼の委任状
〈資料〉MF 90−0745、961−962頁。

売却して差額を受け取るという方法を利用し、財産を蓄積した。このように集めた財産は主に群山、金堤、扶安一帯の肥沃な水田を集中的に買い入れるのに使われ、日帝初期の土地保有規模は約1309筆地、1573万㎡相当（汝矣島の面積の約1.9倍）に至った。

この引用文で、1573万㎡という面積に注目してみよう[17]。1坪を3.3㎡として換算すると、477万坪ほどになり、これを再び町歩（1町歩＝3000坪）に換算すると、1589町歩になる。今度は趙廷来の小説に出てくる3000〜5000石落で、3000石落がどの程度の面積になるのか概算してみよう。田舎

---

17) この面積は、親日反民族行為者財産調査委員会が土地（林野）台帳と土地登記簿を土台に調査したものである。

で水田を数える時によく使う「マジキ」という単位がある。漢字では斗落、すなわち種籾1斗を蒔ける面積という意味である。1斗の10倍が1石である。つまり1石落（ソムジギ＝一石の種籾を蒔ける面積）は10斗落（マジキ）である。だが、斗落や石落のような土地単位は、種籾を蒔いてちゃんと育つ面積と関係があるため、土地が肥沃ならぎっしり蒔いても大丈夫であるし、土地が痩せていれば少しバラバラに蒔かなければならないであろう。したがって、今日私たちが使う坪や㎡などとは異なり、面積が一定せず、土地の肥沃度によって地方ごとに異ならざるをえない。だとすれば、当時全羅道地方では1斗落をどのくらいとしていたのだろうか？　当時群山地方の慣行を記録した資料によると、水田1斗落は120〜200坪、畑1斗落は100坪だとしている[18]。水田・畑を平均して1斗落を150坪と仮定すると、1石落は1500坪、すなわち1/2町歩になる。趙廷來が小説で李完用が所有したと書いた面積、すなわち3000石落は、1500町歩となり、親日財産調査委員会が調査した1573万㎡すなわち1589町歩と、ほとんど一致する。李栄薫は1石落＝1町歩と計算して、3000石落は3000町歩だとしたが、これは当時全羅北道の慣行とは異なる。李栄薫は「小説の通りだとしたら、李完用は1905年に国を売る前に金堤・萬頃平野にある土地からまず売ったことになる」としているが、年度に若干の問題はあるものの、李完用が広大な土地を売ったのは確かであり、その規模は小説とそれほど違わなかったことが証明されたのである。

一方、先の〈図2-4〉を見ると、萬頃江以南では1916年に設立された古阜水利組合が一番最初に設立された所であった[19]。この地域で最も中心となる水利組合の役割を果たしていた東津水利組合は、1925年になってようやく設立認可を受けることになる。萬頃江以北の水利組合が一様に1908〜1911年の間に設立されたのとは、相当な時差がある。

---

18)　全州平野の場合には、「水田は二斗落、畑は三斗落を以て日本の一反歩〔300坪：引用者〕に当る」としていたり、「水田一斗落は百二十坪乃至二百坪畑約一百坪なり」としている。『李朝と全州』122〜123頁。

19)　〈図2-2〉で古阜水利組合の位置は表記されていないが、東津江の支流である古阜地域（Gの左側にある）に設置された水利組合である。

第2節　東津江水利組合設置の試み

　全羅北道には朝鮮半島最大の低起伏性の平野地帯がある。朝鮮半島で低起伏性の平野地帯がここほどよく発達している地域はない。問題は、このように平野地帯が広い反面、水量が豊富な河川が存在しないということである[20]。〈図2-5〉は、衛星地図で湖南平野一帯を見たものである。朝鮮半島でここほど広い平野地帯はない。同時に、この地域の主要河川である萬頃江と東津江をはじめとし、院坪川、古阜川、新坪川などは、ほとんどわからないほど水幅が細い。錦江の水幅が太く表示されるのと、対照的である。金堤・萬頃平野地帯には水量の多い河川はあまり見られない。広い平野地帯と不足する水量、これがまさにこの地域の水田農事の最大の問題だったのである。また、萬頃江と東津川の河口および邊山半島の上側に広い干潟地が広がっており、この地域が干拓に非常に適した地域であることも、よく表れている。

　したがって湖南平野、特に萬頃江と東津江の間の金堤・萬頃平野は、人口灌漑の必要性が他のどの地域よりも切実であり、そのため古代から現在に至るまで、灌漑施設あるいは河川治水が韓国のほかのどの地域よりも活発に展開されてきたのである。日露戦争以後、この地域に進出して来た日本人農事経営者らが最も重点を置いたのが灌漑施設の拡充であり、日本人らが水利組合の創設にこれほど熱心だった理由も、このような地理的特徴によるものである。

---

20)「1917年に朝鮮総督府では日本人・坂出、池田両記者を東津平野現地に派遣し、多方面から踏歩調査させ、同年2月には全羅北道で人槻技師をして現地調査をさせた。　当初は灌漑用水を東津江上流に開発するものとして計画したが、総合的な検討の末、東津江上流に貯水池を築造するとしても5億ないし6億立方尺の水量を確保するに過ぎなかった。この水量ではとうてい1万4000町歩の平野を灌漑することはできないという水利技術上の判断を下し、技術陣は航空踏査を敢行し、技術的な研究を繰り返した結果、東津平野とは流域を全く異にする蟾津江を水源と定め、ここに貯水池を築造することに決定した」東津農地改良組合『東津農地改良組合五十年史』1975年、68頁。この引用文からもわかるように、金堤・萬頃平野は耕地規模に比べて農業用水が不足している地域であった。碧骨堤が貯水池としての機能を失って以来、農業用水の不足はこの地域の農業生産の増大を阻む最も重要な要因であった。

〈図 2-5〉全羅北道地域の現在の地形図
〈資料〉インターネットの「Daum 地形図」に、主要河川と貯水池の名を追記した。

　この地域の水利組合の歴史に関して最も代表的な参考書である『東津農地改良組合 50 年史』を見ると、金堤・萬頃平野の水利組合設置の試みが 1917 年以後から始まったかのように叙述されているが、実際は、すでに 1909 年から始められていた[21]。すなわち、前述の〈図 2-3〉に見られるように、最初は東津江北部水利組合と東津江南部水利組合という互いに別の水利組合と

---

21) 東津北部水利組合および東津江水利組合の設立認可申請人の 1 人であった木村東次郎の記述によると、1909 年 10 月 30 日に第一回請願書を提出したとしている。木村東次郎「東津水利の由来」『朝鮮農会報』第 4 巻第 2 号、60 ～ 64 頁参照。しかし、国家記録院の水利組合関連文書綴によると、東津北部水利組合の設立認可申請書には、その申請日が 1910 年 3 月 30 日と明記されており、木村東次郎の 1909 年 10 月 30 日と若干の時差がある。請願と申請の違いによるものなのか、国家記録院の文書綴からその前の何らかの部分が欠落したのか、あるいは木村東次郎の記述が間違っているのか、不明である。また、東津南部水利組合設立認可申請書には、日付が明記されてないが、2 つの水利組合が工事費を折半して負担したり、分水に関する契約書も締結するなど、事業上密接な関係を結んでおり、申請後に全州債務監督局で 2 つの水利組合の合併を勧める会議も行ったという点から見ると、だいたい似たような日に設立認可申請をしたであろうと推察される。東津江水利組合の設立認可申請は 1911 年 3 月 6 日に行われた。

して設置認可申請書を提出したが、その次には両者を統合して東津江水利組合として設立認可申請書を提出した。この頃の水利組合設置努力は、単純な試みに終わるのではなく、事実上、認可内定状態にまで至る、非常に具体的なものであった[22]。しかし、東津江水利組合は、結果的には認可を受けられなかったため、1925年に東津水利組合が創設される時まで、この地域は水利組合がない地域のままになっていたのである。

　なぜ東津江流域を水源とする水利組合の設置は東津北部および東津南部水利組合として別々に設置が試みられ、なぜそれが東津江水利組合として単一化され再び設置の試みが行われたが結局認可の獲得に失敗したのであろうか？

　国家記録院の朝鮮総督府文書綴のうち、水利組合に関連した文書綴の中に東津北部および東津南部、東津江水利組合に関する記録が残っており、こうした疑問を解くことができる糸口を提供してくれる[23]。この資料によると、1910年に東津北部水利組合と東津南部水利組合の設立認可申請があり、1911年にはこの両者を統合して東津江水利組合として再申請される。東津北部水利組合設立申請書の中に入っている地図（〈図2-6参照〉）を参照しながら、これら水利組合の設立推進過程を見てみよう[24]。

　東津南部水利組合は金堤・萬頃平野の中では最も水量が豊富な東津江と、昔から有名な萬石洑（図の龍山洑および光山洑）に挟まれていたため、比較的旱害に対して安全な地域であった[25]。その反面、東津北部水利組合区域は新坪川と竹山支流（現院坪川）をはさんでいるが、この2つの河川は水量が豊富でないだけでなく、中程に設置されたいくつもの洑〔堰〕に水が貯留する

---

22) 脚注30参照。
23) 以下、東津北部水利組合、東津南部水利組合、東津江水利組合に関する朝鮮総督府文書は、すべて朝鮮総督府内務部第2課「水利組合設置認可申請ニ關スル書類」（国家記録院所蔵朝鮮総督府文書、水利組合、MF 90-0741）から持って来たものである。
24) この地図の原本は、「東津北部水利組合区域図」であるが、比較のために東津南部水利組合区域図も併記しておいた。
25) 本来井邑川が東津江に合流する直前の地点に梨坪平野（ペットゥル）を灌漑するための水利施設として光山洑または礼洞洑とも呼ばれていた萬石洑があった。1892年古阜郡守・趙秉甲はこの光山洑の少し下流、すなわち井邑川が東津江に合流するすぐ隣の地域に新しく洑を作った。この洑が龍山洑である。趙秉甲がこの洑の利用料として過度の水税を賦課したことが、東学農民運動勃発の契機の1つとなった。

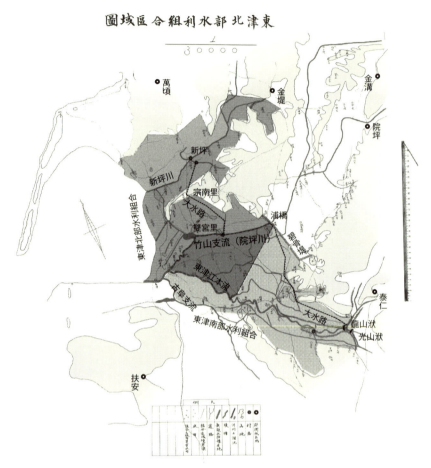

〈図 2-6〉東津北部および東津南部水利組合の区域図
〈資料〉MF 90−0741, 522−523 頁。

ため、下流地域に流入する水量は多くはなかった。そのため、東津北部水利組合は不足する水量を東津江本流、特に龍山洑から取水した用水に大きく依存するほかなかった。しかし、東津南部水利組合地域の地主達は東津北部水利組合地域を水利組合地域に含めてしまうと自分たちの灌漑用水も不足するようになることを憂慮し、金堤平野全体を併せた水利組合の設置には否定的

であった[26]。このような水利条件の違いがそれぞれ別々に分離された水利組合を設立することになった原因であった。

　東津北部水利組合は設立認可申請書を1910年3月30日付けで提出したが、その区域は先の〈図2-6〉で見た通りである。組合設立の目的としては「東津江流域中、竹山支流および新坪川の下流に位置する地域の中で、旱害を受け易い地方に対して適当な設備を備え、現在まで雨期に放流していた竹山支流および新坪川の余剰水を可能な限り留め、さらには東津江本流から余剰水を引いてきて区域内の多数の溝渠に貯留して、稲作灌漑水が潤沢になるよう計ろうとする」というものであった。

　このような目的達成のために13万円の工事費を投入して①龍山洑を改良し、②龍山洑〜浦橋、雙弓里〜新坪里間の大水路を開削し、③大水路と新坪川および竹山支流から用水路を堀開し、④竹山支流および新坪川下流に堰堤を設置し、⑤制水および放水の用途で在来水路に適当な堰堤と閘門を設置するなどの工事を実施し、区域内の耕地4926町歩のうち8割に達する水田3940町歩の灌漑を改善しようというのである。

　一方、東津南部水利組合の設立認可申請書を見ると、「東津江井邑支流泰仁支流の合流点以下、曲江地域のうち本流の水を引き入れ水田灌漑をする地域の水利を整理し、旱害と水害の憂慮を除き、また灌漑組織を簡便にすること」を目的とし、4万2000円の経費を使って①龍山洑の改良、②水路の改修整理、③光山洑の撤廃、④旧水路の幅の拡張、⑤その他必要な部分に水路を増設して排水閘門を設置する工事を施行することで、1740町歩の水田の灌漑を改善しようとした。

　このように、東津北部水利組合と東津南部水利組合は2つとも龍山洑を最も重要な水源としていたため、それぞれ別の事業として推進するのは不合理であったが、利害関係がそれぞれ異なるため分離推進せざるを得ないという、互いに矛盾した状態で設立が推進されたのである。そのため、設立認可申請

---

26) 朝鮮総督府技師の現地調査報告書では、「泰仁郡龍山面および古阜郡畓内面の土地（地域内の一等田）は旱害がほとんどなくむしろ水害に悩む土地であったため、ここの地主は本計画のような旱害救済を主眼とするものに反対し、また従来の慣習の水源を他人に割譲しては、むしろ旱害が増えるのではないかと憂慮しており、金堤郡側の地主のように〔水利組合設立を：引用者〕熱望しているのではないようだ」とした。

書が提出された後、朝鮮総督府は2つの水利組合設立推進者らを全州財務監督局に呼び出し、2つの水利組合の統合を誘導しようとしたが、利害関係の衝突で統合には至らず、分水に関する契約を締結するにとどまっている。

2つの組合で締結した契約書の内容は、①龍山洑の開閉は東津南部水利組合区域の水用に損害を与えない範囲で東津北部水利組合の要求によって行う。東津北部水利組合の要求に従うために、特別に要求される経費は北部水利組合の負担とする。②龍山洑から引いてきた用水は、東津南部水利組合区域内の需要に損害を与えない範囲で東津北部水利組合の要求によってこれを下流に流すようにしなければならない。③東津南部水利組合はどのような理由であっても東津北部水利組合の同意なしに東津江本流から引いてきた水を古阜郡白山から八旺里に至る境界線および古阜支流以西に分送してはいけない。④龍山洑に関する経費のうち、特別に契約したものを除くほかは、両組合が折半して負担する。

この契約書は、外見上は龍山洑から取水した水を2つの水利組合が分水して使用するように見えるが、所々に「東津南部水利組合区域水用に損害及ばざる限り」という但し書きがついており、後に水利紛争が発生する余地のあるものであった。

分水に関する契約書を添付した水利組合設立申請書が朝鮮総督府に提出されると、朝鮮総督府は技師・大田黒宣三を現地に派遣して実地調査をさせ、彼は1910年8月「東津江水利組合事業調査報告」という報告書を提出することになる。

この報告書で大田黒技師は、まず東津江(龍山洑)、竹山川、信坪川などの水源と用水量に関する調査を実施した後、似たような条件の臨益南部水利組合と比較している。すなわち、臨益南部水利組合の場合には、萬頃江の平水量が60尺^3/sで灌漑面積が2300町歩であるため、1尺^3/sで38町歩を灌漑することになる[27]。ところが、東津江水利組合の場合には東津江と竹山川の2つの河川を合わせて容量が85尺^3/sであるため、1尺^3/sで42町歩を灌

---

[27] 立方尺(尺^3)とは、縦・横・高さがそれぞれ1尺である容積を指す。流量を表記する時に時間単位が必要となるが、水利施設の場合にはたいてい秒単位で計測する。以後は1秒間流れる水の量が1立方尺として、これを「尺^3/s」と表記することにする。

漑するとしても、3600 町歩しか灌漑できないと計算した。彼はこの計算に依拠して「其総計水田面積三千六百町歩以内を似て一の水利組合を組織するを尤も適当なる計画なりと信ず」と結論を出している。要するに、東津北部水利組合 3940 町歩、東津南部水利組合 1740 町歩、合計 5680 町歩はこの地域の水源に比べ、あまりに広いため、これを 3600 町歩に縮小し、それぞれ別途に推進されている水利組合を 1 つの単一組合として組織するのが妥当である、というものであった。

　大田黒技師の報告によって 2 つの水利組合をそれぞれ設立しようとしていた計画に支障が生じるようになるや、この地域の地主らは 1911 年 3 月 6 日に彼の見解を大幅に受入れ、「東津江水利組合」という単一水利組合設立認可申請書を提出することになる。この申請書にはこの間の水利組合設置の試みの経過が次のように書かれている。すなわち、

　　全羅北道東津江流域は金溝金堤泰仁井邑古阜扶安興徳の 7 郡に跨り水田無慮 2 万町歩に及ぶも其下流に位する地方は水利の設備不完全にして時々旱害水害を被り耕収安全ならず　地方の有志之を憂い其救済策に付き講究する事多年元韓国政府度支部技手稲葉源太郎氏、元統監府技師三浦直次郎氏、元韓国政府度支部技手今井寅次郎殿氏の調査指導に依り之れが計画の大綱を定め水利組合設立認可申請書を明治 43 年〔1910 年〕3 月 30 日付木村東次郎外 9 名の連署を以て其筋に提出せり。其結果として元韓国政府度支部技師大田黒宣三氏を実地に派遣され調査の末東津江本流並に竹山支流に依り従来灌漑を受けたる旧慣用水区域を以て一の組合を設立すべく限定されたり　依て計画の内容に対しては勧業模範場技師三浦直次郎氏同技手貴鳴一氏に乞い申請書を補修せり依而下名等の此区域内を限り別紙予定計画書の通り本水利組合を設立せんとす[28]。

　東津江水利組合の区域は〈図 2-7〉の通りである。そしてここに含まれる水田の面積は 3432.8 町歩と概算された。主要な工事としては①洑および水

---

28) MF90−0741、432~433 頁。

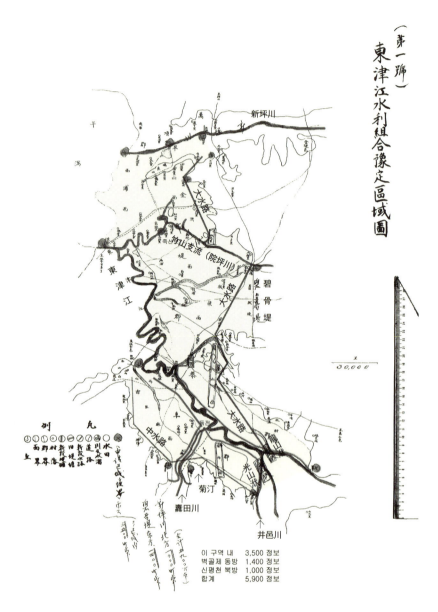

〈図 2-7〉東津江水利組合予定区域図
〈資料〉MF 90－0741, 507－508 頁。

路：泰仁郡龍山面龍山洑を石造閘門に改築し、河水の排瀦を自由ならしめ同時に、光山洑を撤廃する。ただし、古阜郡地主が必要だと考える場合には、復旧することもできる。大水路の取入口を在来の位置付近に設けて、泰仁郡青塘里から金堤郡碧骨里を通して金堤郡宗南里に到達するようにし、竹山洑を改築することを以て灌水の調節をする。古阜郡側に設置された水路は中水路とし、その取入口を光山洑取入口の位置に設けて石汀里から丁吉里に達するようにする。その他、在来の水路はすべて之を利用し、さらに大支渠を適当な場所に面積１町歩当たり約５間の割合で設けることで、灌漑の目的に供することとした。②閘門：上流地主の既得取水権を侵害しないように、下の場所に閘門を設け、同時に灌水の整制を計ることとした。泰仁郡の長橋里前に１つ、高山洞前に２つ、金堤郡の青塘里前に１つ、新坪前里に１つ、碧骨山前に１つ、および古阜郡の月山里前に２つ、③堤防：古阜郡菊汀里から藁田里に至る谷川の両岸に堤防を新設する。その他所々にある在来堤防を補修するものとする。④橋梁：主要道路が水路を横断する部分には、その有効幅に応じて適当な橋梁を架設するものとする[29]。

東津江水利組合の区域は、それ以前の計画と比べて新坪川以北地域と新坪里の東側地域を除いて組合区域を縮小した程度のみが異なった。そしてその主要工事の内訳では、在来の水路と堤防を補修して利用することになっていることに注目する必要がある。また工事内訳のどこにも、潮水の被害を防止するための工事は計画されていないという点にも注目する必要がある。もしこの地域が潮水の被害が頻繁に発生する地域だったとしたら、それを防止するための工事が必ず含まれていなければならないであろう。要するに、東津江水利組合の工事計画の内訳を見る限り、この地域は朝鮮時代以来、すでに在来水路と堤防が存在しており、潮水の被害の憂慮は別段ない地域であることしがわかる。

工事費の内訳は、〈表2-1〉の通りである。この概算によると、龍山洑および竹山洑の関連費用が全体費用の36.8％と最も大きな部分を占めており、大水路と中水路および各種溝渠の関連費用が27.0％、甲門と堤防新築費用

---

29) MF 90－0741、436~437頁。

〈表 2-1〉東津江水利組合の工事費概算

内訳	金額（円）	割合（%）
龍山洑改築および上流畓買収費	32,560.00	19.2
竹山洑改築費	30,000.00	17.6
大水路開堀および敷地買収費	26,577.73	15.6
中水路開堀および敷地買収費	10,461.73	6.2
溝渠開堀および敷地買収費	8,810.85	5.2
閘門建設費	3,200.00	1.9
堤防新築および敷地買収費	8,064.00	4.7
橋梁架設費、土管費、旧堤防破壊費など	4,660.00	2.7
測量設計費	15,000.00	8.8
創立費	2,500.00	1.5
工事監督および事務所費	10,000.00	5.9
予備費	18,165.59	10.7
総計（1反歩当たり工事費4.94円）	170,000.00	100.0

〈資料〉MF 90-0741、410-412頁。

が6.6%で、これら3つを合わせて70.4%を占める。残りの29.6%は予備費(10.7%)、測量設計費(8.8%)、工事監督および事務所費(5.9%)、橋梁架設費・土管費・旧堤防破壊費など(2.7%)、創立費(1.5%)で構成されていた。潮水の被害を防ぐための防潮堤の築造に必要な予算は少しも反映されていないということに留意せよ。

東津江水利組合の設立認可申請書が提出されると、朝鮮総督府では技師を派遣して実地調査を行い、該当技師はその結果報告書を提出した[30]。1913年5月14日付け「水利組合設立に関する調査方の件」という公文には「東津江水利組合事業調査報告書」と「碧骨堤貯水計画」という2つの文献が含まれている。

「東津江水利組合事業調査報告書」には、まず東津江本流、竹山川、藘田川、新坪川など4つの河川別に冬春期（11月初〜3月末）、春期（4月初〜6月15日）、6月15日以後雨期まで、などの各期間別に河川の流量および貯水量を調査し、必要な植え付け用の灌漑水の過不足を検討した。要するに、東

---

30) この調査に派遣された技師の姓名は文書に記録されていない。一方、1912年6月に起案された「東津江水利組合設置認可および区域指定の件」という文書によると、「1911年3月6日付けで申請された東津江水利組合設置の件を認可し、その組合区域を下記のように定める」としている。したがって、朝鮮総督府から技師を派遣して実地調査を行う前に事実上設立を認可しようという内部方針が立てられていたと思われる。

津江は冬の間の平均水量が 40 尺 3/s 内外、5・6 月の平均水量が 20 尺 3/s 内外、7・8・9 月の平均水量が 130 尺 3/s 内外で、竹山川は単に竹山洑の貯留水としてのみ見るのが妥当であり、蘗田川は用水源としての価値はほとんどないもので、新坪川もはやり水源としての価値はないとした[31]。

（前項）述ふるが如く本設計は東津江及竹山川より取入し得べき水量を合計八十五秒立法尺とし以て稲作生育期間中自然灌漑によって地域約<u>三千五百町歩を養い得らるべきものとして計画せるものなり。然るに実測並計算より得たる結果に依れば七月中旬以後即ち雨期後に於ては裕に百三十秒立方尺を取入し得るが故に其の時期以降は所定の面積を養い得べしと雖、移植後雨期迄の間に於ては取入し得べき水量僅に二十二秒立方尺内外にして約八百町歩を灌漑し得るに過ぎず</u>〔下線は原文〕、故に地域全般に亘りて成し得る丈従来の旱害を救済せんとせば勢冬春期間に於ける水量を畓面に潴溜し以て植付水とし、洑を修築して雨期に入りたる後の用水を取り入るるを以て満足せざるべからず。之を以て<u>本計画をして植付用水を前記三千五百町歩に潴溜することに変ぜば大体に於て可なりと雖反当約七円の工費を要すべく。之れに反し碧骨堤内に潴溜するものとして計画せば地域五千九百町歩の旱害を救済し得るのみならず碧骨堤内約千四百町歩の水害をも救済し得べく。なお費用の如きも反当約四円五十銭にて足るべし。即ち本計画は大変更の要あるべきを信ず。</u>
……〔下線は原文〕
……竹山洑は莫大の費用を投して永久的工事を施す計画〔下線：引用者〕なるも現在の灌漑能力に比し果してかかる工費を投するの価値ありや又現在の洑付近の地盤は頗る軟弱なるを以て予定の工費を以て能く永久的完全の工事を成し得るや大に疑問に属す。故に成し得れば之を撤廃するの計画に出ふるを可と認む[32]

31）MF 90−0741、338~348 頁。
32）MF 90−0741、359~361 頁。

この報告書では東津江水利組合区域で確保できる水量が充分でないため、東津江以外の水源を探さなければならないことと、その代案として碧堤を貯水畓として活用し、竹山洑を撤廃することを提案している。しかし、この報告書の提案に対しては、従来竹山洑から取水していた地域と碧骨堤の堤内地域の地主らの反対があったようである。

　1914年2月4日付けで東津江水利組合設立請願人総代の北尾榮太郎、橋本央、木村東次郎が提出した「東津江水利組合設計変更に対する答申」によると、(1) 碧骨堤を堰止して貯水畓にすることについては、関係地主が承諾せず、(2) 竹山洑を撤廃することは各関係地主が絶対不賛同の意を表明している。その理由は①苗床を作る時から田植えまで、苗を育てるための水がなく、②碧骨堤のみによる時は、田植えに必要な水を除けば天水に依存せざるをえず、③碧骨堤のみに水を堰止めてこの洑〔竹山洑：引用者〕を撤廃した場合は、稲の生育期間のうち海水が自由に侵入し作物を害する恐れがあり、④この洑は強雨の余水を貯蓄する場合は若干の灌漑水を貯蓄することができるが、この洑を撤廃すれば灌漑の利益を得るのが田植え期ただ1回にすぎなくなる。要するに、碧骨堤を堰止めるのは得るものが少なく損失が大きいと言わなければならない、ということである。設立申請人たちはこのような理由をあげて碧骨堤の堰止めおよび竹山洑撤廃に対して不賛同の意を表した。

　1914年5月15日付け農商工部長官が内務部長官に宛てた「水利組合事業計画に関する調査方の件」という文書に含まれている「東津江水利組合設計変更に対する組合設立申請者の申請に関する調査書」には、先に提起された2つの事柄、すなわち①碧骨堤内を貯水畓にすることと、②竹山洑撤廃に対する再調査結果、について扱っているが、結論は先のものと大きく異ならなかった。

　現在国家記録院に所蔵されている東津江水利組合関連文書は、この程度で終わる。東津江水利組合というレベルでの設立努力もこれで終わるものと思われる。しかし、『東津農地改良組合50年史』によると、1917年以後にも水利組合設立のための各種調査が続いていたことからすると、水利組合を設立しようとするあらゆる努力が中断されたのではなかった。1925年東津水利組合の設立が認可された時には、金堤・平野地帯が持つこのような水源不

足の問題を、東津江水系ではなく蟾津江水系の上流でダムを塞いで雲岩貯水池を築造し、その水を東津江に逆流させて金堤幹線水路をはじめとする各種の用水路で灌漑して解決するようになった。現在の玉井湖（当時は雲岩貯水池）が蟾津江水系の上流に築造された貯水池である。

　東津江水利組合の設立が暗礁に乗り上げたのは、金堤・平野地帯の広さに比べ東津江をはじめとする竹山支流、新坪川などの河川の水量があまりに貧弱であったため生じた問題であった。その点からすると、なぜここに平地貯水池である碧骨堤が設置されなければならなかったのかがわかる。

　一方、東津北部水利組合、東津南部水利組合、東津江水利組合、東津水利組合の設立主体を、設立認可申請書を中心に整理すると、〈表2-2〉のようになる。東津北部水利組合の場合には、李根植を除けばすべて日本人であり、東津南部の場合は熊本利平、大森五郎吉、北尾榮太郎などの日本人も3名いたが、朝鮮人は5名でさらに多い。これら2つの水利組合の区域に含まれる土地の民族別所有面積に関する統計はないが、この申請人名簿から見ると、東津北部は日本人地主中心で、東津南部は朝鮮人地主が中心であると解釈される。ただし、熊本利平と北尾榮太郎は東津北部および東津南部の2つの水利組合ともに申請人に入っている。これらの日本人はほとんどそのまま東津江水利組合設立認可申請人となり、また後に東津水利組合設立認可申請人にもなる。もちろん東津江水利組合と東津水利組合の間には約14年の時差があるため、その間に所有権の移動があり、水利組合の規模がより大きくなったため、設立認可申請人の数もさらに増える。朝鮮人の場合には李鎬成が東津北部および東津江水利組合に同時に名前が挙がっており、金錦東は東津江と東津水利組合に同時に名前が出ている。彼らを除くと朝鮮人は毎回異なる。朝鮮人地主が中小地主である反面、日本人地主は巨大地主であったためこうなったのであろう。

　そしてこれらの設立認可申請人が所有していた耕地面積を見ると〈表2-3〉のようになる。東津江水利組合の「組合設立発起者の身分経歴」という項目を見ると、木村東次郎、藤井寬太郎、北尾榮太郎、熊本利平、大森五郎吉、鄭鳳洙などの所有畓面積は、全体の組合予定区域の10分の6にも達していたという。そしてこれに東洋拓殖会社所有畓を合わせれば、その割合は

〈表2-2〉各水利組合の設立認可申請人

東津北部	東津南部	東津江	東津	農場名
木村東次郎		木村東次郎	木村東次郎	
藤井寛太郎		藤井寛太郎	佐藤信太郎	不二農場
橋本央		橋本央	橋本央	橋本農場
熊本利平	熊本利平	熊本利平	井上正太郎	熊本農場
北尾榮太郎	北尾榮太郎	北尾榮太郎	本谷愛次郎	石川県農業
桝富安左衛門		桝富安左衛門	伊藤寅作	桝富農場
		山城幾松	渡邊得四郎	東拓
金子圭介				金子農場
村松寅雄		村松寅雄		
	大森五郎吉	大森五郎吉		大森農場
			岡田眞次郎	阿部市商店
			辻信太郎	多木肥料
			高田稔	右近商事
			中務潔	溝手農場
			赤木峰太郎	赤木農場
李鎬成		李鎬成		
		金錦東	金錦東	
李根植	金永集、全東閏、姜承龍、趙東明、具成日	趙方淳、金永九、鄭鳳洙	姜東曦、殷成河、趙方暉、李熙冕、姜甲秀、郭鐸、金永錫、金洛基	

〈注〉東津北部、東津南部、東津江水利組合は設立認可申請書の申請人であり、東津水利組合は1935年5月12日創立委員会の創立委員名簿から引用した。

10分の8に達するとした。東津江水利組合の発起者たちは、この地域の最も有力な大地主が網羅されていたと言ってもよいだろう。そしてこの地域はすでに日本人らが所有する田野に変貌していたこともわかる。

　東津江水利組合に関する記録物綴は、金堤・萬頃平野地域の初期水利組合設置の動きを知ることができるという点で意義があるが、その記録物は1910年代のこの地域の農業状況、特に水利施設に関してこれまで知られてこなかった多くの情報を提供してくれる、という点でも意義がある。したがって、次はこの資料を利用して1910年頃の全羅北道の水利施設に関して見てみることにする。

〈表 2-3〉東津江（南部、北部）水利組合および東津江水利組合設置認可申請者の耕地所有規模

名前	農場名	1909	1916	1926		1938	
木村東次郎							
藤井寛太郎	不二農場	15,000	751	1,271	*978*	2,691	*2,497*
橋本央	橋本農場	1,000	64	282	*198*	280	*270*
熊本利平	熊本農場	25,000	1,929	2,978	*2,627*	3,000	*2,908*
北尾榮太郎	石川県農業	450	1,146	1,572	*1,412*	1,760	*1,663*
桝富安左衛門	桝富農場	7,000	582	658	*530*	381	*355*
金子圭介	東拓	2,000	9,047	10,113	*8,952*	7,090	*6,564*
村松寅雄							
大森五郎吉	大森農場	6,500	130			41	*35*
岡田眞次郎	阿部市商店		736	826	*713*	820	*743*
辻信太郎	多木肥料			2,293	*1,577*	2,547	*2,519*
高田稔	右近商事			2,127	*2,048*	2,408	*2,288*
中務潔	溝手農場		141	172	*155*	171	*156*
赤木峰太郎	赤木農場			274	*183*	645	*546*

〈注〉耕地面積の単位は町歩だが、灰色のセル内の数字は斗落である。耕地面積のうちイタリック体の数字は畓面積だけを表示したものである。所有面積のうち灰色のセルにある数字は、1909年3月末現在、郡山農地組合に登録された土地所有面積で、残りは全羅北道『統計年報』1916年版、朝鮮総督府『朝鮮の農業』1926年版および1938年版の地主名簿による。

第3節　1910年頃の全羅北道の水利施設

(1) 防潮堤と干拓

　先に朝鮮半島の中で人間による自然改造が最も著しく行われた場所が全羅北道地域であると言及しているが、〈図 2-13〉で見ることになる現在の海岸線は、防潮堤による干拓事業でその姿が完全に変わってしまった。もちろん、朝鮮全体で見ると干拓事業による耕地面積の拡張がそれほど大きな割合を占めるわけではないが、全羅北道の場合には干拓の重要性が他の地域に比べて一層大きかった。

　1910年代初めの全羅北道の防潮堤に関する統計は、全羅北道『統計年報』で見ることができる。現在残っている全羅北道『統計年報』のうち、1910年代のものとしては、1913年版から1916年版までの4巻がある。このうち、

〈表 2-4〉全羅北道の防潮堤（1913 ～ 1916 年末現在）[33]

郡名	延長		開所数
	間	km	個
高敞	24,556	44.65	46
扶安	12,783	23.24	36
金堤	14,890	27.07	14
沃溝	4,866	8.86	6
益山	2,160	3.93	1
合計	59,255	107.74	103

〈注〉原本の「潮除堤」を防潮堤とみなし、その延長は「間」で表記されている。
1 間＝ 1.8181818 m として換算した。
〈資料〉全羅北道『統計年報』1916 年版（1918）、212 頁。

1916 年版の防潮堤統計は〈表 2-4〉の通りである。すなわち、1916 年末現在、全羅北道ではその沿岸に沿って 103 カ所、総延長 108㎞に至る防潮堤が存在していたことが確認できる。この資料で全羅北道の防潮施設に関する累年統計を見ると、1910 ～ 1912 年は「？」と表記されており、1913 ～ 1916 年は開所数や延長がすべて同じである。既存の水利組合に関する記録文書綴を見ても、1913 ～ 1916 年に防潮堤を新築したという記録は発見することができない。しかし、1911 年に臨沃水利組合で群山の隣に防潮堤を一カ所新築したという記録がある。したがって、「？」が記された 1910 ～ 1912 年に若干の新築があったという可能性を排除することはできないが、1916 年に存在していた防潮堤のほぼ大部分は 1910 年以前に築設されたと考えてもよい。

　李栄薫は趙廷來に対する批判の中で、全羅北道の防潮堤に関しても言及している。彼の研究方法は、1895 ～ 1899 年に日本陸軍測地部が目測で製作した地図と 1916 年朝鮮総督府陸地測量部によって製作された 2 つの地図を比較し、その間の変化を探し出すというものであった。〈図 2-8〉は、日本陸軍測地部で製作した地図のうち、萬頃江河口付近の地形図である。

　一方 60 頁〈図 2-9〉は 1916 年に測図され 1921 年に修正測図された地図

---

33) 参考までに、現在金堤郡には第 1 種防潮堤として廣闊（延長 9.5㎞）、進鳳（7.57㎞）、大倉（3.71㎞）、花浦（5.67㎞）、西浦（5.32㎞）の 5 つがあり、その総延長は 31.78㎞であるのと比べれば、この表の金堤郡の防潮堤延長 27.07㎞は決して小さくない数字であることがわかる。現在の防潮堤延長に関しては、韓国農漁村公社のホームページ（http://rims.ekr.or.kr/index.aspx）の施設物情報で確認できる。

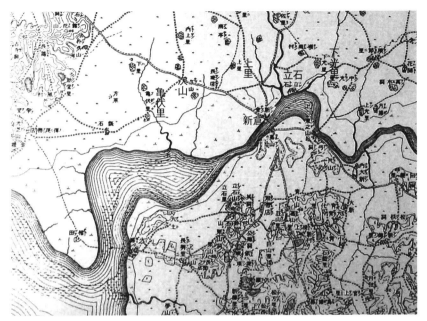

〈図2-8〉萬頃江河口付近の地形図（1895～1899年頃）
〈注〉大きめの文字で書かれた地名は筆者が記入しておいたものである。
〈資料〉南榮佑（남영우）編著『舊韓末韓半島地形圖』成地文化社、1996年、萬頃図葉。

上の萬頃江河口付近である[34]。〈図2-8〉が目測によるもので、〈図2-9〉の地図は三角測量によるものであるため、地図の正確度は当然後者の方が高くなる。しかし重要なことは、そうした正確度の違いではない。李栄薫はこの2つの地図を比較して、19世紀末には存在しなかった防潮堤が1917年の地図には見られるため、この防潮堤は19世紀末と1917年の間に築造されたものであると主張した。そしてこの防潮堤はこの当時この地域に設置されてい

---

[34] ここでは、1917年版の地図は入手できず、1917年に測図され1921年に修正測図された景仁文化社の復刻版（『(近世)韓国五万分之一地形図』上・下、1998年）を使用した。ちなみにこの本を書いた後に鍾路図書館で所蔵していた(http://db.history.go.kr/item/imageViewer.do?levelId=jnl_map_023_0020_0010) 1916年に測図された地形図を見ることができた。李榮薫の1917年地形図はおそらくこれだったと推測される。ところが、彼が長大型防潮堤と呼んでいる防潮堤は1916年地形図には存在せず、1921年に第1回修正測図された地形図ではじめて出てくる。地形図を根拠とする李榮薫のすべての主張が間違いであることがさらに明白になったが、この本では原文をそのまま用いた（著者）。

〈図2-9〉1921年修正測図された地図上の萬頃江河口付近
〈資料〉朝鮮總督府『(近世)韓国五万分之一地形図』上・下(景仁文化社、1998年復刻版)。以下『(近世)韓国五万分之一地形図』と略称する。

た臨沃水利組合が築造したものとみなした。

　当時の防潮堤に関する記録がほとんどない状態でのこうした比較は、考え得る限りで非常に興味深い試みであるかもしれない。しかし、こうした比較は19世紀末の地図にも防潮堤や河川の堤防のようなものが調査対象に含まれていたということを前提にしなければ妥当ではない。

　現在韓国で広く利用されている日帝時代の地図は、朝鮮総督府が1916年頃に初めて測図した後、1921年に第一回修正測図した『(近世)韓国五万分之一地形図』である。この地形図の本には図葉によって、あるものは1916年頃に測図されたそのままのものと、1921年頃に第一回修正測図されたものの2種類が混在している。この二種類の図葉を比較してみると、1916年頃に測図された図葉には防潮堤や河川の堤防といったものは表記されておらず、1921年頃に修正測図された図葉にのみ、そうした表記が現れる場合がある。19世紀末の日本陸軍測地部の地図でも、防潮堤や河川の堤防は表記されていなかった可能性があるが、李栄薫はこの点を見過ごしていたのであ

る。

　李栄薫の比較方法が間違っていたものであることを示す、もう少し具体的な証拠がある。国家記録院に所蔵されている『臨益南部水利組合関係書類』に含まれている「全州平野水利計画案」という小冊子には、「防潮堤及防潮樋門ノ設備」という部分があり、そこに「南岸すなわち萬頃江沿岸防湖堤修築工事表」と「北岸すなわち錦江沿岸防湖堤修築工事表」という2つの表があり、1910年付近の萬頃江下流と錦江下流地域の防潮堤設置状況をより具体的に知ることができる[35]。

　この2つの表のうち、萬頃江下流部分に関する表だけを引用すると〈表2−5〉（原本は63頁〈図2-10〉）のようになる[36]。萬頃江北岸には日帝時代になる前にすでに新長〜下光里に至る間に延長1万4230間（約25.9km）、高さ2.0〜3.4尺にも達する防潮堤が設置されていたことがわかる[37]。この資料の説明によると、これらの防潮堤は1851年に築造されたが、1898年に大暴風雨と大満潮が同時に発生して大きく破損し、1906年10月2日に再び大潮が来襲して防潮堤の相当部分が欠損したという[38]。〈表2−5〉の堤防修築資料には、1898年のような特異な自然災害にも耐えうる位に防潮堤を強化するための増築計画も含まれていたのである。

---

35) この資料は「臨益南部水利組合設立認可申請書」に含まれていたものであるが、作成者は群山農事組合である。
36) この表は、臨益南部水利組合に関連する資料であるため、萬頃江北岸の防潮堤についてのみ扱っている。萬頃江南岸の防潮堤は、この資料の関心対象ではなかったようである。一方、李栄薫は「工事の担当主体は初期水利組合の1頁を占めていた臨沃水利組合だった」としているが、1911年の臨沃水利組合の設置認可申請書を見ると、防潮堤工事は群山の隣の一カ所しかない。臨沃水利組合のその後の資料にも1917年まで新たな防潮堤工事をしたという記録は、まだ発見されていない。また、〈表2−4〉の資料にも1913〜1916年がすべて同一であるため、この2つの資料を合わせて考えてみると、少なくとも1916年まではこの地域に新しい防潮堤工事が行われたようには見えない。
37) 臨益南部水利組合区域は〈表2−5〉の立石〜下光里防潮堤の東側（萬頃江の上流方向）にあった。
38) 参考までに、梁在龍（양재룡）は「萬頃江河口左岸の干拓地と河川敷地（沃溝郡魚隠から全州まで）には李完用、閔泳翊が築いたと口伝される数十kmの「李完用の堰」と「閔泳翊の堰」があった、としている（梁在龍『錦江、萬頃江河口干拓村落の地理學的生態分析』高麗大学校教育大学院修士論文、1973年、7頁）。閔泳翊は犢走項洑を所有し、斗落当たり1斗の水税を取っていた、当時の実力者の1人であった。李完用や閔泳翊の名前が挙がるのは、こうした事情とは無関係ではないだろうが、〈表2−5〉で言及している防潮堤は彼らの活動期よりはるかに前の1851年に設置されたものであるため、彼らが設置したものとは異なる。

〈表 2-5〉全州平野南岸、すなわち萬頃江北岸防護堤修築工事表

郡名	堤防所在地	堤防長（間）	現在堤防高（平均）（尺）	堤防修築に付横断面増加面積（坪）	堤防修築に要する土石（立坪）	使役人夫数（名）
沃溝	新長～五峯山	4,800	3.4	0.987	4,738	14,214
	五峯山～臨陂郡界	3,900	3.4	0.987	3,849	11,547
臨陂	沃溝府界～九伏里	800	3.4	0.987	789	2,367
	九伏里～次山里	1,180	3.0	0.876	1,133	3,399
	次山里～上里	670	2.5	0.775	519	1,557
	上里～新倉里	920	3.0	0.876	806	2,418
	新倉里～立石	1,200	2.5	0.775	930	2,790
	立石～下光里	760	2.0	0.653	496	1,488
計		14,230			13,260	39,780

〈注〉1 間 =6 尺 =1.8m 程度である。
〈資料〉朝鮮総督府内務部第二課「全州平野水利計画案」『臨益南部水利組合関係書類』（国家記録院所蔵文書、水利組合、MF90－0741、138－140 頁）。

　上記の〈表 2-5〉に出てくる地名を 19 世紀末の日本陸軍測地部によって調査された『旧韓末韓半島地形図』でその位置を確認してみると、先の〈図 2-8〉で筆者が大きめの字で表記した地名と同じである。群山農事組合の資料では、明らかに防潮堤が存在するものとして記録されているが、似たような時期に日本陸軍測地部で測図した地図には、そのどこにも防潮堤に関する表記が見られない。すなわち、この地図では防潮堤が調査対象ではなかったか、表記対象ではなかったことを意味する[39]。

　むしろ 1921 年に修正測図された地図で、在来の防潮堤の存在を確認することができる。〈図 2-9〉はこの 1921 年に修正測図された地図のうち、立石から月坪里にいたる区間を示しているものであるが、萬頃江北岸に沿って 2 つの種類の防潮堤が見られる。1 つは非常に直線化されている防潮堤で、もう 1 つはそれとほぼ平行しつつも内陸に若干入り込んでくねくねと表記されている防潮堤である。これまでの説明通りであれば、後者の防潮堤のほとんどは日帝時代に新たに築設されたものではなく、朝鮮時代以来存在してきた

---

[39] 李栄薫はこの陸軍測地部の地図と「1917 年日本陸軍陸地測量部が三角測量法により五万分の一に作った」地図を比較し、「1895～1899 年にはなかった防潮堤が、1917 年まで築造されていることが一目でわかる」とした。

〈図 2-10〉萬頃江南岸および北岸防護堤修築工事表
〈資料〉〈表 2-5〉と同じ。

在来防潮堤であるのは明らかである[40]。

　李栄薫も在来防潮堤の存在を知っていた。それなのにその防潮堤は海岸沿いではなく、意外にも海岸線から相当内陸部に入った地域に築造されたものだと主張している。代表的なものが現在海岸から 6〜7km 離れた所に位置する碧骨堤（〈図 2-1〉のB）を防潮堤と見なす見解であるが、これに対しては次章で具体的に検討することとし、ここでは宗新里前の堤塘（〈図 2-1〉のC）

---

40) この地域に関連する臨沃水利組合の事業計画図を見ると、在来防潮堤の以南は事業区域に含まれていないことになっている。〈図 2-9〉の内側の防潮堤とほぼ一致する。この水利組合の事業計画には、防潮堤築設が 1 カ所計画されているが、その位置は萬頃江側ではなく錦江側（群山の右側の京浦川河口、すなわち京浦から外山里の間）であり、長さ 1000 間（1.82km）、高さ平均 4 尺 5 寸の小規模な防潮堤であり、その築造費として 1865 円が計上されていた。

第 2 章　1910 年代初めの金堤・萬頃平野の水利施設　63

に関して彼が叙述した部分を引用してみよう[41]。

　　もう一度1917年の〈地図1〉に戻る。Cは竹山面宗新里一帯である。新坪川という川が西海に注いでおり、禾橋という橋がある。1872年の（地図では）……禾橋まで「潮水が入れば1丈で、潮水が出れば陸地と繋がる」とした。注目すべき部分は、宗新里の前の平野に設置された堤防である。長さが1km程度だ。これもやはり碧骨堤のように海水の浸入を防ぐために古代に建てられた堤防ではないかと思う。残念ながら今は崩れて跡形もない。……進鳳面にも古代に建てられたと思われる堤防の痕跡を見つけることができる。私はもともとこれらの堤防が野山・丘陵を媒介しながら1つに繋がっていたのではないかと推測する。

　〈図2-11〉は新坪川下流付近の図である。新坪里付近（図の真ん中部分）を見ると、南北に堤塘が1つ表示されている。わかりやすいようにだ円でマーキングしておいた。まさに李栄薫が「碧骨堤のように海水の浸入を遮るために古代に建てられた堤防」と推定した、それである。彼はこれを古代に建てられた防潮堤とみなした。そしてこのような堤防が「野山・丘陵を媒介しながら1つに繋がっていたのではないかと推測する」とも言っている。要するに、李栄薫も朝鮮時代にすでに防潮堤が存在していたことを認めているが、彼が考える防潮堤とは、このように海岸かなり離れた場所に建てられたものであった。

　宗新里の堤防を防潮堤と見ていた理由は、1872年の地図で禾橋前まで海水が入ってきていたという記録に見いだしている。このように在来の防潮堤がこれほど内陸深くに入り込んでいると考えたため、その外側の地域は日帝時代に日本人たちが入ってきて新たに防潮堤を築造してようやく海水の被害から抜け出すことができるようになったと考えたのである。

　果たして新坪里の堤防表示は古代の防潮堤だったのであろうか？
　東津北部水利組合が設立認可申請をした時に提出した書類の中に、この地

---

41) 李栄薫（2007年秋）、127頁。引用文の〈地図1〉のCは、本書の〈図2-1〉のCに当たる。

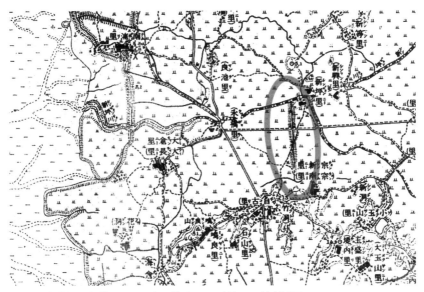

〈図 2-11〉『(近世) 韓国五万分之一地形図』の新坪川下流付近図
〈資料〉『(近世) 韓国五万分之一地形図』金堤図葉より。

域に関する地図がある。〈図 2-11〉で見た堤防は、次の〈図 2-12〉でマルく囲った部分に該当する。ところが、この地図には「新坪」という所の新坪川の南側と北側からそれぞれ小さな河川が流れ込んでいる様子がはっきりと見て取れる。この地図を念頭に置きつつ、再び〈図 2-11〉を見てみると、ここでも同様に新坪里の南側と北側から河川が流れ、新坪川に合流していることがわかる。そしてその北側の河川には堤防表示がないため、河川であるということはすぐにわかるが、南側の河川は堤防で囲まれており、河川の水路がよく見えない。しかし詳しく見ると堤防が終わる部分に、「(宗南里)」という文字のため一部かくれているが、その文字の左右に水路の表示が見られる。要するに、新坪里の下側の堤防は防潮堤ではなく、〈図 2-12〉で見たものと同じ南北に分かれた河川のうち南側の河川の水路を保護するための堤防であったのである。堤防表示の中に実線（水路を意味する）が描かれているのは、当時の地図で河川の両側に堤を作った場合に表記する方法であると見るのが正しいであろう。

第 2 章　1910 年代初めの金堤・萬頃平野の水利施設　65

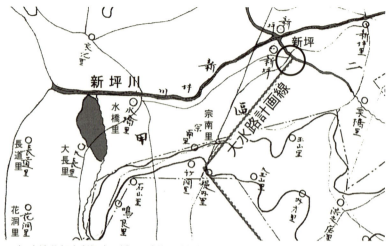

〈図2-12〉東津北部水利組合区域図　新坪里付近
〈注〉中央付近の点線は、龍山洑から始まる水路の一部である。
〈資料〉MF90－0741、523頁。

　それが防潮堤ではなく河川の水路を保護するための堤防であったことがわかる、もう1つの証拠がある。もともと東津北部水利組合では東津江の萬石洑から宗南里（宗新里）に至る大水路を築設し、東津江の水源を新坪川までつなげようと計画していた。すなわち、萬石洑（龍山洑）から取水した水を、大水路を通じて浦橋付近の竹山支流まで運搬し、それをいったん竹山支流に放流してから雙弓里付近で再び取水して大水路を通じて宗南里（宗新里）のこの河川に流し込もうと計画していたのである（〈図2-6〉の大水路線を見よ）。この大水路計画線の一部が〈図2-12〉では点線で表示されている。ところがこの大水路予定線は新坪川まで描かれているのではなく、新坪川に流れ込む河川までしか表示されていない。すなわち、新坪の下側の堤防が防潮堤ではなく河川の堤であったことは明らかであり、それがこの地図が製作された1910年ごろすでに存在していたことがわかるのである。大水路計画線が新坪の堤防表示の左側に描かれているという点にも留意する必要がある。干潟に大水路を設置するわけにはいかないのではないだろうか？

　再び〈図2-12〉を見ると、李栄薫が防潮堤と推定していた堤防よりはるかに西側の海岸には大長里、長道里、花洞里などの村が存在していた。また、

大長里のすぐ上には非常に大きな溜池のような表示も見られ、そこから下側に波形のようにくねくねと描かれている水路が見られ、村と村をつなげる道路の標示も見られる。李栄薫が防潮堤と主張した堤防のすぐ外側には「新坪」という村もあった。その堤防が防潮堤であったなら、海水がいつでも入り込む防潮堤の外側に溜池や灌漑用水路、あるいは村と道路が立地する理由はない。地図上のこのすべての表記は、「宗新里の横の平野地帯に建てられた堤防」を防潮堤だと考えた場合にはありえないものである。

一方、海岸の防潮堤はどうであろうか？

韓国農漁村公社の防潮堤資料によると、金堤・萬頃平野地帯の防潮堤工事の着工および竣工年度は次の通りであった。廣闊（1921〜24年）、大倉（1924〜27年）、進鳳（1924〜27年）、西浦（1926〜29年）。1921年の廣闊防潮堤からはじまり、それが竣工された1924年から大倉防潮堤と進鳳防潮堤の工事が始まり、これらの工事がほぼ竣工段階に入った1926年からは西浦防潮堤築造工事が始まり、1929年に竣工したとなっている。すべての防潮堤工事が1920年代に順次行われていることがわかる。

しかし、この防潮堤の築造時期に対して、李栄薫は次のように述べた。

　　……西浦堤と大倉堤は日露戦争以後にここに入ってきた日本人地主の干拓事業によって築造された。地図によると、1917年まで海岸線に沿って竹山面、聖徳面、進鳳面の端まで防潮堤が完成された状態だった。続いて1924年までは大倉堤が終わるその地点から進鳳面の端まで弓のように曲がった海岸線を約10kmの直線でつなぐ、実に膨大な干拓事業が完了した。干拓により広くなった陸地の幅は平均2-3kmにも達する。その結果、今日の廣闊堤とその内側の廣闊面が生じた。東津農地改良組合の前述書では西浦堤と大倉堤の竣工時期を1927年、廣闊堤の竣工時期を1924年と記しているが、信じがたい。本書の内容は全般的に疎略で信じがたい記述が多い。いつか誰かが東津水利組合（農地改良組合）の歴史を全面的に書き直す必要を感じる[42]。

---

42) 李栄薫（2007 秋）、130頁、本文および脚注6。

李栄薫はこれまで知られて来た防潮堤の竣工時期の中で廣闊堤の竣工時期は受け入れながらも、西浦防潮堤と大倉防潮堤の竣工時期だけは信じられない、とした。信じられない理由は「1917年まで海岸線に沿って竹山面、聖徳面、進鳳面の端まで防潮堤が完成された状態」であったためである。彼は在来の防潮堤がはるかに内陸側に築造されていたと考えたため、この防潮堤は日露戦争以後にこの地域に進出した日本人らが築造したものと判断したのである。

　〈図2-13〉は、金堤・萬頃平野付近の防潮堤を1917年と1934年の地形図で比較してみたものである。韓国農漁村公社のものが事実と異ならないことが、この二つの地形図の比較で確認できる。また1917年地形図でみられる防潮堤は、1920年代以降築造された防潮堤とは明らかに異なるものであった。

　ところが、先に見た通り、宗新里付近の堤防が防潮堤ではなく河川を保護するための堤防であるなら、そしてこの堤防から海岸側に村と溜池と道路、さらには市場まで存在していたとしたら、1917年の地図に表示された海岸の防潮堤が在来の防潮堤であることは間違いない[43]。

　次に、橋本農場がある西浦防潮堤に関して見てみよう。竹山里に残っている橋本農場事務所の裏側には前全羅北道知事の孫永穆が撰して中枢院参議の姜東曦が書いた橋本央翁頌徳紀念碑がある。その裏面の碑文を見ると、「東津江口干潟一帯得新地数百頃」とあり、東津江河口一帯の干潟地を干拓し、数百頃の新たな土地を得た、と書いてある。橋本が所有した耕地面積は〈表2-6〉のように変遷した。1916年まで60〜80町歩だった水田面積は、1922年2月に1912年5月24日付けで貸付許可を受けていた干拓事業が竣工し、貸付地の付与を受けることになったため、一挙に154.8町歩に増える[44]。1912年に貸付許可面積が117.89町歩で、1916年の水田面積が64.2

---

43) 李栄薫は大倉防潮堤の名称と大倉喜八郎を関連付けているが、その防潮堤の名称は周辺の地名、つまり大倉里から取ったものと見るのが正しいであろう。大倉里という地名は、1914年の行政区域改編によって花洞里と倉里の一部および半山面禾橋里の一部が大長里に併合された時、大長里と倉里の頭文字を取って改名された。
44) 『全羅北道発展史』によると、橋本が「居所を現在の金堤郡竹山面に移し干拓事業に着手し、

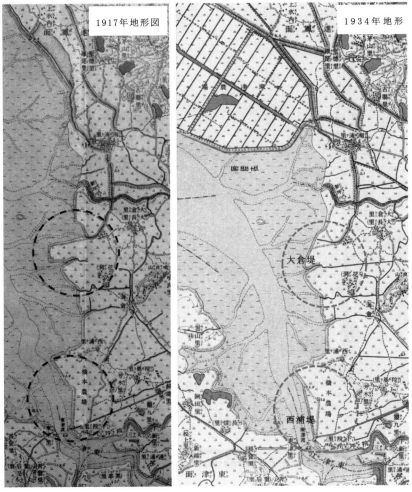

〈図2-13〉金堤・萬頃平野付近の防潮堤（1917年と1934年の地形図の比較）
〈注〉朝鮮総督府から発刊された金堤図葉の中で筆者が入手したのは1917年に測図されたものと、1921年第1回修正測図されたもの、そして1934年第2回修正測図されたものなどの3つの図葉だった。ただし、この図の地域は1917年地形図と1921年地形図ではほとんど差がないため、1921年地形図は省略した。
〈資料〉1917年地形図は鍾路図書館ホームページ、1934年地形図は全羅北道群山に所在する日本式の寺院である東国寺の宗杰住職のコレクションから引用した。

〈表 2-6〉金堤郡の橋本農場の土地所有面積　（面積単位：町歩）

	土地所有面積				干拓貸付許可			
	水田	田	その他	合計	貸付許可年月日	貸付面積	竣工年月日	位置
1909				50.0				
1912					1912.5.24.	117.89	1922.2.	金堤郡西浦里
1913					1913.5.24.	12.83		萬頃郡北一道面
1914	80.0	4.0	87.0	171.0	1914.12.3.	24.37		金堤郡青蝦面葛山里
					1914.12.	14.00		金堤郡青蝦面東芝山里
1915	60.0	5.0	100.0	165.0				
1916	64.2	6.7	2.9	73.8				
1922	154.8	5.3	−	160.1				
1925	198.0	13.6	70.0	281.6				
1926	198.0	13.6	70.0	281.6	1926.2.	12.80		金堤郡青蝦面東芝山里
					1926.6.	14.85	1929.4.6.	金堤郡竹山面
1928	248.5	9.8	15.0	273.3				
1929	248.5	9.8	15.0	273.3				
1931	159.0	8.0	5.0	172.0				
1939	270.0	10.0	−	280.0				

〈資料〉1909 年：福島士朗『李朝と全州』共存舎、1909 年：1914～1916 年『全羅北道統計年報』各年度版：1922～1939 年：朝鮮総督府『朝鮮の農業』各年度版、干拓貸付許可データ：『朝鮮総督府官報』および髙田政雄『橋本央翁喜寿記念帖』央翁喜寿祝賀会、1942 年などから作成した。

町歩であるため、貸付を受けた土地のうち、開田面積は約 90 町歩内外であったと推算される。

　1 町歩は 3000 坪で、これは縦横 100m の面積とほぼ同じである。韓国農漁村公社の資料によると、西浦防潮堤は 1926 年に着工して 1929 年に竣工し、その長さは 5.3km だという。もし橋本によって築造された防潮堤がこの程度

---

　　10 年の苦労の末 150 町歩の美田を完成」したとしている。〈表 2-6〉の 1922 年の水田面積とほぼ一致する。

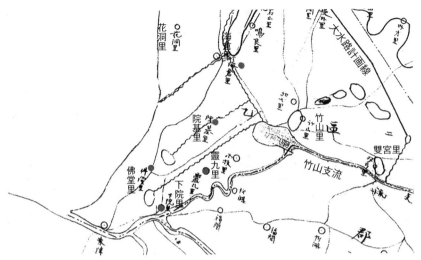

〈図 2-14〉東津北部水利組合区域図の竹山支流河口付近図
〈資料〉MF 90-0741、522 頁。

の長さであるとしたら、海岸に沿って幅 200m 程度の干拓が行われたことになる。

次に、1910 年頃に作成された資料を通じて橋本農場があった地域を詳しく見て見よう。〈図 2-14〉は東津北部水利組合設立認可申請書に添付されていた「東津北部水利組合区域図」から竹山支流(院坪川)下流部分を切り取ったものである。この地図を見ると、仏堂里、東津、院基里を経て加七里に至る道路などの道路標示がある。すなわち、この地域は海岸に非常に近い地域ではあるが、朝鮮時代にも村が形成され、その村をつなぐ道路が発達しており、朝鮮後期に院基里には市場も開かれていた。またこの地図には竹山里の溜池から海倉里、仏堂里、下院里に続く水路も見られ、仏堂里と下院里にはさらに小さな溜池も見られる。以上の地図情報を通じて見ると、1910 年頃この地域はすでに農耕活動が活発になされていた所であったとの推論が可能である。橋本の防潮堤は〈図 2-14〉の海岸線から海側に約 200m 出た所に築造されたと推測される。

次に、『(近世)韓国五万分之一地形図』で竹山支流の下流部分を詳しく見

てみると、〈図 2-15〉のようになる。この地図は 1917 年に測図されたものを 1921 年に修正したものだが、先のいくつかの地図に比べて正確度がはるかに高く、収録された情報もはるかに多い。院坪川（竹山支流）河口に下院里という村があり、その北側に芳木里があるが、地図上の位置で見ると仏堂里に該当する。その少し右側に院基里がある。少し北側に花洞があるが、これは先の地図の花洞里である。道路と水路は先の〈図 2-14〉とそれほど違わない。海倉から院基里と芳木里の左側を経て下院里と東津に行く道があり、その左側に橋本農場という表記がある。この地図と先の〈図 2-14〉を比較して見ると、橋本農場が所在する地域は〈図 2-14〉で陸地部として描写されていた地域を一部含むものであることがわかる。ただ、1929 年に竣工した西浦防潮堤は橋本が竣工した防潮堤と似たような位置にあったが、明らかに異なるものであった（〈図 2-13〉参照）。

防潮堤による干拓工事と関連して、李栄薫は非常に簡単な部分でも誤解している。彼は趙廷來を批判しつつ、次のように述べた。

> 「1920 年初般に日本の農業会社不二興業が干拓工事を展開した。3 年間にわたる工事の結果として 2500 町歩の新しい農地が造成された。その農地の用水源は干拓地のまっただ中の広い 97 万坪の貯水池だった」
>
> （李栄薫が引用した趙廷來の小説：引用者）。ここでも不二興業の干拓地が金堤郡のどの面なのか、その巨大な貯水池の名前は何なのかを小説家は指摘していない。実際に不二興業の農場は金堤郡聖徳面一帯に分布していた。小説家が目をつけたその貯水池は、おそらく聖徳面の菱堤だろう[45]。

不二興業が 1920 年に工事を始め 1923 年に竣工した 2500 町歩の農地は、金堤郡にあるものではなく、萬頃江を渡った錦江と萬頃江の間にあるものであった。〈図 2-16〉で見ると、左側の上下に防潮堤が築造されており、その内側に不二興業干拓地とその貯水池がある。日帝時代の地図ではその貯水池

---

[45] 李栄薫（2007 夏）、277 頁。

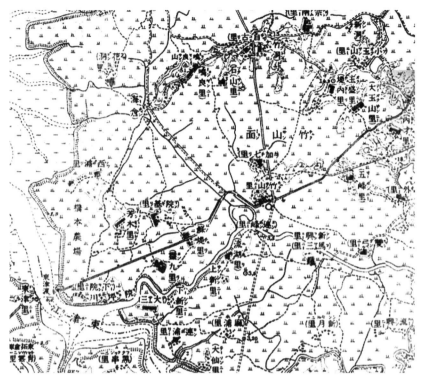

〈図 2-15〉1921 年修正測図の竹山支流河口付近地図
〈資料〉『(近世) 韓国五万分之一地形図』の金堤図葉。

の名前がついていないが、現在は沃溝貯水池と呼ばれるものである。そして不二興業の農場が金堤郡聖徳面一帯にも存在したのは事実であるが、藤井寛太郎の全北農場においてその地域は主力ではなかった。1918 年ごろの資料によると、藤井の農場のうち全羅北道に所在する所有地の面積は水田 3685 町歩、畑 199 町歩、その他 372 町歩、合計 4256 町歩であったが、その中で萬頃にあった所有地面積は水田 296 町歩、畑 5 町歩、その他 120 町歩、合計 421 町歩で、10%程度に過ぎなかったのである[46]。

---

46) 大橋清三郎『朝鮮産業指針 (第 3 版)』1918 年、195 頁。金堤聖徳面は行政区域変更以後に金堤郡に編入され、それ以前には萬頃郡に属していた。藤井寛太郎の干拓事業については李奎洙「藤井寛太郎の韓国進出と農場経営」『大東文化研究』第 49 集、2005 年を参照せよ。

また、菱堤に関する説明も事実と異なる。彼は菱堤について次のように述べた。

> 菱堤は東津江を水源とする揚水貯水池であり、1930年に完工された。揚水貯水池であるため、平野のまっただ中にこのように大きな貯水池を築造することができた。言い換えれば、東津水利組合を排除しては説明できない干拓事業であり、その用水源であった。にもかかわらず、小説家はこれについて沈黙している。いや、真摯でないため、その歴史の中に入っていかなかったのである[47]。

しかし〈図2-16〉を見ると、地図に菱堤がはっきりと表記されている。この地図は1917年に測図されたものを1921年に修正測図したものであるため、地図を製作した当時、すでに菱堤が存在していたという証拠である[48]。東津水利組合は1925年に設立認可を受けたため、この菱堤は東津水利組合が築造したものであるはずがない。東津水利組合が設立された後、金堤幹線水路を通じて従来菱堤によって灌漑されていた地域にまで農業用水を供給するようになったため、菱堤が揚水貯水池に拡張改造されたと見るべきである。

(2) 河川の堤と洑

先の〈図2-15〉を見ると、海岸には防潮堤が、そして河川周囲には至る所に堤防の表示がついているのがわかる。この地図の防潮堤の大部分は、日帝時代に築造されたものではなく、朝鮮在来のものであることは、先に明らかにした通りである。だとすれば、地図の河川周囲の堤の表示はどうだろうか？　これはやはり日帝時代に築造されたものだろうか？

国家記録院が所蔵している東津江水利組合文書綴の中に含まれている龍山

---

[47] 李栄薫（2007 夏）、277 頁。
[48] 『新増東國輿地勝覽』第34巻、全羅道萬頃縣部分を見ると、陵堤は「縣の東側2里にあるが、周囲が1万8,100尺である」という。池の周囲が約4〜5km程度にもなる相当大きな規模で1530年以前からすでに存在していたことを意味する。『國朝寶鑑』第86巻、憲宗朝413年（1847年）6月にも萬頃菱堤に関する記事がある。

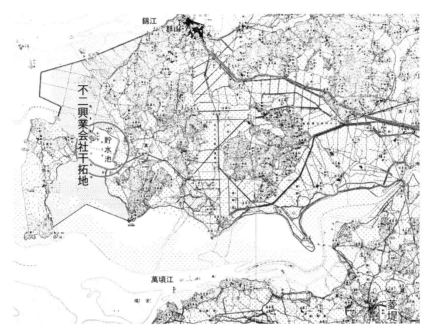

〈図 2-16〉不二興業干拓地と菱堤
〈注〉地図を縮小したため、原本の文字がよく見えないが、「不二興業干拓地」という文字があり、貯水池の位置にはただ「貯水池」との表記がある。右下のマルの中に「菱堤」という表記がある。
〈資料〉『(近世) 韓国五万分之一地形図』群山、金堤、裡里の図葉から作成。

洑近隣地域の地図の中から、これに対する回答を見つけることができる。龍山洑は東津江と井邑支流が合流する地点に築設された洑で、東学革命の始発点となったあの萬石洑がそれである。ただし、古阜郡守・趙秉甲によって新たに造られたものが龍山洑で、その前から存在していたのが光山洑という名称で地図上に示されている。この萬石洑は東津北部水利組合、東津南部水利組合、東津江水利組合などこの地域で設立が推進されたあらゆる水利組合の最も重要な水源として挙げられている洑でもあった。

〈図 2-6〉は、東津北部水利組合区域図の中で、龍山洑付近を拡大してみたものである。凡例を見ると、堤塘は「旧堤塘」と「新設堤塘」に区分され表記されている。旧堤塘は石串から東津江の右岸に沿って禾湖までずっと繋がっており、東津江左岸の場合には石汀から蘂田まで築造されている。東津

〈図 2-17〉萬石洑周辺の水利施設
〈資料〉MF 90－741、507 頁。

江水利組合の設置認可申請書によると、この組合では藁田（現在の斗田）から菊汀に至る藁田川両岸および鳳棲に至る区間に、新たに堤塘を築設する予定であった。

　この地域を1921年に修正測図された『（近世）韓国五万分之一地形図』で詳しく見て見ると、〈図 2-18〉のようになる。この地図で堤塘が築造されている所は、東津江左岸の一部区間を除けば〈図 2-17〉で見たものと同じである。要するに、1921年の地図で堤防として表記されたもののうち、相当部分は日帝時代に新たに築造されたものではなく、朝鮮在来のものであることを確認することができる。

　李栄薫は朝鮮時代に築造された数多くの河川の堤防が存在したという事実を見逃したために新坪川の宗新里付近の水路周辺の堤防を防潮堤と主張しており、後に第3章で詳しく触れるが、碧骨堤の中間の龍洑から東側に伸びている水路の周りの堤防も防潮堤と主張した。しかし、この両堤防は、李栄薫の主張とは異なり、河川を保護するための朝鮮在来の堤防であった。

　1925年に萬頃江と載寧江の改修事業がはじまる以前の朝鮮総督府の河川政策は、調査と保存に集中していた。したがって、1921年版の地図が製作される時までは、朝鮮総督府あるいは日本人による本格的な河川改修が行われたとはみなしがたい。すなわち、1921年の地図で見られる河川周囲の無

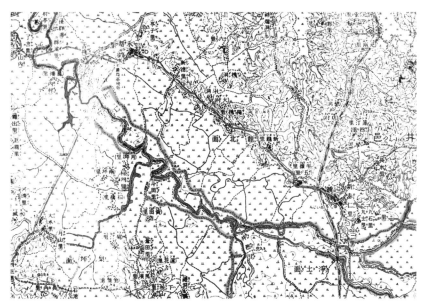

〈図 2-18〉『(近世) 韓国五万分之一地形図』の萬石洑付近図
〈資料〉『(近世) 韓国五万分之一地形図』金堤図葉。

数の堤防は、ほとんどが朝鮮在来のものと見ても差し支えないだろう。

　今度はこの河川に設置された洑に関して検討してみることにしよう。〈図2-19〉は、東津江水利組合文書綴の中にある「東津江龍山洑付近平面図」である。龍山洑は東津江と井邑川が合流する地点に設置されたものだが、両側に八の字模様の堤防が表示されている。この堤防は、先に見た在来堤防の一部であり、1921年の五万分の一地図にも表記されていた、まさにその堤防である。この図では龍山洑以外にも光山洑とその取水区および、石串洑などの水利施設が表記されている。

　東津江水利組合では、この龍山洑を修築する場合には図の中央の点線で表示された部分より上側と堤防の間の部分が浸水するものと予想し、このうち農耕地82.42町歩の買収を計画した。金堤・萬頃平野の灌漑のためには、より多くの農業用水が必要で、そうするためには井邑川に設置された光山洑だけでは不足していたため、井邑川と東津江が合流する地点の水を塞ぎ、東津江と井邑川の水をどちらも活用する方法を考究していたのである。龍山洑が

第2章　1910年代初めの金堤・萬頃平野の水利施設　77

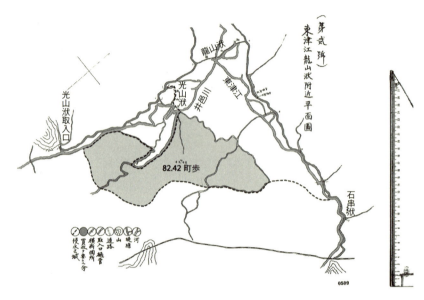

〈図 2-19〉東津江龍山洑付近平面図
〈資料〉MF 90-0741、509 頁。

修築されれば、約 150 町歩の地域が水没すると予想した。

　東津北部水利組合、東津南部水利組合、東津江水利組合などの水利組合文書で、龍山洑と合わせてもう 1 つよく登場する洑が竹山洑であった。『水利に関する旧慣』という調査資料には、東津江の洑に関する非常に興味深い記述がある[49]。この調査によると、洑は河水の水面と灌漑水田の高低の差によって 2 つの種類に区別されると言う。1 つは河水の水面が灌漑水田より高い場合だが、普通は洑と称するものはほとんどこの種類（常設洑）に属すると言う。もう 1 つの種類は「冬築春決の洑」で、「河流水面が灌漑水田面より低い場合」だが、毎年旧暦 10 月ないし 11 月に「河岸の高さ以上に土を築き上て、冬春二季中の水を川面より附近の土地に溢れしむるものにして」、

---

49) 『水利に関する旧慣（中枢院調査資料）』（国史編纂委員会韓国史データベース http://db.history.go.kr）。

田植えが終わると洑を崩して水をはけさせる洑ということである。全北東津江の洑はほとんどこれに属するが、こうした洑を「深」と呼び、竹山洑がその代表的な例であるというのである。

さらに続いて竹山洑に関して次のように叙述している。すなわち、「今東津江竹山洑に就て一例を擧くれば、同江の水面甚た低く灌漑水田は両岸江を去るに從いて漸次隆起するを以て、冬季江中に前述の洑を設け、晩春挿苗の時に當りては両岸一面海の如く水を湛へ、水は戽を以て低地より漸次に高地に汲み上げらるるのにして、其の労力の甚大なる蓋し予想の外に在り。挿苗終りたる時は洑を決して水を落す。如斯なるを以て洑は年々冬築き春決壊さる水路なく僅に決壊後の水を備ふる爲め洑の側に堤を築き溜池を存するもの」とした。

朝鮮総督府技師の大田黒宣三の「東津江水利組合事業報告」でも「竹山洑は上流に於ける水害を救済する目的の為めに年々8月頃に至り之を破壊する習慣となり」とし[50]、龍山洑についても「年々少なも一回ずつは決壊するをは普通とす故に……」とあり[51]、中枢院調査資料とその説明がほぼ似ている。ただし、今ここで言う竹山洑は、1921年橋本央が主軸となって設置した竹山洑とは異なる、旧来の洑のことを言う。

金堤・萬頃平野ではこの龍山洑と竹山洑以外にも、龍洑という有名な洑があるが、これは第三章で取り扱うこととし、ここでは竹山洑に関してのみもう少し見てみることにする。竹山洑は東津江竹山支流（現在の院坪川）に築造された洑で、竹山支流近隣地域の灌漑に使用されていた。〈図2-20〉は、1911年に作成された「東津江水利組合予定区域図」から竹山支流（現院坪川）河口付近の部分のみを持ってきたものである。

図で表示された四角の中に竹山支流に沿って竹山洑という文字が見えるが、堰止した所は明記されていない。しかし、この竹山洑という文字のある所から竹山支流に沿ってもう少し下流側に下がると、小堤里付近に竹山支流を区切るように二本線が書かれているが（○の中）、おそらくここに洑洞を設

---

50) MF 90−0741、490頁。
51) MF 90−0741、484頁。

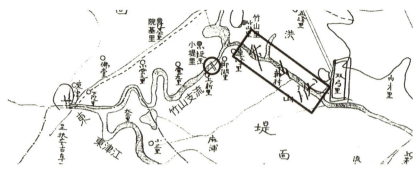

〈図 2-20〉 東津江水利組合予定区域図の竹山支流河口付近図
〈資料〉MF 90 - 0741、507 頁。〈東津江水利組合予定区域図〉の一部。

置したと思われる[52]。小堤里という名称も、堤防と関連するものと理解される[53]。この表示から少し上流、すなわち竹山里の少し下に、非常に大きな沼溜池が見えるが、一般的に洑垌を設置するとその上流に水が溜まった洑内が形成され、それが大きな水たまりのような形で描写されたものと思われる。

一方、内務部長官が全羅北道長官に送った 1914 年の公文書に添付されていた実地調査報告では、その当時の竹山洑に関する様々な有用な情報が含まれている。この調査によると、「竹山洑は毎年雨期毎に決潰し雨期後は容易に之を復旧する能はず而して其の決潰の場合は従来と雖も植付後の補水を取ること困難にして且潮水の侵入を受け来れる実情なるも潮水の被害に付ては実地調査の際其の被害程度の著しきものあるを見ざりき。尚誠に其の実施調査に当り竹山洑の修築を要する理由に就て農民の意向を訊せしに年々決潰の為雨期後の灌水に苦むと共に之が復旧費に多額の工費を要する所以を述べたるも決潰に因る潮水浸入の害を聞かざりしなり。今之等の事実及里人の言を綜合するときは潮水浸入の害は左迄大なるものにあらずと信ぜらる（下線：引用者)。若し萬一其の被害の虞あらば竹山川の両岸に堤防を新設するを可とす。其の場合の費用は格別多額ならずして而も其の虞は完全に之を避くる

---

52) 中枢院調査資料によると、河川の流れを断絶するために積み上げた堰を「洑垌」といい、この洑垌によって流れが遮られ、河川が停滞した部分を「洑内」という。
53) 『(近世) 韓国五万分之一地形図』では、蘇堤里と表記されている。

を得べし」[54]。

　竹山洑に関する朝鮮総督府技師の実地調査報告によると、竹山支流の下流地方は常時潮水の被害を受ける地域ではなかった。もし被害の憂慮があるとすれば、竹山川両岸に堤防を新設すれば、その被害を防ぐことができるが、その工事に必要な費用もそれほど多くはかからないだろう、とした。先の〈図2-15〉で院坪川（竹山支流）下流部分を見ると、下線両岸に細長く堤防の表示がついているのがわかる。しかし、竹山洑が存在したであろうと推定される位置の上流側には、両岸のうち一方の岸あるいは両側ともに堤防の表示がない。河川の氾濫による被害がそれほど深刻ではなかったことを意味する。

　朝鮮総督府技師のこの現地調査報告は1910年代初めのものであり、その当時はまだ朝鮮総督府や日本人らによる開発がほとんどなかった時期であったという点にも注目する必要がある。すなわち、1910年頃のこの地域は、すでに海岸にある程度の防潮堤が存在しており、河川には堤防が築設され潮水の氾濫を防ぐ施設が備えられていたのである。この調査報告を見ても、少なくとも朝鮮時代末以後には碧骨堤の下にまで日常的に海水が入り込んでくるわけではなかったことは、明らかである。

　一方、現在金堤市竹山面には竹山洑水門施設が一部残っている。この水門施設に関して李栄薫は、次のように述べた[55]。

　　このように海辺の干潟を対象にした干拓事業が活発に推進された一方で、所々で海水の浸入を防ぐための水利施設が建設された。〈写真2〉〔本書の〈図2-21〉：引用者〕は〈地図1〉E〔本書の〈図2-1〉のE：引用者〕部分に建てられた「竹山洑水門」である。いつ建てられたのかは竣工記がノミで削られており、わからない。設計と施工を担当した日本人たちの名は半分ほど判読できる。橋本農場の事務室から遠くない所であるため、工事の主体はこの農場ではないかと思うが、推測に過ぎない。この

54）MF 90−0741、298−300頁。
55）李栄薫（2007夏）、130−131頁。

〈図 2-21〉竹山橋前の竹山洑水門遺墟
〈注〉上段の写真 A の四角で囲んだ部分を拡大したものが、下段の写真である。「功竣月□□□□□」のように右側の 5 文字が棄損している。A の後面には「竹山洑水門」という文字が刻まれており、B の位置には設計者の名前が刻まれた銘板がある。
〈資料〉2010 年 3 月撮影。

　水門は院坪川を通じて入ってくる海水が竹山洑に浸入するのを防ぐための施設だが、竹山洑がどこにあるのかは、すぐにはわからない。
　この水門はその後、無用のものになってしまった。そのため現在は写真に見る通り、豆畑の中に半分埋もれている。東津水利組合が院坪川の下流である海倉に、はじめから巨大な閘門を設置したためである。設置時期は今後の研究課題である。〈写真 3〉〔本書の 85 頁〈図 2-23〉：引用者〕がその現在の姿である。海水の浸入がこのように源泉的に遮断されると、碧骨堤までの膨大な平野が海水の塩分から解放された沃田（美田）に変わっていっただろうことは、想像に難くない。

　この引用文の竹山洑水門は、橋本央が 1919 年に日本人地主を糾合して竹

山契を組織し、1921年に完成したという⁵⁶⁾。「7万円の工事費で竹山川を堰き止め、7連の閘門により貯水排水を調節」したという⁵⁷⁾。現在残っている竹山洑水門施設は、竹山洑取水門に該当するものと思われる。〈図2-21〉の上段は、現存する竹山洑水門の写真である。写真の中の上部後方に「竹山洑水門」という文字が彫り込まれている。写真の左側の四角の中には、竣工年月に関する文字が彫り込まれているが、その一部が下段の写真で見られるように5文字棄損している。しかし、既述の記録で見たように、竹山洑が1921年に完成したものだとすれば、棄損した文字のうち4文字は「大正十年」であり、「月」の前の一文字を六と判読するならば、大正十年六月竣工（1921年6月竣工）となるであろう⁵⁸⁾。

　この施設の位置は、旧竹山橋付近で、〈図2-20〉で見るなら小溜池の北側付近に該当する。すなわち、竹山洑水門はこの小溜池に設置した取水門とみなすべきである。しかし、ここで1つ留意しなければならない点がある。竹山里の下の小溜池から西海側に流れ出る院坪川の流れは、〈図2-22〉で見られるように、もともと下院里方向に流れていた。1921年の地図でも下院里方向に流れるように描かれている。ところが、現在の院坪川の流れはこれとは異なり、海倉を経由して西海に流れるようになっている。竹山里付近から院坪川の流れが完全に変わっているのである。

　国家記録院所蔵の朝鮮総督府土木課文書綴でこのことを確認できる⁵⁹⁾。朝鮮総督府は東津江改修工事の一環として1937年からその支流である院坪川改修工事にも着手した。院坪川改修工事は〈図2-22〉に見られるように、

---

56) 鎌田白堂『朝鮮の人物と事業』（第1輯、湖南編）、実業之朝鮮社出版部、1936年、224頁；国史編纂委員会韓国史データベース（http://db.history.go.kr）、橋本央；宇津木初三郎編『（朝鮮実庫）全羅北道発展史』文化商会、1928年、143頁。1925年東津水利組合が創設され、その後雲岩貯水池で取水した水が金堤幹線水路を通じて金堤郡西浦面の橋本農場にまで至るようになったため、この竹山洑は無意味になってしまったのである。
57) 央翁喜寿祝賀会『橋本央翁喜壽記念帖』1942年、8頁。
58) 年号が明治なら、20世紀には二桁の年度が来るはずである。昭和なら元年でも1926年となるため、東津水利組合設立以後となり、この時点なら竹山洑を設置する必要がなくなる。したがって、前の二文字は「大正」以外にありえない。また年号が大正なら、その前に一文字だけしか入らないため、記録に残っている「大正十年」ならば数字の桁と文字数がぴったりと合う。「月」の前の一文字は残された状態から「六」であると推定した。
59) 国家記録院所蔵『直轄河川工事工程報告書（惠山津、洛東江、南江防水工事、漢江改修費工事、東津江、榮山江、三橋川、龍興江、洛東江、漢江改修工事）』MF88-0281。

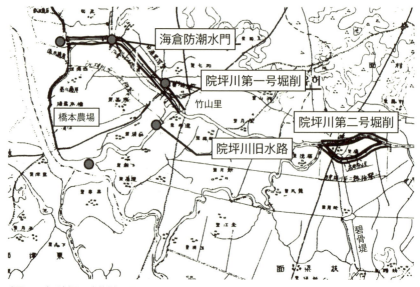

〈図 2-22〉院坪川改修計画図
〈資料〉朝鮮総督府土木課文書「直轄河川工事工程報告書」1940年のうち、「院坪川改修計画図」の一部、土木課、MF−0281、156頁。

第1号および第2号掘削工事の二カ所に分かれている。第1号掘削工事は、1937年10月26日に着工され、1942年3月31日に竣工予定であった。そして第2号掘削工事は1940年8月1日に着工され、1942年12月23日に竣工する予定であった。第2号掘削工事は浦橋里付近の院坪川の下側に新たに流れを1つ通して、真ん中が島のようになるように掘削する工事であった。地図でよく見ると、下側の流れはもともと溜まり池を含み半分だけ流れているが、これが貫通するように新たに流れを通したのである。第1号掘削工事はもともと竹山里と蓮峰里の間に小堤里、霊九里、流湖里の横を通って下院里付近で東津江と合流するように流れていた流れを、竹山里で海倉を経由して西海に流れ出るよう、完全に新しい流れを通す工事であった[60]。

[60] 第1号掘削工事の結果、院坪川下流の本来の流れは完全に遮断された。おそらく霊峰里と竹山里の間の流路を締切工を設置してふさいだのであろう。現在の地図では昔の流れが完全に無くなってしまっており、もはや探し出せない。新たに掘削した院坪川下流の地域を地図で見ると、細い水路が西海に続いている。ただし、それが用水路や排水路なのか、あるいは河川であったのかは不明である。

〈図 2-23〉海倉防潮水門の現在の様子
〈資料〉2005 年撮影。

　そして新たに通した院坪川河口近隣に「海倉防潮水門（海倉閘門ともいう）」を建てた。この海倉防潮水門工事は、基礎工事（1940年5月1日着工、1940年11月15日竣工）と築造工事（1941年2月1日着工、1942年10月1日竣工）の2段階に分けて施行された[61]。〈図2-23〉が海倉閘門の現在の様子である[62]。
　このため、院坪川に設置されていた従前の水利施設は無用のものとなり、現在の竹山橋付近に残っている竹山洑水門は、その残滓の一部である。また、元来の流れに沿って小堤里近隣に設置した在来の竹山洑の洑垌は、どちらもこの河川が埋め立てられて耕地に変えられた時に、一緒に地中に埋められたのである。
　現在までの説明を念頭に置いて、もう一度李栄薫の引用文を読んで見ると、多くが不正確かまたは事実と異なることがわかる。特に、海倉防潮水門（海

---

61) 海倉防潮水門工事は直轄河川である東津江改修工事の一部としてなされたものであったため、工事費はすべて国費で充当された。工事予算は基礎工事が 17,422 円、築造工事が 338,000 円であった。従って、海倉防潮水門工事が東津江水利組合によって成されたという主張も事実とは異なる。国家記録院所蔵文書 MF－88－0281、「1940 年度第 4 期分工事工程報告」参照。
62) 海倉防潮水門は現在 15 連になっているが、近隣住民の話によると、そのうち一部は解放以後に増築されたと言う。

倉閘門）の設置によって海水の浸入が源泉的に遮断されたため碧骨堤までの膨大な平野が海水の塩気から解放された美田に変わったとしたら、金堤・萬頃平野は1942年10月以後になってからそうなったということになってしまう。海倉防潮水門がその時に竣工したであろうからである。1920年代の様々な防潮堤の竣工と1925年の東津水利組合の設置以後に行われた雲岩ダムと金堤幹線水路の築造など、この地域の農業開発の歴史を誰よりもよく知り、日本人による開発の側面を常に強調してきた彼が、突然この引用文のように述べるのは、自ら矛盾に陥ってしまうようなものだと考える。

　龍山洑、竹山洑、龍洑以外にも、金堤・萬頃平野地帯には数多くの洑と水路が築造されていた。金堤郡と井邑郡の洑については『東津農地改良組合五十年史』にその名と所在地が記されているが、全部なのか一部なのかははっきりしない。東津江水利組合関連文書綴にも所々に洑について言及されている。要するに、東津江の場合には龍山洑から藁田里の間の東津本流に存在していた洑を取り壊してしまう工事費が計上されており、竹山川の場合には「碧骨堤内の数カ所の洑から水を引き入れたため本地区では竹山洑に少量の淡水があるのみで、余水が下流に流れるのを見ることができない」と言う。また、藁田川の場合には「数カ所の洑があり下流に水が流れ出るのを見られず」、新坪川にも「調査当時数カ所の洑があり、至る所に湛水して水が流れるのが見られない」とした。水利組合区域内の新坪川にも3カ所に洑があったと言う。

　堰堤は1913年全羅北道『統計年報』によると、金堤郡に59カ所、萬頃郡に34カ所、合計93カ所があったが、1916年には金堤郡に118カ所が存在したという。行政区域改編で萬頃郡が金堤郡に統合されたのを勘案してみると、3年間に25カ所の堰堤が増加したことになるが、これは新しい堰堤が築造されたというよりは、堰堤に関する調査がより正確になって生じた数字上の増加とみるのが正しいであろう。そして1916年現在、全体で118カ所の堰堤のうち90カ所が修築され、修築が必要な所が28カ所残っていたという。

　堰堤と洑、そしてそこに連結される水路、河川の堤、海岸の防潮堤など、1910年ごろの碧骨堤の下の平野地帯は、このような朝鮮在来の水利施設が

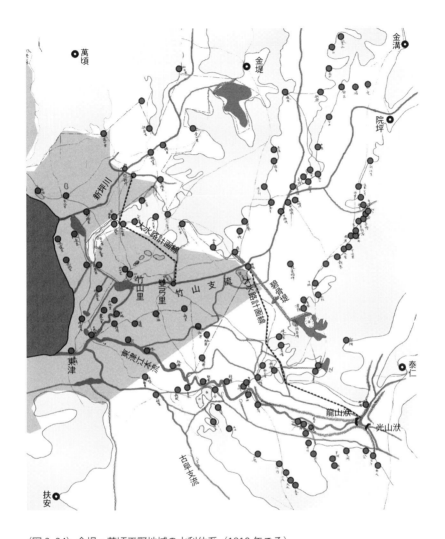

〈図 2-24〉 金堤・萬頃平野地域の水利体系 (1910 年ごろ)
〈注〉龍山洑から浦橋近隣まで、そして雙弓里から宗南里までの太線は、大水路の予定線である。
　○は村の位置を意味する。ただし、この地図は水利組合設立認可申請書に添付されたものであるため、水利組合区域の外部は多くが省略されていることに留意して欲しい。地図の濃灰色に塗ってある部分は〈図 2-1〉で李栄薫が浜田の地域だとした部分である。〈図 2-1〉の下段がそこで終わっているため、この地図でも下段はそれ以上表記しなかった。
〈資料〉MF 90-0741、522 頁、東津北部水利組合区域図のうちの一部。

至る所に築造されていた場所であったのである。そしてそのような農業基盤施設を背景に、ここでは活発な農耕活動がなされており、数多くの村落が至る所に散在していた。この章の冒頭部分で引用した李栄薫の〈図2-1〉と〈図2-24〉を比較してみると、両者間の差が鮮明になるであろう。碧骨堤の下の水田、特に新坪川付近の水田は、十分な農業用水の供給を受けることができず、生産性が多少落ちるほかなく、碧骨堤の下の平野地帯もしょっちゅう旱魃の被害を受けはしたが、全羅北道のほかの地域に比べて特別生産性が落ちる地域ではなかった。

第3章

碧骨堤

碧骨堤はA.D.330年（百済比流王27年）に現在の位置に築造された韓国最古の貯水池として知られてきた。これまで、碧骨堤が現在と異なる位置に築造された、あるいはもう少し後代に築告された、などの疑問が提起されてきたが、最近ではその築造目的が貯水池ではなく防潮堤であったという主張が提起され、世間の注目を浴びている。土木工学的立場から見ると、貯水池の堤防として築造されても、あるいは防潮堤として築造されても、特に重要ではないかもしれない。しかし、経済史の世界では、両者の間には相当大きな差が生じることになる。もしそれが貯水池だとすると、今日我々が金堤・萬頃平野と呼んでいる碧骨堤の下の広大な平坦地が碧骨堤という貯水池によって灌漑された沃野になり、もし防潮堤だとすると、碧骨堤の堤防の下の地域は日常的に海水が出入りする干潟または葦原となる。沃野と干潟。第3章では第2章に続き、この2つの対立的な視角について、碧骨堤を通して検討してみることにする。

第1節　碧骨堤に関する古い記録の検討

　碧骨堤はその規模がたいへん雄大であったせいか、『三国史記』にも、また『三国遺史』にもその記録が残っている。『三国遺史』の場合には、〈図3-1〉のように王暦部分にどっかりと腰を据えるほど、大きな比重で扱われている。
　2つの本の碧骨堤に関する内容は、以下の通りである。

（『三国史記』）二十一年始開碧骨池岸長一千八百歩
（『三国遺史』）己丑始築碧骨堤周□萬七千二十六歩□□□百六十六歩水日一
　　　　　　　萬四千七十□

〈図 3-1〉『三国遺史』と『三国史記』の碧骨堤関連記事
〈注〉『三国遺史』［奎章閣本］、一番右側が『三国史記』［正徳本］。
〈資料〉国史編纂委員会、韓国史データベース（http://db.history.go.kr/）から取った。

　2つの記録を比較してみると、まず築造年度は両者の間に1年の差がある。『三国遺史』では咸和己丑年すなわちA.D.329年に碧骨堤を築造しはじめたとしている。ところが、『三国史記』では訖解尼師今21年、すなわち咸和庚寅年であるA.D.330年に碧骨堤が始開したという。この築造年度の違いが誤記なのか、あるいは「始開」と「始築」という叙述の違いから来るものなのかがはっきりしない。農事期が終わってから工役をはじめ、工事が4～5カ月のみ続けられたとしても、着工年度と竣工年度が異なることはありうるからである。碧骨堤の新築のような巨大土木工事なら、工事期間が数カ月以上かかった可能性も排除できない。そのため、碧骨堤の堤防を329年に始築し、330年に碧骨池が始開されたと見ることもできるのである。

一方、『三国史記』では碧骨堤築造年度を新羅の訖解尼師今21年と記しているが、その当時碧骨堤地域が百済の領域であったため、記録の正確性について疑問が提起されることもありうる。例えば崔榮博は、碧骨堤は三国統一以前に百済が築造したという説があるが、信憑性はないとしている[1]。しかし、これもやはり大きな問題になるわけではない。今西龍は、「訖解王紀の碧骨堤紀事は、新羅統一の後に、新羅の紀年を用ゐて書かれた特殊の記録を資料にして、誤て新羅紀にとり入れたのであると、断定し得ると思ふ」……似たような例として、「百済法王2年王興寺を創めたことを、新羅眞平王22年王興寺を創むと書いてある」ことを挙げることができるとしている[2]。尹武炳は、碧骨堤の堤防下段から採取した3つの黒色炭化物のサンプルに対し放射性炭素による年代測定を実施した結果、1600 ± 100、1576 ± 100、1620 ± 110BPという年代が導き出されており、これは『三国史記』に記録された碧骨堤の始築年代すなわち訖解王21年（百済比流王27年、A.D.330）とほとんど正確にあっており、百済始築説がほぼ確定的であることが固まった、とした[3]。古い記録に新羅訖解王のころに始築されたという事実を否定する記事が1つもない、ということもよい証拠となるであろう。したがって、碧骨堤がA.D.330年に最初に築造されたというのは、事実上、疑問の余地がない。

　次に、『三国史記』では碧骨堤を「碧骨池」と記しているという点に留意する必要がある。池は明らかに貯水池を意味するため、用語それ自体としてすでに碧骨堤が貯水池であるとみることができる。また、すでにかなり前に、今西龍は碧骨堤の「堤」を「池」と解釈したことがある。すなわち、「新羅の忠臣の堤上（朴堤上をさす：引用者）といふ人が、日本書記には毛麻利の名になって居るのは新羅の後代に、毛を堤に、麻利を上に、漢字訳したのであるから、堤を古くより尺（モッ、池）と訓んだこヽが知られる」[4]というの

---

1) 崔榮博「韓国の手工技術の発達」『韓国水門学会誌』第21巻第1号、1988年3月号、52頁。
2) 今西龍「全羅北道西部地方旅行雑記」『文教の朝鮮』1929年6月、29－30頁。
3) 尹武炳「金堤碧骨堤発掘報告」『忠南大學校人文科學論文集』第3巻第1号、1976年、77頁。
4) 今西龍、前掲書、28頁。三品彰英も堤上を毛末、毛麻利（あるいは毛麻利叱智）であると考えた。上は首や宗と古訓通用して「マラ」「マル」「マリ」と発音し、上は麻利と同じ言葉だとした。三品彰英『三国遺事考証　上』塙書房、1975年、527－528頁。張昊は韓国の伝統的

である。

　最後に、2つの記録において碧骨堤の規模と受恩面積に関する情報を得ることができる。『三国史記』では堤防の長さが1800歩としている。1歩＝6尺であるので、メートル法に換算すると2.7～3.2kmほどになり、現存する碧骨堤の堤防の長さとそれほど変わらない[5]。碧骨堤が最初に築造された当時から現在の位置に存在していた可能性を示してくれる。一方、『三国遺事』では「水日一萬四千七十□」として、碧骨堤の受恩面積についての情報も示している。一般的に「水日」は「水田」の誤記で、さらに文章の最後には面積の単位である「結」という文字が脱落しているものと見ており、水田が1万4070結になる、という意味である[6]。また、『三国遺事』の記録のうち、碧骨堤の周囲の長さに関する記録は、万単位の一文字の判読が難しいものの、これに最小の値である1を置いてみても1万7000歩余りになり、これをメートル法で換算すると25～30kmになる。防潮堤だとすると、このような周囲の長さはあり得ず、したがって貯水池の1周分の長さを意味するのは明らかである。『三国史記』と『三国遺事』のこのようなあらゆる記録から見ると、碧骨堤が非常に大きな貯水池として築造されたのは明らかである。

　一方、A.D.790年（統一新羅元聖王6年）に全州など7州の人々を徴発して増築を行ったという記録がある[7]。高麗時代には顕宗朝（1010～1031年）に

　　　な水利施設が水を貯める（貯水）堤、水を引き入れる（引水）洑、海水を防ぐ（防水）堰の3種類があるとした。張昊「碧骨堤とその周辺地形および地理的変遷に関する考察」『文化歴史地理』第20巻第1号、2008年、51頁。張昊の分類のように、堤は一般的に貯水池の堤防を意味するものとして使われてきたのである。
5)　当時の1尺の長さがどれだけであったのかは正確でないため、25～30.3cmとしてだいたいの範囲を計算した。
6)　高麗末から世宗代の貢法制定までは、3等量田尺の方式で土地の面積を測定していた。すなわち、土地を上・中・下の三等級に分け、1結を坪に換算して上田は約2000坪、中田は約3100坪、下田は約4500坪であった（廉定燮「朝鮮初期の水利政策と金堤碧骨堤」『農業史研究』第6巻2号、2007年12月、91頁）。1町歩が3000坪であるため、中田1結と面積がほぼ等しい。
7)　増築碧骨堤。發全州等七州人。築之。『東史綱目』第五、元聖王6年（790年）。当時、新羅は9州体制であったが、そのうち7州の人々を動員したことからすると、全国的規模の土木工事であったと言える。またこの時に今日の扶梁面新用里の「双龍（青龍と白龍）ノリ」の起源となる「丹若説話」がはじまる。丹若説話については『全羅北道の民俗芸術』（全羅北道、1997年、125頁）に紹介されている。新用里を「龍骨」と呼ぶことや、金堤趙氏の始祖である趙連璧が碧骨堤の守護神である白龍から碧骨堤を奪おうとする青龍を弓で射貫き殺したという伝説、堤出身で龍の夢を見て科挙の壮元に及第した趙簡の伝説なとと、ここは龍と

旧制のまま補修し、高麗仁宗21年（1143年）に増修したが、数年後である1146年にムーダン（巫女）の言葉に従い堰を取り壊してしまったという記事がある[8]。朝鮮太宗15年（1415年）に重修したが、1420年に洪水で堰が再び壊れてしまう。その後に碧骨堤が重修されたと見るだけの記録はない[9]。このような記録から推測してみると、少なくとも1146年から現在にいたるまで、太宗期の重修以後5年間を除く期間には碧骨堤が堤防としての本来の機能を果たすことができなかったと思われる。碧骨堤の内側の広い平野地帯には人々が入って農耕活動をするようになったと推測される。

　こうした碧骨堤に関する様々な記録の中で、特に注目される記事は、朝鮮太宗朝と世宗朝初めの『朝鮮王朝実録』に収録されたものである[10]。これらの記事を日付別に読んでみると、碧骨堤が重修される前の状態、重修過程、重修された後の状態と決壊の原因および決壊以後の放置過程などが、まるでパノラマのように展開される。

　『朝鮮王朝実録』によると、碧骨堤の重修の試みは太宗8年（1408年）からはじまる。全羅道兵馬都節制使である姜思徳が上訴で述べるに、「金堤郡の碧骨堤は堰の下が果てしなく広く肥沃で、堰堤の古基が山のように堅固でしっかりしているため、願わくば、以前のように修築して革罷した寺社奴婢に屯田を耕作させ、国用にお充てください」とある。数年後である太宗15

---

[8] 関連した伝説がひときわ多い。金堤郡史編纂委員会編著『金堤郡史』金堤郡、1978年に詳しく紹介されている。朝鮮後期に製作された大東輿地図などの古地図ではほとんど、碧骨堤が本来のような広大な規模ではなく溜まり池のように描かれているが、これはおそらく、新用里の下に残された溜まり池を表示したものと思われる。この溜まり池とそこから東側に伸びている流れを1872年に製作した金堤郡地図では龍湫と呼んでいるのも、このような龍と関連した説話や伝説との関わりが深いと見なすべきであろう。また丹若娘子の犠牲（人身御供）により、堤作りが完成されたことを見ても、工事以前に碧骨堤の堤の一部が崩壊したのは確実である。しかし、「増築」という表現から見ると、堤防の高さを高くした可能性があるが、確実ではない。

[8] 「内侍奉説を送り金堤郡に新たに築いた碧骨堤の堰を切っておいたが、ムーダンの言葉に従ったものである」（遣内侍奉説、決金堤郡新築碧骨池堰、従巫言也）、『高麗史節要』巻之十、仁宗恭孝大王［二］。ここでも碧骨堤は貯水池を意味する「碧骨池」と表記されている。

[9] 金正鎬の『大東地誌』で再び修築したと言及しているが、その本人が描いた青邱図や大東輿地図に碧骨堤は広大な規模の貯水池としてではなく溜まり池のような形で描写されているのみである。

[10] 以下、朝鮮王朝実録の引用は、国史編纂委員会の朝鮮王朝実録ホームページ（http://sillok.history.go.kr）からである。特に出典は明記しない。

年（1415年）、全羅道観察使の朴習が再び碧骨堤補修を上訴し、「金堤の碧骨堤は……その堰を築いた所の長さが7196尺、幅が50尺であり、水門が4カ所にあるが、そのうち3カ所はすべて石柱を建てて堰の上の貯水したところがほぼ1息〔1息は約12キロ〕にもなり、堰の下の陳地はその広闊さが堤の3倍にもなる」とした[11]。この上訴を通じて、碧骨堤重修以前の様子を推測してみることができる。すなわち、水門が4つ存在したが、そのうち3カ所は開閉装置を備えており、貯水した部分の周りがほぼ1息にもなり、碧骨堤を象徴する巨大石柱が重修前から存在しており、堤下の地域に堤内面積の3倍にもなる陳地が存在するということなどがわかる。

太宗15年（1415年）に太宗は碧骨堤の重修を命じた。碧骨堤の重修記録は重修碑に残されているが、現在は摩耗がひどく判読は不可能である。しかし『新増東國輿地勝覽』に再録されており、その内容を知ることができる[12]。その主な部分を引用すると、次のようになる。

> 水の根源は3つあるが、1つは金構県母岳山の南側から流れ、1つは母岳山の北側から流れ、1つは泰仁県の象頭山から流れ出て碧骨堤で合流し、古阜郡の訥堤水と東津で合流し、萬頃県の南側を経由して海に流れる。
>
> ……5つの渠［みぞ］を掘って<u>水田を灌漑したが</u>（開五渠灌漑水田、下線：引用者）、水田はおよそ9840結95卜であり、古蹟に記されている。その最初の渠を水餘渠と言うのだが、ひと流れの水が萬頃県の南側に至り、2つ目の渠を長生渠と言うのだが、2つの流れが萬頃県の西側潤富の根源に至り、3つ目の渠を中心渠というのだが、ひと流れの水が古阜の北側扶寧の東側に至り、4つ目の渠を経藏渠と言い、5つ目の渠を流通渠と言うのだが、2つとも1つの流れが仁義県の西側に流れていく。5つの渠が灌漑する地は、どれもみな肥沃だが、この堤防は新羅と百済の時代から百姓に利益を与えた。……

---

11) 其所築處長七千一百九十六尺、廣五十尺、渠門四處、而中三處皆立石柱。堤上水貯處、幾至一息、堤下陳地之遼廣、三倍於堤。
12) 『新増東國輿地勝覽』第33巻、全羅道金堤郡古跡。

この引用文からは、碧骨堤の水源と5つの渠、そして貯水された水が5つの水門施設を通じて碧骨堤の下の平野地帯を灌漑した後、海に流れ出ることを表現している[13]。典型的な貯水池の姿である。

　一方、『新増東國輿地勝覧』では、工事の内訳についても他のどれよりも詳しく記録している。すなわち、

> ……この年（1415年：引用者）9月甲寅日（20日：引用者）に建築工事を始め10月丁丑日（13日：引用者）に完成した。堤防の北側には大極浦があるが潮水が非常に激しく、南側には楊枝橋があるが、水が深くよどんでおり工事するのがいたく大変で、昔から難しい工事であった。今ではまず大極浦の潮水が打ち寄せる所に堤防を築きその気勢をそぎ、次に一抱えもするような大木を楊枝橋の水がよどんで水たまりとなった所に立てて柱を作り、木橋を作って五重に木の柵をめぐらし泥で塞ぎ、また堤防が崩れた所に土を積んで平らにし、堤防の内外には柳を2列に植えてその基盤を堅くしたため、堤防の下部の幅は70尺で、上部の幅は30尺、高さ17尺、水門はまるで丘壟のように眺められた。……

　この引用文からもわかるように、堤防の規模は底の幅が70尺、天端の幅が30尺、高さが17尺、長さが1800歩（1万800尺）だとし、堤防の内外には柳を二列に植えたと言う[14]。現存する碧骨堤は日帝時代に東津水利組合の金堤幹線水路を築造するなか、その水路の一方の側の堤防として活用したため、堤内側の傾斜面は壊れてしまい、原型とは異なる。しかし、堤防の高さは現存するほとんどが昔そのままであると思われる。尹武炳の発掘調査によると、経蔵渠の場合、人工で築造された堤防の高さは4.3mであったと言う。上記の引用文で出てきた17尺を営造尺（30.65cm）で換算すると、5.2mとな

---

13) 各水門の位置と渠の経路については、後に別途検討することにする。
14) 柳は昔から水害防止対策で河川や池の周辺に植えられる植物であった。海岸に植える事例は特に見られない。この柳を碧骨堤の基盤を堅くするために堤防の外側にも植えたという話は、それを植えた土地が比較的潮害とは関係ない地域であったという意味に解釈される。

り、周尺 (20.83cm) で換算すると 3.5m ほどになり、尹武炳が実測した値はこの両者の中間値くらいになる。

また、この記録では大極浦と楊枝橋の 2 カ所の工事が昔から難しい工事であったとしている。「北には大極浦があり（北有大極浦……）、南側には楊枝橋（南有楊枝橋……）がある」という文脈から見ると、2 つとも碧骨堤の堤防の南北にあるように見えるが、金正浩の『大東輿地図』を見ると、これとは異なる解釈が可能である。〈図 3-2〉を見ると、碧骨堤を通る河川に狐浦橋と太極浦という 2 つの地名が出てくる。金正浩の『青丘図』や『備辺司印方眼地図』など朝鮮後期の地図には、碧骨堤を通るこの河川を狐川と呼んでいたため、狐川は今日の院坪川に該当し、狐浦橋は院坪川の浦橋を言うものと見ることができる。そうだとすると、『大東輿地図』の太極浦は、上記の引用文の大極浦に該当するとも見られる。金正浩の『大東地志』によると、東津浦は金堤から西に 25 里の扶安との境界にあり、狐浦は南に 10 里、碧骨堤は南に 15 里にあり、太極浦は西に 17 里にあるとしており、太極浦は狐浦よりさらに西側にある別の地名であることが確認される[15]。太極浦に関する記述を見ると、金堤の西 17 里に位置するが、泰仁の象顯、母岳などいくつもの山から出て西に流れ、碧骨堤の狐浦を経て西南食浦、すなわち東津上流に流れ入るが、潮水が非常に激しい（潮水奮激）、とある[16]。『大東輿地図』で見ると、太極浦は鳴良山の南側にあるが、太極浦のすぐ手前で狐川（院坪川）が一度大きく曲がっているのがわかる。1921 年の地図で見ると、院坪川は竹山付近で曲がって流れ出ることになっているため、太極浦は竹山と院坪川の河口の間のある地点を意味するものと見ることができる。金堤から太極浦（西に 17 里）と東津（西に 25 里）にいたる距離に鑑みても、このような推定はそれほど間違ってはいないであろう。太極浦は小堤里と流湖里付近にあったであろうと判断されるのである[17]。

---

15) 浦橋と碧骨堤がそれぞれ異なる位置で叙述されているのは、この当時は碧骨堤が崩れ、地図で見られるように、溜まり池の形態で残っており、その溜まり池は碧骨堤の中間の新用里にある溜まり池を指していると考えることができる。そうだとすると、浦橋は金堤の南側 10 里にあり、碧骨堤は金堤の南側 15 里にあるという上記の叙述は、すべて合理的に解釈される。
16) 太極浦西十七里出泰仁之象顯母兵諸山西流經碧骨堤爲狐浦西南入食浦卽東津上流潮水奮激。
17) ここは第 1 章で見た在来の竹山洑の水を遮る場所と似ている。

〈図3-2〉『大東輿地図』の碧骨堤付近
〈資料〉ソウル大学校奎章閣研究院（http://kyujanggak.snu.ac.kr/）の『大東輿地図』

　ソウル大学校奎章閣に所蔵されている1872年金堤地方の地方図で碧骨堤付近を見ると〈図3-3〉の通りである。実際、地図というよりは絵に近い程度で正確さに劣るが、いくつか重要な情報を得ることができる。Ⓐは今日の院坪川であるが、これと平行に碧骨堤が描かれている（Ⓑ）。碧骨堤には2つの穴が描かれているが、それぞれに龍洑という名称がつけられている。地図の至る所に注記がある。すなわちⒹでは「浦橋の水は扶安東津に流れ出るが、海水が入れば深さが3丈で海水が引けば陸がつながる（浦橋水流入扶安東津潮進三丈潮退連陸）」、Ⓒでは「海水が入って来れば深さが1丈で海水が引けば陸がつながる（潮進一丈潮退連陸）」、Ⓔでは「院基場市　三十里」と書かれている。位置に関する情報があまりに不正確で、このような注記が付いている場所がどこなのかわかりにくいが、Ⓐには「浦橋」という橋の名があり、院坪川であることは確実であるものの、ⒸやⒺの河川が何なのか、見分けがつかない。もしⒸが東津江あるいは古阜川だとすると、Ⓓの注記がついた位置は院坪川と東津川が合流した後であるため、院坪川河口から少し離れた東津付近となるとのことで、ここは満潮になると深さが3丈ほどになるであろうし、Ⓒが東津江だとすると、注記がついている位置は百山付近であると推測されるが、ここは満潮になると深さが1丈ほどになるというのであ

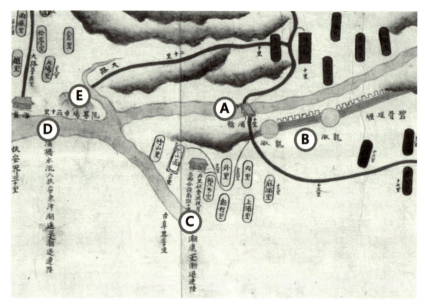

〈図3-3〉1872年金堤郡地図の碧骨堤付近
〈資料〉ソウル大学校奎章閣韓国学研究院（http://kyujanggak.snu.ac.kr/）、1872年の地方地図（金堤郡）。

る。正確な位置がどうであれ、重要なことは院坪川と東津江が満潮の時には河川に沿って海水が入ってくる感潮河川（tidal river）ということは明らかである。そして大極浦が「潮水が非常に激しい」と表現されるに充分である[18]。

もし『大東輿地図』の表記のように、浦橋と大極浦がそれぞれ異なる場所であるとすれば、碧骨堤が院坪川を横断する部分の工事をするために、浦橋ではなく、これよりさらに下流である大極浦に堤防工事をした、という意味に解釈される。第2章で朝鮮時代末に院坪川下流の小堤里付近に堰止を作り竹山洑を作ったであろう、と書いた。大極浦はおそらくその付近ではないか

---

18) この「潮波奮激処」という一節を引用して碧骨堤が防潮堤であるとの主張が提起されることもある。院坪川が感潮河川であるため、河川の一部に満潮の時に潮水が入ってくるのは当然だが、3kmにも達する碧骨堤堤防の中でその河川と交差する地域はごく一部に過ぎない。したがって、碧骨堤が防潮堤であることを主張しようとするのであれば、堤防の残りの大部分でも日常的に潮水の浸入があったことを証明しなければならない。この点に関しては、後にまた扱うことにする。

と思うが、推測に過ぎない。

　楊枝橋の正確な位置もわからない。しかし、楊枝橋は河川に渡された橋を意味するものであるため、3kmにも達する碧骨堤堤防のうち、河川が交差するような地点を探してみると、院坪川と蓮浦川の2カ所だけだが、院坪川には浦橋があるため、楊枝橋は蓮浦川に渡された橋であると推測される[19]。碧骨堤と蓮浦川が交差する所、すなわち新用里（龍コル）村の下には日帝初期まで大きな溜まり池のようなものがあった。この溜まり池は新羅元聖王の時の増築工事の過程で丹若説話を誕生させた、あの溜まり池である[20]。こうした点から推測すると、楊枝橋はこの蓮浦川に渡された橋であると判断される。「水が深くよどんでおり、工事するのが非常に大変で、昔から難しい工事であった」という言葉も、このような溜まり池があったからこそ出た言葉であろう[21]。

　碧骨堤が重修された翌年である太宗17年（1417年）、司諫院右司諫の崔洞などの上訴を見ると、「近年に築造した全羅道碧骨堤がいくつもの村の境界を浸水して入って来るようになっており、早くから堤内に住んでいた百姓たちは水の浸水のため、その田畑を失う者が多いと言う」としている。この記事は高麗仁宗21年（1146年）に堤防が壊れた状態で約270年間もたってしまったため、堤内のほとんどの土地が農耕に活用されており、太宗15年（1415年）にこの間決壊していた部分を修築し、湛水が生じて水位が上昇するにつれ、いくつもの村にかけて水が入ってきて、堤内に住んでいた百姓が田畑を失うようになったと解釈するのが妥当であろう。これもやはり、貯水池修築以後の湛水過程で生じた堤防の中の水没現象について述べている。

　太宗18年（1418年）の判広州牧事、禹希烈の上訴には、「臣が近来、全羅

---

19) ただし、現在の蓮浦川は東津水利組合により排水路として整備され、碧骨堤内から東津江に至るまで、ほとんど直線化した水路を有しており、蓮浦川という名称も生れるようになった。しかし1910年頃の地図を見るだけでも水路がはっきりしておらず、したがって1つの河川とみなすのは難しかった。
20) 碧骨堤工事の完成のために丹若娘が青龍の生け贄として犠牲になった、人身御供の説話である。
21) 洪思俊と盧重國は、楊枝橋が経藏渠に近い場所であったと推定した。盧重國「百済の水利施設と金堤碧骨堤」『百済学報』第4号、2010年、36頁。原文は、洪思俊「三国時代の灌漑用地に関して－碧骨堤（金堤）と碧骨池（唐津郡）」『考古美術』136・137合集、1978年。

道金堤郡碧骨堤を見て、四方周囲が2息を越えるが、水門が5つあり、大川のようで、1万頃余りを灌漑することができました。……甲午年に修築した後、堤防の下の広い野には禾穀が熟し、これを見渡すと雲のようです。……碧骨堤の下の陳地〔束ねた土地〕がほぼ6000結余りで、訥堤の下の陳地が1万結余りだが、しかしそこの居民を持ってしても充分に耕作することができません……堤防の上にある土地は沈没したものが多いですが、堤防の下では利益がほぼ3倍にもなりました。近所の百姓たちがすべて線を引いて標識の杭を立てたが、未だにすべてを灌漑することができませんでした」とした。

禹希烈の上訴から、5つの水門と水路がどのような機能を持っていたものであったのかがわかる。もし碧骨堤の堤防が防潮堤であったとすれば、満潮の間、水門を閉めて海水の浸入を防ぎ、放流させるべき水を一時的に堤防内に貯留してから、引き潮になり海水の水位が低くなれば水門を開けて溜まった水を排水すればよい。この場合には、水門の外に水が充分に排出されうる程度の水路され確保されれば充分である。しかし、禹希烈の上訴では、水路が大川のようであり、それによって1万頃余りを灌漑することができたとしているため、水門は貯水池の水門であり、水路は農業用水を供給する灌漑水路であることは明らかである。先の引用文から見ると、水路が向かう地域まで明記してあるが、このすべてが海ではなく陸地内の地名であるということも、この水路が灌漑用水路であることを意味する。堤防の下の広い野には禾穀が熟れ、これを見渡すと雲のようだという表現もやはり、堤防の下が水田として活用されていたことを意味する。

碧骨堤の重修が行われた数年後である世宗2年（1420年）、「全羅道観察使が諭すに、「大風雨で金堤郡碧骨堤が壊れて堤防の下にある田畑2098結を台無しにしました」と言う」[22]。この記事によると、碧骨堤の決壊の原因は「大風雨」で、その風雨により碧骨堤の下の田畑のうち2098結が台無しにされたというのである。すなわち、碧骨堤の下の土地のうち、少なくとも2098結はすでに耕地として活用されていたということである[23]。

---

22) 全羅道観察使啓：「大風雨，金堤郡碧骨堤決，損堤下田二千九十八結」。
23) 堤防が壊れて被害を受けた地域が100％だと仮定すると、2098結であるため、被害率をさらに低くして考えると、堤防の下の田畑の面積はこれよりずっと広くなる。

これに対し、全羅道観察使が碧骨堤の修築を請うため政府と六曹〔朝鮮時代の中央官府〕をして議論させたが、みな口をそろえて「豊年になるのを待って修築しなさい」と言ったため、これに従ったという。この記事をみると、碧骨堤を人為的に崩したのではなく、再び修築する予定であったことがわかる。
　世宗3年（1421年）に全羅道観察使張允和が申し上げるに、「金堤郡碧骨堤と古阜郡訥堤が崩れて決壊してしまったため、早くから豊年を待って修築することを命令なされたが、臣がこれを巡視して利害を訪ねると、堤防上部はほとんど崩れたが、むしろ水が溜まっていて、堤防内のよい田地数万斗落が浸水しており、また農繁期に大きく崩れた場合、堤防下の農夫たちは全員が流されて沈没してしまうであろうから、百姓に耕作を許可するのがよいのではないかと思います」とした。これに対し、全羅道水軍都節制使〔高麗末に設置された両界地域の長官〕朴礎が上王に文書を上奏し、「金堤郡の碧骨堤は新羅の時から築造したもので、実に我々東方の巨大な池（東方巨澤）であるが……昨年である乙未年に知郡事金倣に命令され監督し、修築することになったもので、使役した人夫がわずか2万名で20日余りのうちに工事が完成し、堤防下の土地はみな沃地となり、公田の収穫が毎年1000石を越えたため、軍民の食料もまた豊富でありまして、堤防が公私ともに有利なものであることは明らかでございますが、ちかごろ任務についた役人が立派な堤防をして、万一でも決壊して崩れてしまったら、そのことで罰を受けるかもしれないと恐れ、補修するのが難しいものと間違った考えで語るに、「必ず人夫4万名を動員して木柵を五重に巡らさないと堤防が堅固にならない」と言ったため、豊年になるのを待ち修築しろと命じていらっしゃったのに、教旨〔四品以上の官職の辞令〕がようやく下されると、執事者が国家の政策がこの件は至急を要しないと考え、その郡の郡司に命じて百姓に<u>破壊してなくすこと</u>についての可否を問うたところ、百姓は怖がって役所の意向に媚びてこっそり言い合うに、「<u>壊してしまおう</u>という言葉に従わないと、我々の郡だけが賦役の苦痛を受けるであろう」とし、たとえその水利の恩恵を受ける者でさえも、みなその言葉に賛成いたしたのです……」とした（下線-引用者）。
　碧骨堤を破壊しようという言葉は、『朝鮮王朝実録』の様々な記事の中で

もこの部分に最初に出てくる。しかし、この当時は碧骨堤がすでに決壊した状態であったため、「壊してしまおう」という言葉は修築しないで堤内に溜まった水を排出できるように、さらに崩してしまおうということだと解釈するのが正しいであろう。そしてこのように壊してしまおうとする理由としては、「大きく崩れた場合、堤防下の農夫たちは全員が流されて沈没」する恐れがあるためという点が挙げられる。朴礎の文章の中に「公田の収穫が毎年1000石を越え」たという部分も注目するに値する。前述の太宗8年(1408年)の姜思徳の上訴に「(碧骨堤を:引用者)以前のように修築して廃止した寺社の奴婢に屯田を耕作させ、国家の費用に加えてください」と言う部分と、朴礎の文章を比較してみると、碧骨堤を修築した後に堤防の下の土地を当初の計画通り公田にしたということと、修築後5年目である1420年にすでに収税するほどの耕地になった水田が多数存在するようになったということがわかる[24]。

　『世宗実録地理誌』の金堤郡に関する記事には、「駅が1里だから内才で、昔の大きな堤防は碧骨堤だ。【新羅訖解王21年にようやく堤防を積み上げたが、長さが1800歩である。本朝太宗15年に再び積み上げたが、利益は少なく弊害が多かったため、ただちに壊した (以利小弊多,尋墮之)】」という記事が出てくる。碧骨堤を防潮堤だと主張する李栄薫が様々な実録記事の中で唯一言及していたものである。これまで考察してきた碧骨堤に関する『朝鮮王朝実録』の数多くの記録を、たった一行のこの記事で否定し、文献記録に依拠すると碧骨堤は防潮堤であった、と主張できるであろうか？　しかし、この記事の「ただちに壊した」という表現は、前述したような実録記事とは異なる。また、現存する堤防や古い地図上に残された資料を通じて見ると、崩れた部分は全体の堤防のごく一部に過ぎない[25]。

---

24) それ以前にも、収税が可能なまでの耕地になっていたのかどうかは、この文だけではわからない。
25) 『磻渓随録』によると、「金堤の碧骨堤、古阜の訥堤、益山・全州の間の黄登堤などは大きな堤防で、一地方に大きな利益のあるものである。昔には一国の力を注いで築成したものだが、今はすべて壊れてしまった。壊れた所が2丈〔数丈〕ほとに過ぎず、そこに注いだ力を数えれば1000名の10日間の工程にすぎないので、最初に積み上げた時に比べて1万分の一に過ぎないのに、1人も修築しようと建議する者がいないとは、実に嘆かわしく惜しいものである。もしこの3つの堤防に水を貯蔵して1000頃の堤防を作るなら、蘆嶺より上は永遠に凶年がな

明らかなのは、碧骨堤がこのように崩れた後には、再び重修されなかったという事実である[26]。もしそれが防潮堤であったとしたら、そのまま放置すれば海水の被害を受けることになるため、むしろ再び修築するのが当然であろう。しかし、もし貯水池であったとすると、堤防が崩れても旱害以外の他の被害は発生しないであろう。そして、このように貯水池としての機能がなくなれば、堤防内に多くの百姓が入ってきて耕作するようになり、堤防下の地域にも変わらず耕作が為されるようになる[27]。

第2節　碧骨堤の発掘調査とその近隣地域の地形に関する実測資料

(1) 碧骨堤の発掘調査

　これまでは碧骨堤に関する古い記録を検討した。それらの記録によりすでに、碧骨堤がかなり大規模な貯水池であったという点が明らかになった。で

　くなるであろうから、一国にあってまた萬歳の大きな利益となるであろう」とした。磻溪柳馨遠は、長い間扶安に住んでいたため、これらの地域の貯水池に対して詳細に把握していたであろうと思われる。

[26] 『萬機要覽』「財用編」5、堤堰著名堤基には、「現在水を引いて灌漑する所を右に撮録すると、洪州の合德堤、咸昌の恭儉池、金堤の碧骨堤、延安の南大池が最も顯著な所だ。定宗戊戌（定宗2年1778年）に命じて細目を作り、8道に頒給した」とした。この記録によると、定宗2年当時、碧骨堤は貯水池としての機能を持っていたという意味になる。しかし、定宗22年の「湖南の碧骨堤はさらに深く掘りさえすれば、このような旱災は心配するほどのものではないが、そこが今はすべてふさがり以前の辺りがほとんどわからないようになったというから、何とも惜しまざるを得ない」という記事を見ると、碧骨堤は依然として廢堤された状態におかれていたのは確実だ。世宗朝以後、碧骨堤を修築したという記事はどこにも見当たらない。

[27] このように大規模な水利施設が破壊されることで、碧骨堤近隣の農土は碧骨堤の水利施設の恩惠を受けられなくなる。しかしその代わり、龍洑、龍山洑、竹山洑などの洑が発達することで、不足していた農業用水の一部が補充されるようになる。これと関連して、朝廷の水利政策の基調が文宗代以後の堤堰から川防（洑）に変わったという廉定燮の指摘があることを、付け加えておきたい。廉定燮「朝鮮初期の水利政策と金堤碧骨堤」『農業史研究』第6巻2号、2007年12月、97頁。

は次に、碧骨堤の堤防とその近隣地域の地理情報について詳しく見てみよう。

碧骨堤に関する発掘調査は、尹武炳のものが事実上唯一のものである[28]。彼は1975年に碧骨堤の5つの水門のうち長生渠と経蔵渠について発掘調査を行った[29]。現在の碧骨堤遺跡地はこの発掘調査に依拠して復元されたもので、発掘当時まで残存していたものと思われる中心渠は現在地中に埋没したものと推測される[30]。

尹武炳は現在地上に露出している長生渠と経蔵渠の水門址周辺を発掘調査し、遺跡の構造、堤防の構築過程、始築年代などに関する次のような結果を発表した。①「人工堤防土はその下部の自然層とは簡単に区分された。人工堤防土の下面に敷かれてできた厚みが1〜2cmほどになる黒色の植物炭化層がこれらの間に介在していたためである。この植物は沢に自生する葦などだと識別されるが、かなり厚い炭化層を形成したことに鑑みて、沢辺に生い茂って群落していたことは充分想像しうる。黒色炭化層の下にある自然層は、<u>黒灰色の粘土層（下部は黄褐色）</u>であるが、黒灰色は上部にある炭化層の黒色によって染まったと思われる」とした[31]。また彼の発掘調査によると、この黒色炭化層から堤防上段までの高さは<u>長生渠の場合には4.3m</u>、経蔵渠の

---

[28] 1961年東津農地改良組合が水門址復元のために付近の発掘調査をしたことがあったが、発掘結果は知られていない。尹武炳によると、この工事によって遺跡の重要な一部が被害を被ったという。きちんとした発掘調査ではなかったと思われる。尹武炳、前掲論文、68頁。

[29] 碧骨堤の重修記録によると、碧骨堤には水余渠、長生渠、中心渠、経蔵渠、流通渠などの5つの水門が存在した。尹武炳が発掘調査をした水門は、北側から2つめと4つめに当たる所であったが、2つめを長生渠、4つめを経蔵渠と呼んだのは、上記の重修記録で名前が挙げられた順番によるものと思われる。2つめと3つめおよび4つめの水門は、巨大石柱からなる開閉装置があるもので、1つめおよび5つめは、余水路として利用されたものと考えられてきている。

[30] 尹武炳によると、「この堤防に付随する施設としては、堤防の南北両端に近い2カ所と中央の1カ所に水門址として知られている巨大な石柱がにょきっと立っているのが見られる」とした。この叙述によると、中央渠は尹武炳が碧骨堤を発掘した1975年までは地上に露出していたことになる（尹武炳、前掲論文、67-68頁）。李章雨は「中心渠水門址があった所と推測される堤外側の一部には、部落が形成されていた」としており、彼が論文を書いた1998年にはすでに地中に埋没していたことがわかる。李長雨「碧骨堤の水工学的考察」『韓国水資源学会論文集』第31巻集4号、1998年。筆者が踏査した当時、新用里に住む村の住民が、自分の家の地中に巨大な石物が埋没していると証言したが、これがおそらく中央渠の遺物であると推察される。

[31] 尹武炳、前掲論文、72-73頁。以下、下線は引用者が追加したものである。

場合には3.3mであったと言う[32]。②「堤防の下部を形成する1次構築土は、黄褐色の均質な粘土を使用しており、ここには石塊をはじめその他の不純物がほとんど含まれていなかった。A地区（長生渠：引用者）において、この黄褐色粘土層の厚みは約2.5mである」[33]。③「部分的な改修工事はあったかもしれないが、全長が3kmにも達するこの碧骨堤の堤防と水門石柱およびその前面の護岸石垣は、始築当時からすでに現在見られるのと同じ雄大な規模で経営されていたことは、ほぼ間違いないと信じられているのである」[34]とした。しかし、彼の論文を注意深く読んでみると、始築当時の堤防の規模が現在より小さかったという解釈も可能である。すなわち、「A地区（長生渠水門がある所：引用者）の堤防構築土は3層に区分されるが、堤防築造工事の回数は2回にかけて施工されたことがわかる」とし（74頁）、「B地区（経蔵渠水門のある所：引用者）では戦後4回にわたって堤防工事が実施された」とした（75頁）。さらに、「A、B地区ともに1次築土の上面レベルは全く同じように水平になるよう築造された」という指摘もある（75頁）。これは1次構築がなされた以後に、相当の期間、堤防として活用されてから、後に再び増築されたという可能性を強く示唆している。過去の記録にも790年に増築、1143年に重修、などの表現があり、文脈上から見ると単純にそれ以前の規模で修理しただけではない可能性を提起している。尹武炳の発掘結果によると、始築当時には堤防の高さが現在より約1.8m低い2.5mほどの規模であったと解釈しうる余地がある。

(2) 碧骨堤の堤防と5つの水門の位置

『新増東國輿地勝覽』によると、母岳山の北側と南側と象頭山を水源とする3つの流れが碧骨堤で合わさった後、東津で訥堤水と再び合わさり、西海に流れ出て行くとしている[35]。1910年頃の河川を基準とする場合、碧骨堤

---

[32] 堤防の高さに差が生じた理由に関して尹武炳は、この2つの地点が本来標高上で約1mのレベル差があったためだと考えた。尹武炳、前掲論文、74頁。
[33] 尹武炳、前掲論文、72頁。
[34] 尹武炳、前掲論文、74-75頁。
[35] 訥堤水は東津江支流である古阜川を意味する。

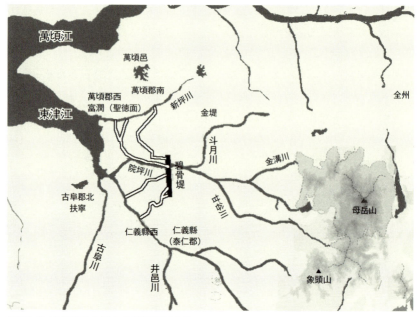

〈図 3-4〉碧骨堤の水源と水底灌漑用水路
〈注〉元の地図はダウム（Daum）地図を利用したが、地名等は筆者が記入しておいたものである。
　　碧骨堤の5つの水門の位置と灌漑水路については、本文で説明することにする。

の近隣の河川の水系は〈図 3-4〉のようになる。さらに小さな河川もあるが、省略した。図で見ると、碧骨堤で合わさる 3 つの流れは、金溝川、院坪川、斗月川とみることができるであろうが、象頭山を水源とするものも 1 つあるため、斗月川、院坪川、甘谷川とみるのが妥当であろう。訥提が現在の古阜川にあったため、訥提水は古阜川を意味すると思われる。

次に、5 つの水門の位置に関して見てみよう。碧骨堤の堤防および各施設物の位置に関しては、洪思俊とチャン・ホ（장호）の研究がある[36]。筆者が推定する位置は、110 頁〈図 3-6〉の一番右側の図の通りで、流通渠以外は既存の研究と大きく異なるものではない。ここではこれらの研究を参照しつ

36）洪思俊「三国時代の灌漑用地に関して－碧骨堤（金堤）と碧骨池（唐津郡）」『考古美術』136・137 合集、1978 年。

〈図 3-5〉 碧骨堤略図
〈注〉この地図では碧骨堤の北端が徳山里の丘で終わるようになっているが、現在の地名では新徳里である。
〈資料〉MF 90－0741、522 頁（東津北部水利組合区域図）、『(近世) 韓国五万分之一地形図』金堤図葉。

っ、国家記録院が所蔵している朝鮮総督府水利組合文書綴を利用して、もう少し明らかにしておく。

まず、国家記録院で所蔵している朝鮮総督府水利組合文書綴に入っている碧骨堤の堤防付近の略図と 1921 年に修正測図された朝鮮総督府の地図を見ると、〈図 3-5〉のようになる。

2 つの図の南端の様子は似ている。すなわち、碧骨堤の堤防は梢昇里（梢

第 3 章　碧骨堤　109

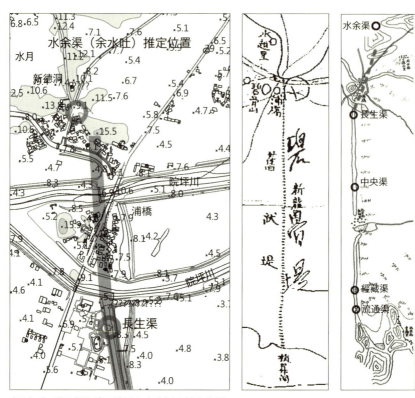

〈図3-6〉碧骨堤北端の地形と水余渠の推定位置
〈注〉真ん中の図の場合、漢字で水越里と表記されている。中央の新用里も「龍」の字が入っている新龍里と表記されている〔「用」と「龍」は韓国語で発音が同じ〕。
〈資料〉国土地理情報院 1：5000 数値地図、図葉番号 35604095；MF90-0741、507 頁（東津江水利組合予定区域図）；MF90-0741、518 頁（全羅北道碧骨堤内実測平面図）。

昇洞）の丘陵に突きあたる所から書頭（現在の新頭里）方向に折れ曲りつつ続いている。碧骨堤の南端下側はふたつの図のどちらも丘陵地帯となっており、その真ん中にこの一帯で最も高い鳴琴山がある。ここがまさに、済州堤防によって作られた貯水池である。右側の図で貯水池がはっきりと表示されている。

　碧骨堤の北端は右側の図では浦橋里より上は描かれていないが、左側の図では徳山（現在の新徳）の丘陵に突きあたるまでが描かれている。碧骨堤の

人工築造物はそこまでで、丘陵による自然堤防が続いた後、水月から余水路が生じる。右側の図で碧骨堤の北側の端付近と中央付近に溜まり池のような表示があることと、中央の溜まり池（新用里の南側）から東側に水路表示があり、その水路のうち1.5kmほどは堤防によって保護されていることについては、後に再び言及することになるであろう。

　現存する碧骨堤の遺跡としては、院坪川から梢昇洞までの堤防と、水門開閉装置がある2カ所の水門（長生渠と経藏渠）がある。院坪川北側の堤防はなくなり、中心渠があった所より少し北側から蓮浦川の間の堤防外側の斜面は、土を掘り出したその場に民家が建っている。水門開閉装置があるもう1つの水門である中心渠の施設物は、現在地中に埋没しているが、そのだいたいの位置はわかっている[37]。朝鮮太宗の時の重修記録によると、水門は全部で5カ所だが、そのうち3カ所に開閉装置があったとしているため、開閉装置がある水門はすべて、位置が確認できる。余水路（余水吐）であったと推測される（したがって、石柱の施設物のような開閉装置がない）2カ所の水門（水余渠と流通渠）のうち、水余渠の位置も、復元されてはいないものの位置だけはほぼ確実にわかっている。

　まず、水余渠の位置は〈図3-6〉の一番右側の図の一番上のマルをつけた部分に該当する。「スウォルリ」は、現在は漢字で「水月里」と表記されているが、1910年初めに製作された真ん中の地図では「水越里」と表記されている。ここの人々は「ムネミ〔水越え〕村」と呼ぶ[38]。水越やムネミ（またはムノミ）などの言葉は、どれも「水が越えていく」、という意味である。左側の図を見ると、碧骨堤の堤防（濃灰色で表示した所）は、徳山の丘陵に突きあたって終わることになっている。現在はここの名称が「新徳里」となっており、徳山里と区別されるが、名称から見ると徳山里から分離して「新

---

37) 洪思俊の研究では、各施設物の間の距離が明らかにされているが、そのうち中心渠について測定した距離は妥当なものであり、受け入れることができると考る。
38) 水余渠は余水路（あるいは余水吐）と呼ばれる施設として知られているが、余水路とは一般的に貯水池の堤防の端の部分を他の部分より少し低く作り、貯水池内に水が溜まって水位が上がり、堤防を越えてあふれる前に、ここを通じて自然に排出されるよう作った施設を言う。あらゆる貯水池には必ずこうした施設がある。水余渠の「水余」という単語の語順を入れ替えると余水となるため、「余水路」という施設名称とぴったり合う言葉であることがわかる。

たに作った徳山里」という意味と推測されるため、特に大きな問題にはならないと思う。ともあれ、碧骨堤の北端が突きあたるこの丘陵の上側は10m以上の標高があるやや高地帯が連なっているが、水越里の下側のマルがついた部分にだけ、10m以下の標高で終わっている。余水路の立地条件としては最も適合した場所であると思われる[39]。右側の図でも同じように中間で終わっている所がある。

〈図3-7〉は、水余渠の位置を衛星地図で見たものである。太い点線の部分は余水路を越えた水が放水される排水路の一部だが、李長雨の指摘のように、弓の形に曲がった水路の形状をしている。道路に近い部分の幅は20mほどで、〈図3-8〉の左側の写真に見られるように、この排水路の左右の堤防の高さも2m内外で、相当高かった。右側の写真は余水路施設があったと推定される場所で、水門であったことを思わせる大きな石が無数にあったとされているが、現在は残っているものはない。

次に、流通渠の位置に関して推定してみよう。流通渠の位置に関して丁寧にその位置を推定した研究としては、李長雨が代表的であろう。彼は、現場踏査と測量および文献考証などの様々な方法を動員して「碧骨堤南端の鳴琴山から400㍍離れた祥瑞里の入り口右側で、余水路の地形的条件を有している流通渠水門址だと判断される地点を発見」したという[40]。彼が推定した位置は、114頁〈図3-9〉のうち左側の図の中央より少し下側に「祥瑞」という表示がある付近であろう。しかし、右側の図を見ると、祥瑞里入り口は済

---

39) 李長雨は「水余渠の水門地の位置は、碧骨堤の北端新徳2橋から1000m離れた自然の丘陵地のへこみがある水月里の入り口に水田の幅15m程度に弓の形に曲がった水路の形状を成している地点が、水余渠の余水路があった所だと判断される。また、隣接した水田の底に水門石柱の破損した一部と放水路の底の盤石が放置されていたということも、これを立証している」とした。李長雨、前掲論文、404頁。月刊『全羅道ドットコム』の記事によると、「水余渠があった場所と推定される場所は、「ムネミ」という地名を有する。水門の前のムネミの水田では昨年まで人々が人工的に削ったとみられる岩が2つ置かれていた」。水月村のチョ・ヨンギさん（76）は、「昔はムネミ周辺に大きな岩ころがすごい多かった。けど、ここがみんな平野地帯だから石がない。家を建てようとみんな一緒に掘ってしまったから昨年まで（2003年：引用者）2つは残っていたんだけど、水田の持ち主が冬に農作業がやりづらいと装備を頼んで掘ってもらった。もう残ってるのはないよ」と語った、とある。月刊『全羅道ドットコム』「新トルミ山、テベミ、ムネミ……農民の歴史『碧骨堤』が作った地名」（チョン・サンチョル記者）、http://www.jeonlado.com/v2/ch04.html?number=7020 から引用。

40) 李長雨、前掲書、404頁。

〈図 3-7〉水余渠の位置の衛生写真
〈資料〉インターネット「Naver」の衛星写真を利用した。

〈図 3-8〉水余渠址

道路から見た水余渠の排水路址　　　　　道路から碧骨堤内部側を見た水余渠址
(〈図 3-7〉の点線部分)　　　　　　　　　(〈図 3-7〉の実線部分)
〈資料〉2011 年撮影。

州堤より南側に位置する。地形上から見ると、碧骨堤の水門が位置するのは難しいと判断される。

　碧骨堤重修記によると、「水余と流通の 2 つの水門は波が打ち寄せる所ではないが、もし水が氾濫してここに漏れて流れた場合、水の防ぎようがなくなる。そのため、2 つの水門の両側に石を削って礎石として埋め、その上の

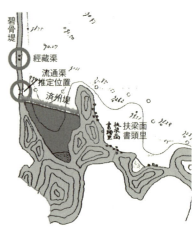

〈図 3-9〉経藏渠と流通渠の推定位置
〈資料〉Naver 衛星地図 ; MF 90-0741、518 頁（全羅北道碧骨堤内実測平面図）。

ケヤキの板で橋を作って往来するようにした」とある。水余と流通の２つの水門が余水路（或いは余水吐）であることを意味し、その余水路の上にケヤキ板で組んだ橋を置いたのである[41]。この記録を念頭に置きつつ、1911年ごろに制作された〈図 3-9〉の右側の図のマルの中の表記を見ると、流通渠がどこにあったのかの手がかりを見つけることができる。すなわち、上のマルの中には２つの四角い点が向かい合っているが、経藏渠の２つの石柱の表示と思われる。そして下のマルには橋の表示があるが、ここが碧骨堤の重修記で言及された「ケヤキ板で橋を作り往来するよう」にした流通渠があった所と推定される。

　現在の月昇橋の橋は金堤幹線水路が作られた後に架けられたもので、右側の図の橋は朝鮮時代から存在していた橋である。碧骨堤地域はだいたい院坪川側が低く、梢昇里（月昇里）がある南側地域は多少高くなっている。地形

---

41) 流通渠の場合には、痕跡が残っていないためその規模は不明だが、水余渠と似ているであろうと仮定するならば、碧骨堤には幅 20m 内外の余水路が２カ所あり、相当量の水を放流できたと思われる。碧骨堤の土木工学的分析にはこのような余水路施設を過小評価する傾向があるようである。

〈表 3-1〉碧骨堤の各水門と灌漑水路の方向

水門名	灌漑水路の方向	現在の地名
水余渠	萬頃県南側（1本）	金堤郡新坪里付近
長生渠	萬頃県西側潤富近源（2本）	金堤郡聖徳面付近
中心渠	古阜北側扶寧（1本）	金堤郡玉井里付近
経蔵渠	仁義縣西側（1本）	金堤郡禾湖里付近
流通渠		

上河川をまたぐ橋が必要な所ではない。そのため、この地図の橋は余水路の上に架けられた橋と解釈するのが正しいであろう。ならば、この場所こそが流通渠が位置するには最適の条件を備えた場所であると見るべきであろう。

一方、『新増東國輿地勝覧』ではこれらの各水門から放出された水流がどこに向かうのかに関しての記述がある。これを整理すると、〈表 3-1〉の通りである。

この表の地名を現在の地名に直すと、次のようになる。

【潤富】：『三国史記』では「武邑縣は本来百済の武斤村縣であったが、景徳王が名を改めた。現在は富潤縣である」とした[42]。『高麗史』と『世宗実録地理誌』の内容も同様である[43]。金堤郡聖徳面となる。

【扶寧】：『輿地図書』によると、扶寧縣は本来百済の皆火縣であったが、新羅の時に扶寧或いは戒発と呼び古阜郡に属するようにした、とした[44]。扶安郡扶安邑になった。

【仁義縣】：『三国史記』と『世宗実録地理誌』の内容を整理してみると、仁義縣は百済時代に賓屈縣であったが、新羅から景徳王の時に斌城縣に直し（『地理誌』では賦城縣或いは武城とした）、泰山郡の領縣とした。高麗で仁義縣に改め、高麗玄宗10年に2つの縣に分かれたが、朝鮮の太宗9年に再び

---

42) 『三国史記』巻第三十六雑志第五、地理三新羅。
43) 『高麗史』巻五十七志巻第十一、地理二、全羅道；『世宗実録地理誌』全羅道、全州府、萬頃縣。
44) 『輿地圖書』全羅南道、扶安、建置沿革参照。『世宗実録地理誌』の内容も、ほぼ同じである。朝鮮太宗15年（1415年）に扶寧と保安を合併して扶安縣としたが、その翌年に再び分離し、さらに統合するなど紆余曲折を経た。現在古阜郡の八旺橋から八旺三叉路の間の道路名が「扶寧路」となっている。

合併して泰仁になった。鄭求福は仁義縣を井邑市浄雨面だとした[45]。

　碧骨堤の水門から伸びている灌漑用水路が記録に記されている通りの方向に流れ出ると、ほどなく大きな河川にぶつかることになる。古阜や仁義縣側では東津江に交わることになり、萬頃県西側や南側では新坪川にぶつかることになる。だとすると、この灌漑用水路が河川を越えていくのであろうか？朝鮮時代にも水路が渓谷を越えなければならない場合には、長桶として通じるようにする、という記録がある[46]。しかし、在来技術で河川を越える大規模な長桶を設置するのは難しかったであろう。また、日帝時代からはこのような場合、「潜管」を設置することもあった。水が通る地下道、と考えればわかりやすいであろう[47]。しかし、これもやはり、在来の土木技術では不可能だったであろう。実現可能なもう1つの方法は、水路の水をいったん河川に放流し、再び取水することである。東津江水利組合は萬石洑から取水した水を大水路を築設して浦橋付近まで引いてきて、それを院坪川に放流してから、雙弓里付近で再び取水して院坪川の北側の耕地を灌漑しようという計画も立てていたが（〈図2-24〉の大水路も参照）、こうした方式は、在来土木技術でも可能であった。しかしここではいったん、大きな河川とぶつかれば水路の水はそこで放流され、その河川を通って西海に排水されると仮定した上で、各水路の通過経路を予想してみることにしよう。

　水路を推定する前にまず、水門の機能を念頭に置いておく必要がある。余水路の堤防の高さは他よりも若干低いため、平常時には水がよく流れない可能性もある。主に雨期にここを通じて堤内の過剰水が放出されるであろうし、したがって灌漑用水供給用水路とみなすのは難しい。引用文で経蔵渠と流通渠を1つに結んで「2つとも一筋の水が仁義県の西側に流れ入る」としたのも、これと関連があるであろう。だとすると、灌漑用水路は開閉装置がある

---

45) 鄭求福外『訳注　三国史記4』注釈編（下）、韓国精神文化研究院、1997年、318頁。
46) 日帝時代にはこれを掛樋とも言った。一種の水道橋（水が通る橋）だと考えればよい。
47) 東津水利組合の場合、雲岩ダム（現在の玉井湖）から東津江に放流された水は、洛陽取水場で取水され、金堤幹線水路を通り各地の耕地に流れていく。この金堤幹線水路が新用里（碧骨堤中間の溜まり池がある所、すなわち蓮浦川）を通る時と、院坪川を通る時はどちらも潜管施設を利用した。現在も衛星写真でこの付近を見ると、潜管の入り口が見える。

中央の3カ所の水門に連結していると思われる。

　こうした点を念頭に置いて、1832年に制作された金正浩の『青丘図』、1910年ごろに制作された東津北部および東津江水利組合区域図、1921年に制作された朝鮮総督府の五万分の一地形図と、東津江水利組合などで作成した地図の水路表示を参照しつつ、碧骨堤の重修当時の灌漑用水路を推定してみたのが〈図3-4〉の「灌漑用水路」である。もちろん、推定に過ぎない。

(3) 碧骨堤周辺の地形

　碧骨堤近隣地域の標高に関する情報を知りうる最初の地図は、1917年に測図された五万分の一地図である。この地図は碧骨堤内外に標高が記載されているが、その数は非常に少ない。

　今西龍は、「五萬分一図を調べると、此の平野の堤内に当る部分には、三坪里附近に、二米突・二の標高があり、又遠く上方で現鉄道線路の東に二米突・七の標高がある。然るに堤の外方では、堤に近き地点に二米・八の標高があり、堤からはるかに離れて海に近い地点に三米・八の標高がある。幾分窪み地を利用し、堤を築作したものである」とした[48]。尹武炳が発掘報告書で碧骨堤の堤防通過地点の標高が海抜2mだとしたのも、この地図の標高情報を参照したと思われる。そして、碧骨堤を防潮堤とみなした小山田宏一も尹武炳の資料をそのまま借用して自身の主張を展開した。

　一方、碧骨堤を防潮堤と主張する朴サンヒョンほかの研究にも長生渠地域の標高についての実測資料が収録されている。もちろんこれは最近測量したものであるが、〈図3-10〉で見ると、底標高（Bottom EL.）が4.42mで尹武炳の2mより2.42mも高い。碧骨堤の天端の標高（Dam crest EL.）は8.50～7.45mと測量されている。

　碧骨堤付近の標高について最も詳しく広範囲な実測資料としては、国土地理情報院の数値地図（1:5000）がある。この数値地図で碧骨堤は2つの図葉に分かれている。119頁〈図3-11〉がまさにその実測資料である。左側は

---

48) 今西龍、前掲論文、28－29頁。

〈図 3-10〉 朴サンヒョンほかの実測図
〈資料〉朴サンヒョン(박상현)ほか「碧骨堤防潮堤可能性に関する研究」『韓国灌漑排水』第 10 巻 1 号、68 頁。

碧骨堤北端から中間部分までの地図で、右側のは中間部分から南端部分までの地図である。

　東津水利組合が碧骨堤の堤の一部を金堤幹線水路の左側の堤として使用し、右側の堤を新築したことによって、現在は碧骨堤の堤が両分されている様子を示している。金堤幹線水路の下辺の幅が 14m で、上辺の幅が 20m であるため[49]、右側の堤は金堤幹線水路の築設によって新たに作られたのは確実である[50]。碧骨堤の左側の堤は蓮浦排水路の北側の 2 地点に 7.4m と 4.8m という 2 つの標高があるが、それを除いた残り 6 つの測量地点の標高は、8.2 〜 8.7m で、ほぼ 8.2 〜 8.3m 程度の標高となっている。蓮浦川北側の 2 つの測量地点は、この部分から碧骨堤が決壊したという点を念頭に置くとすれば、昔の堤の高さをそのまま維持したものとは考えがたい。要するに、碧骨堤の天端は 8.2m 以上の標高であったと判断される。現在の堤防の天端の標

---

49) 李長雨、前掲論文、398 頁。
50) 碧骨堤の重修碑では堤の下部の広さは 70 尺で、上部の広さは 30 尺としていたため、金堤幹線水路の幅を考慮すれば、右側の堤防は過去の堤防の一部ではありえない。

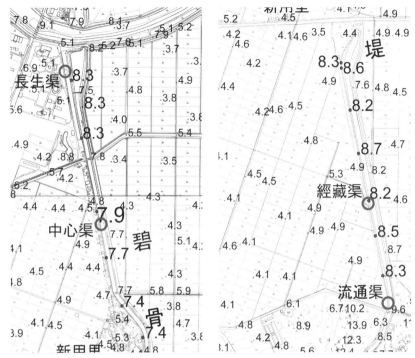

〈図 3-11〉国土地理情報院の碧骨堤付近実測図 1
〈注〉大文字はわかりやすいように筆者が追加したものである。
〈資料〉国土地理情報院、1:5000 数値地図、図葉番号 35604095、35608003 から作成。

高 8.2 〜 8.3m から尹武炳の発掘結果によりわかった人工築造された堤防の高さ 4.3m を差し引くと、3.9 〜 4.0m という値が出てくる。これが長生渠付近の碧骨堤の地盤の標高となるが、その高さは先に朴サンヒョンが測量した碧骨堤の底の標高 4.42m とほぼ近接する[51]。

〈図 3-11〉の地図には碧骨堤の堤の内外のいくつかの地点に関して測量した標高情報も入っている。2つの図で見られる全ての測点で最も小さい値は 3.5m であるが、これほど標高が低い地域は例外的で、ほとんどは 4m を上

---

51) 1921 年に修正測図されたこの地域の標高測量値によれば、長生渠付近の水田の高さ 2.8m とほとんど 1.6m 程度の差があるという点に留意せよ。当時の標高は現在と基準点がそれぞれ異なっていたであろうと思われる。

第 3 章 碧骨堤 119

回っている。もちろんこの実測資料は東津水利組合による耕地整理事業などが行われて以後の状態であるため、碧骨堤築造当時のそれと異なることもありうるが、先に計算した長生渠付近の碧骨堤の地盤の標高と大きく違わない。すなわち、碧骨堤は現在の海水面の高さを基準にすると、海抜4m程度の土地の上に築造されたとみてもよいであろう。

〈図3-12〉は碧骨堤近隣の4つの図葉を繋げたものの一部である。碧骨堤を中心に多くの測量点が存在している。この地図で碧骨堤内外の標高差がそれほどないという点、碧骨堤のすぐ左側の標高がだいたい4.5mを上回っているという点などを読み取ることができる。

碧骨堤近隣地域の標高に関する実測資料としては、東津水利組合で測量したものと推察される資料もある。すなわち、国家記録院水利課文書綴の中に「東津水利組合月昇里土地改良地区隣接地ノ現形並予定図」という文書があるが、この地図の中に数多くの測量点が表記されているのである[52]。〈図3-13〉は、この地域の標高に関して具体的内容を把握するために原本地図の中から龍ゴル（新龍里）付近の一部のみを持ってきたものである。〈図3-12〉の「新用里」という地名がある所である。

原本図の至る所には標高を意味する数字がたくさん記載されているが、122頁〈図3-13〉ではその数字だけをもう少し大きい字で追加記入しておいた。場所によって差があるが、7.08〜8.43の間の値である。原本のどこにもこの数字の単位に関する言及はないが、その単位をメートル（m）とすると、標高が高くなりすぎてしまう。また、当時の慣行も測量単位を尺とする場合が多かった。したがって、ここではその単位を尺とみることにする。先の7.08〜8.43尺はメートル法に換算すると2.15〜2.55mになる。この値は朝鮮総督府が制作した五万分の一地形図のそれとほぼ一致する[53]。

しかし、国土地理情報院の数値地図である〈図3-12〉とこの図の標高情

---

[52] この文書綴（国家記録院 MF91-0629）の生産年度は1935年であるが、月昇地区耕地整理事業は1934年に東津水利組合区域内では示範的に最初に実施されたものであったため、地図の制作も1934年に行われた。

[53] 朝鮮総督府 1/50000 地形図の金堤図葉には、全部で5ヵ所標高測量点がある。そのうち4ヵ所は先に今西龍が言及した通りで、またもう1ヵ所は鳴琴山の頂上で標高が54.4mとなっている。〈図3-5〉右側の図の下段に原本を参照して筆者がその標高を記入しておいた。

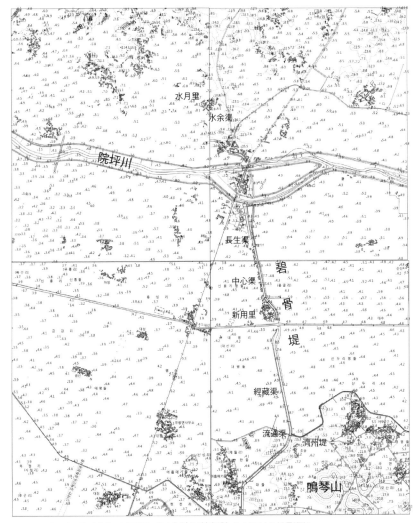

〈図 3-12〉碧骨堤付近の地形図（国土地理情報院の 1/5000 地形図）
〈注〉原本地形図から標高と主要な地名を除いた残りは省略した。標高の数字は見やすいように AutoCAD から一律して大きさを拡大させた。
〈資料〉国土地理情報院 1/5000 数値地図、図葉番号 35604094、35604095、35608002、35608003 から作成した。各図葉の制作年度はすべて 1997 年である。

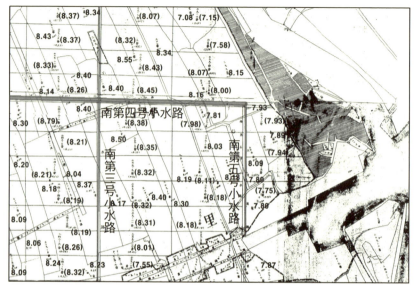

〈図 3-13〉東津水利組合月昇里土地改良地区隣接地の現形並予定図の一部
〈注〉ゴシックの数字は筆者が拡大して記入して置いたものである。
〈資料〉朝鮮総督府水利課「東津水利組合月昇地区耕地整理事業許可附属図面」1935（MF 91－0629）、410 頁（東津水利組合月昇里土地改良地区隣接地ノ現形並予定図）。

報を比較してみると、似たような地域であるのに、標高がかなり異なるということがすぐに見て取れる。ともに実測資料であるにもかかわらず、両者の間には平均約 2m に近い標高差が発生しているのである。前者の地図の製作年度が 1997 年で、後者の地図の製作年度が 1934 年であるため、その時間差は 63 年に過ぎない。したがって、この短い期間の間に自然環境の変化によってこのようなことが生じるとは言いがたい[54]。2 つの可能性のみが残される。1 つは 1935 年の耕地整理事業のように、地形を変更させる工事が行われるなか、約 2m 近い盛土があったという可能性と、もう 1 つは 2 つの測量の基準点がそれぞれ異なるか、前者の測量が不正確であったのか、この 2

---

54) ここで自然環境の変化とは、陸地の隆起や平均海水面の下降（すなわち海退）を意味する。この地域が 1935～1997 年の間に 2m 近く隆起したとは想像し難く、地球温暖化による海水面の上昇が憂慮される 20 世紀に寒冷期に生じた海退現象が、それも平均海水面がなんと 2m ほども低くなるほどの海退現象が発生したというのも、やはり全く理屈に合わない。

つのうちの1つであろう。結論的に言うと、少なくとも20世紀の間にはこの地域に客土による大々的な盛土の可能性はなかったと判断し、従って2つの測量の基準点が異なるか、日帝時代の測量が不正確であった可能性がより高いと判断される。

　再び〈図3-13〉の数字を、もう少し詳しく見てみよう。この図の数字の中にはカッコがついているものもあり、ないものもある。明示的な言及はないが、カッコがついている標高は碁盤の目のように耕地整理がされ、新たに付与された地番の下側に書かれており（すべて垂直方向である）、カッコがない標高は過去の耕地の模様のように斜めに地番がついている下側に書かれている（すべて斜め方向である）。すなわち、図の内容で見ると、カッコがついているのは耕地整理以後の標高を、カッコがないものは耕地整理以前の標高を意味するものと思われる。近隣の数字を比較してみると、カッコがある数字とカッコがない数字の差はごく僅かである。もしカッコに対するこうした解釈が妥当であるならば、月昇里地区の土地改良では外部からの客土の搬入による盛土はなく、自体の土を利用してデコボコの土地をより平らにならす方式で行われていたと判断される。

　この図を取ってきた朝鮮総督府土木課の文書綴の中には月昇里土地改良地区で耕地改良をしつつ新しく築設しようと計画していた小水路と道路に関する縦断図も多少含まれていた。〈図3-13〉の真ん中より少し右側には垂直方向に描かれた二重線があるが、この線に沿って「龍成里支線南第5号小水路」と「第3号道路」という表示がついている。図の中央から少し左側の垂直方向に描かれた二重線は「龍成里支線南第3号小水路」で、中央の少し上側に横に描かれた二重線は「龍成里支線南第4号小水路」である。朝鮮総督府文書綴から「龍成里支線南第4号小水路」の縦断図を引用すると、〈図3-14〉の通りである。

　〈図3-14〉は資料がどのような状態なのかを見るために小さく描いたもので、内容を確認するのは難しい。そこでこの資料の中から地盤の高さを意味する地盤高を龍成里南第3号〜第5号小水路に関して整理したのが125頁〈図3-15〉である。地盤高は耕地整理をする以前の各小水路計画線に沿って測量された標高を意味する。南第3号と南第4号の場合、最後の測量点が特

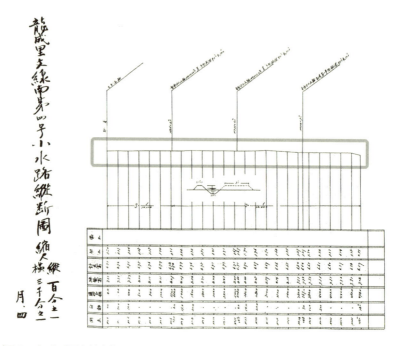

〈図3-14〉龍成里支線南第4号小水路縦断面図
〈注〉下段の表は、測点別に盛土、切土、計画高、地盤高、遥加距離、距離、測点を表記したものである。
　　また、上段の四角の中の線は、地盤高をグラフで表示したものである。
〈資料〉朝鮮総督府水利課「東津水利組合月昇築耕地整理事業認可附属図面」1935年、MF 91-0629、425頁。

異に突出したり陥没しているが、これは水路の堤や底に該当する所で測量が行われたためである。いくつかの特異な点を論外とするならば、小水路南第3号〜南第5号線に沿って測量した標高は、ほとんどが8±0.5尺の範囲に収まる。すなわち、標高差は±15cmほどに過ぎなかった。先の〈図3-14〉で四角の中の線がほぼ直線のように見える理由も、このためである。小水路はこの地盤で土を掘り出して（切土）作るものであるため、計画高が地盤高より1.5尺（45cm）ほど低い（南第4号小水路の場合のみを例としてあげた）。ここでもわかるように、すでに地盤が非常に平らであったため、龍成里の耕地整理は客土による盛土の必要性がほとんどなく、0.5尺内外の突出部と陥

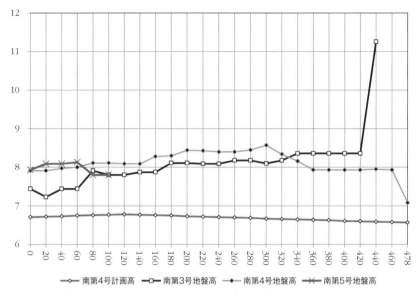

〈図 3-15〉龍成里支線南第 4 号小水路縦断面図（高さ：尺）
〈注〉横軸は逓加距離（累積距離）で、逓加距離および高さの単位は尺である。第 3 号と第 5 号の場合には、小水路の北側の端から南側方向に、第 4 号の場合には東側の端から西側方向に、距離を 20 尺ずつ増加させていきつつ測量した。各小水路の位置は〈図 3-13〉を参照せよ。
〈資料〉〈図 3-14〉の資料と同様。

没部をならしつつ道路と水路を作るものであったと見てもよいであろう。

1934 年の耕地整理事業以後、この地域で地盤を 2m ほど高くする大々的な耕地整理事業が行われたという記録は、発見できなかった[55]。もしそのような大規模工事が行われていたとすれば、東津水利組合の歴史を整理した『東津農地改良組合 50 年史』などで関連記録が出てこないはずがなく、また金堤・萬頃平野のように広々とした地域を平均的に 2m ほどその高さを高くするというのは、周囲がほぼ平坦なこの地域で盛土のための土砂を確保するのが難しかっただけでなく、灌漑水路の体系全体を変えなければならな

---

[55] 東津水利組合の場合、1935～1942 年間に毎年 312～4,164 町歩の耕地整理を施行し、解放前まで 25 カ所の地区 11,254 町歩の耕地が整理された。『東津農地改良組合 50 年史』327 頁。しかし、解放以前に月昇地区に対してはこれ以上の耕地整理は行われなかった。解放後には 1965 年から再び耕地整理事業が施行されはじめるが、この場合にも大規模な客土による地盤を高くする盛土は行われたことがない。

い大々的な工事となるため、それほど簡単には行いうることでもなかった[56]。またこの地域で最も高い所が鳴琴山であるが、1921年に修正測図された朝鮮総督府の地図には、この鳴琴山の標高が54.4mと記録されている（〈図3-5〉の右側下段を参照）。国土地理情報院の数値地図では、それが56.3mとなり、やはり両者間に2mほどの差がある。さらに、碧骨堤の水門のうち、経藏渠に対する測量結果から逆算して得られる地盤の標高と、発掘によって露出した水門の底に敷かれた石の標高が4.42mであったという事実は、堤防の高さが過去も現在も4m付近の標高にそのままあった、ということを意味する[57]。

　このような様々な情報を総合してみると、日帝時代の標高測量の基準点が現在と異なるか、測量が不正確であったと見るのが正しいであろう。測量基準点の差によって標高が現在と異なって表記されたものとしては、次の〈図3-16〉に見られる碧骨堤内部の測量資料がよい例となるであろう。要するに、国土地理情報院で測定した現在の標高は、1935年東津水利組合で測定した標高と事実上大きく違わず、この1935年の標高は耕地整理事業をする以前のこの地域の標高と大きく違わず、だいたい4mを上回るものであったと結論づけても差し支えないであろう。

（4）碧骨堤内部の地形の検討

　1:5000数値地図のように測量に関する情報が少しずつ増大していくに従い、今日には碧骨堤の高さと周辺地域の標高情報を利用して、湛水予定面積に関する模擬実験をすることができるようになった。例えば、チャン・ホは1:5000および1:25000数値地図を利用して、海抜高度3m、4m、5m、6m

---

56) 月昇地区だけ2mほどの高さの盛土をするとしたら、管排水に深刻な問題が生じることになるであろう。その場合には上流側から下流側に順番に盛土するか、地域全体を一度に行わなければならない。

57) 地盤の高さは堤防の下に敷かれている所であるため、後代の耕地整理と同様に人為的変更の影響を受けない。ただし、陸地の隆起・沈降あるいは海進・海退などの自然的な要因によってのみ、地盤の標高が異なることがあるだけである。

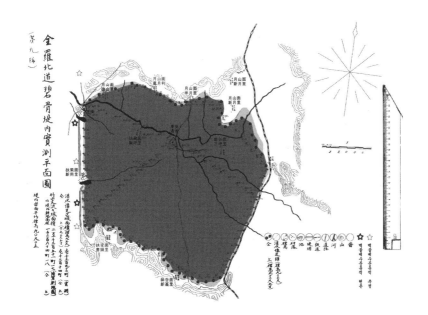

〈図 3-16〉 碧骨堤内実測平面図
〈注〉湛水予定区域がわかるように色を塗っておいた。外側の薄い色が標高を 93 尺と仮定した場合で、少し内側の若干濃い色のものが、標高 92.5 尺を仮定した場合の湛水予定区域を意味する。
〈資料〉MF 90-0741、518 頁。

の等高線を描き、湛水予定区域を設定するシミュレーションを行った[58]。チョン・ユンスクは碧骨堤を含む広域単位の航空写真と標高点、等高線、水系などの地理情報と 1975 年の発掘によって明らかになった堤防の高さ 4.3m を土台に、堤内の水位を標高 5m、6m、7m とした時の湛水予定面積を割り出した[59]。チョン・ユンスクは、さらに海抜高度 7m の水位を設定した場合、水辺村となる場所の村と、その村の名前に関する口伝を編集し、江亭村、五舟里、接舟村などの舟と関連する名称を持つ村を例にとり、碧骨堤の重修以

---

58) チャン・ホ (장호)「碧骨堤とその周辺の地形および地理的変遷に関する考察」『文化歴史地理』第 20 巻第 1 号、2008 年、49-51 頁参照。
59) チョン・ユンスク (정윤숙)「金堤碧骨堤の文化的生産力と規模－碧骨堤、学際間研究で解明すべき課題－」『農業史研究』第 8 巻 2 号、韓国農業史学会、2009 年 11 月、184-187 頁参照。

後の湛水地域を実際化しようとした[60]。

　このような模擬実験は地理情報の視覚化から生じる様々な利点があるが、残念ながら使用されるデータが過去のものではなく現在のものであるという点が問題として残る。この地域は碧骨堤重修以後、特に日帝時代に非常に多くの変化を経たため、現在の水利情報と1415年ごろの地理情報がそれほど差がなかったと断定しがたい点が、こうした分析の障害となってきたであろう。しかし、先に分析した結果によるとすれば、もはやそのような憂慮は減ったとみてもよいであろう。

　しかし、碧骨堤内部の地形についてはまだ検討していなかった。地形に対して十分な検討がなかったため、小さな端緒1つにあらゆる想像力を動員することで結局推理小説のようになってしまう事態が起こってしまう。日帝時代以前の碧骨堤内部の地形について知りうる資料はないであろうか？

　東津江水利組合が設立認可を受けるために提出した書類綴に入っている碧骨堤内実測地図（〈図3-16〉は、文書綴の生産年度が1913年であるため、日帝時代の変化が起こる前の碧骨堤近隣地域の地理情報を提供してくれるという点で、かなり重要な意味がある。朝鮮総督府の五万分の一地形図金堤図葉は、1917年に最初に測図されたため、この地図はそれ以前に測図されたものである。しかし、製図の目的が異なるため、五万分の一地図と対照してみると、地図としては多少粗っぽく見えるが、非常に正確に測図されたものであることがわかり、標高についての情報ははるかに詳細である。

　この地図は日本陸軍測地部の測量結果に、自身が追加した測量情報を加え、その当時としては最も詳しい地形情報を提供している。図でもわかるように、測量点は碧骨堤の堤防に沿って、そして碧骨堤に湛水した場合、浸水すると予想される地点の縁に沿って、そして堤防内の2つの対角線方向に無数の地点で測量した結果が記録されている。碧骨堤内部の測量点が交錯する部分には、「東拓倉庫」という表示がある。その上側を東西に横切る河川は院坪川である。1921年に修正測図された朝鮮総督府の地図にも、この付近に「東拓農場」と表記されており、この一帯が東拓農場所在地であったことがわか

60）チョン・ユンスク（정윤숙）、同上論文、188－189頁参照。

る[61]。

　東津江水利組合で碧骨堤の内側を測量した書類を作成した理由は、碧骨堤の堤防のうち決壊した部分を修築して、標高92.5尺、あるいは93尺の高さで湛水した場合、湛水区域がどのようになるのかを示すためである。すなわち、碧骨堤の縁に沿って測量した標高を土台に2つのラインが描かれているが、1つは標高92.5尺の高さで湛水した場合の湛水区域を示しており、もう1つは93尺の高さで湛水した場合の湛水区域を示すものである（先の〈図3-16〉にこの2つの線が表示されている）。そしてこのように碧骨堤の崩壊した部分を修築して湛水しようとする理由は、碧骨堤を貯水畓として活用するためであった。すなわち、秋の収穫が終わった後に碧骨堤に水を貯水しておき、次の年の春の田植え期にその水を灌漑用水として使用しようという計画であった。

　〈図3-16〉の左側の題目の下を見ると、この図に関する次のような注釈がついている。

湛水予定区域面積（標高93尺）	1392町歩（実測）
湛水予定区域面積（標高92.5尺）	1314町歩（実測）[62]
竹山支流々域面積	21351町歩（陸軍測地図）
堤内耕地面積	1264町歩（陸軍測地図）
堤内畓面平均標高	90.05尺

　この資料を見るとき、1つ留意しなければならない点がある。堤内畓面平均標高はこの資料では90.05尺となっているが、1尺＝30.3cmで換算すれば27.3m程度となる。国土地理情報院の数値地図などで見ると、堤内地域の

---

61)「東津水利組合は、朝鮮第一の水利組合で蒙利面積一万九千町歩……その蒙利面積中、東拓、東津、右近、熊本、石川の内地側五大農場で総面積の約半分を占めていたが、そのうち東拓は首位で約二千町歩を有っていた」という。水田直昌監修『資料選集　東洋拓殖会社』友邦シリーズ第21号、財団法人友邦協会、1976年3月25日、46頁。金堤の東拓私有地は韓国政府の出資によるものであった。それは堤内地域が個人のみならず国家によってもすでに耕作されていたことを意味する。

62) 原本では標高が93.5尺となっている。ところが〈図3-16〉の右側下にある凡例では、湛水予定面積を93尺と92.5尺の2つの場合に関して表記してある。題目の下の注記で見ると、湛水標高が93尺から93.5尺と増加しながらも、湛水予定面積はむしろ少なくなることになっている。すなわち、原本の93.5尺は92.5尺の誤記であるのは明白であり、ここでは92.5尺と正しておいた。

標高は 3 ～ 5m 範囲内であり、その値が大きすぎる。標高を測定する基準点が今日と異なっていたためであろう。そうだとしても、標高の差は 1 尺 = 30.3cm で換算して使用しても、何も問題はないであろう。

ともあれ、この注記によると、標高 93 尺の水位で湛水すればその浸水面積が 1392 町歩、堤内耕地面積が 1264 町歩で、耕地の大部分が浸水することがわかる。そして耕地面積はほとんど湛水予定面積に近く、堤内はほぼ大部分耕地として活用されていたことがわかる。

留意しなければならない点は、この湛水水位は碧骨堤を貯水畓とする場合の水位であり、したがって本来貯水池であった場合の水位よりは低かった可能性もある。さらに〈図 3-16〉で示した湛水区域の東側は湖南線の鉄道線路によって遮断される。湖南線の線路が約 3m ほど堤の上に敷設されていたためである。鉄道線路が敷設される以前であれば、湛水予定区域が一層遠くまで拡大していたであろう。

碧骨堤内部の地形を具体的に検討するために、先の〈図 3-16〉で碧骨堤に近い部分をもう少し拡大して見てみることにしよう。〈図 3-17〉は、さらに正確を期するために原本をカメラで撮影し、原本の赤い文字で書かれた標高をもう少し大きいフォントで追加して記入しておいたものである。大部分の測量点が堤内畓面の平均標高 90.05 尺と大きく違わない。ここでは簡単に 90 尺と見なすことにしよう。

碧骨堤内の実測平面図を引用したこの文書綴には「浦橋渡横断面図」（132 頁〈図 3-18〉参照）という非常に興味深い測量図が入っている。浦橋とは碧骨堤堤防が院坪川を通る所にある橋の名である。この図から 3 つの情報を得ることができる。1 つは、1911 年に洪水が発生した時の浦橋の水位が 93.03 尺という情報で、2 つ目は 1911 年 12 月 21 日午前 10 時の水位が 87.55 尺という情報、最後に 1911 年 12 月 21 日午前 10 時の水面の高さであれば浦橋地域の水深は 6.50 尺になる、というものである。同じものから出てきた資料であるからそうなのか、測量単位は碧骨堤内実測平面図のそれと変わらない。

洪水位や水深はすぐに理解できるが、1911 年 12 月 21 日午前 10 時というのは、果たしてどういう時期なのであろうか？

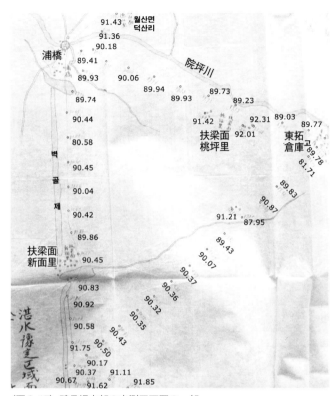

〈図 3-17〉碧骨堤内部の実測平面図の一部
〈注〉原本を撮影した写真に標高と地名のみ大きな文字に拡大して追記しておいた。原本をスキャンしたものは、国家記録院所蔵文書で見られるが、白黒になっている。
〈資料〉国家記録院所蔵朝鮮総督府文書、水利組合、MF90－0741、518 頁（原本を直接撮影）。

　陽暦で 1911 年 12 月 21 日は陰暦では 1911 年 11 月 2 日である。すなわち、その月の晦日（陰暦 10 月 30 日）から 3 日目に当たる日で、その月の中では潮位が最も高かった日でもある[63]。一年のうちで海水面の高さがもっとも高く上昇するという百中事理（陰暦 7 月 18 日ごろ）の時なら水位がこれよりもう少し上昇し、したがってこの時の水面の高さが年中で最高値だとは言えな

---

63) 潮汐干満の用語として「大潮」にあたる日である。

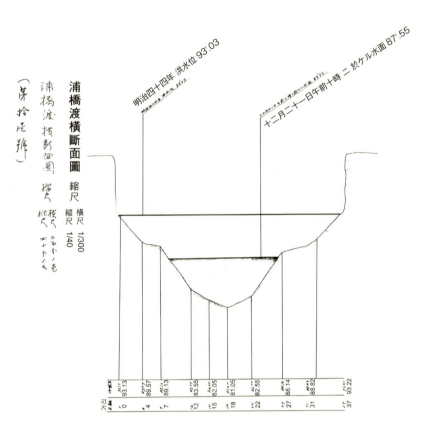

〈図 3-18〉浦端渡横断面図（1911 年）
〈注〉単位は尺となっている。
〈資料〉MF 90－0741、521 頁。

いが、ともあれ陰暦 10 月晦日付近の大潮の時の浦橋の水位情報を教えてくれる[64]。

---

64) 1911 年の百中事理の時の浦橋の水位に関する資料はいまだに発見することができない。参考として、理論上計算された緯度（東津江河口から最も近い潮位観測所）の 2008 年陰暦 7 月 15 日付近の最高潮位は 627cm（陰暦 7 月 19 日）で、陰暦 10 月 15 日付近の最高潮位は 557cm（陰暦 10 月 17 日）であった。正確な計算にはならないが、地震津波や暴風性の高波のような特別な現象がない限り、年中の最極水位は〈図 3-18〉で測量した値より約 70cm ほど高くして把握すればよいであろう。

この情報をもって先の〈図3-17〉に戻ってみよう。図で見られるほとんどの測量点の標高は90尺以上であるため、陰暦10月晦日の大潮の時に観測される水位より、少なくとも2.5尺以上高く、理論上で計算された年中最高潮位発生時点の浦橋の水位に近いか、より高かったと判断される。したがって、気象異変による特別な場合を除けば、碧骨堤内部のほとんどの地域は、潮水の影響圏の外にあったことは確実である[65]。しかし、1911年の洪水の時の浦橋の水位が93.03尺で、碧骨堤内部の大部分の地域の標高はこの洪水位よりは低かったため、1911年の洪水の時には碧骨堤内部のほとんどの地域が浸水したであろう。

(5) 院坪川の河口の地形

　そうだとすると、碧骨堤堤防付近でなく、碧骨堤堤防と西海の間の平野地帯の標高はどうだったであろうか？　標高に関する情報はグーグルアース（Google Earth）から簡単に入手できる。グーグルアースで標高情報を手に入れたい地形を探し、標高を知りたい所にマウスのポインターを持って行けば、画面下段に該当地点の経度と緯度および標高の情報が現れる。ただし、この高度表示は四捨五入で小数点以下を省略しているという点にも留意する必要がある。つまり、高度が5mなら4.5m以上5.5m未満だということである。国土地理情報院の実測資料に比べて正確度は相当落ちるだろうが、だいたいの標高を把握するには非常に有用である。

　ここでは国土地理情報院で製作した1：5000数値地図を使用し、院坪川河口近隣の標高資料を検討してみることにする。ところで、院坪川河口の地形について検討する前に、1937年以後実施された院坪川改修工事によって院坪川河口の流路が完全に変わってしまったという既述の説明を想起してほしい[66]。

　院坪川の昔の河口から最も近い潮位観測所は、群山外港と蝟島にある。こ

65）当時この地域に対して実地調査を行っていた朝鮮総督府土木技師の報告にも、上記の事実を裏付ける叙述を見いだすことができる。詳しいことは第2章脚注52部分を参照せよ。
66）院坪川河口の流路の変化については〈図2-22〉の説明を参照せよ。

〈表3-2〉院坪川河口近隣の潮位観測所の位置

	緯度 (Latitude)	経度 (Longitude)	基準面 (Datum Level)
群山外港	N 35°58'21"	E 126°33'54"	362cm
旧院坪川河口	N 35°45'03"	E 126°46'54"	
蝟島	N 35°36'55"	E 126°18'14"	331cm

〈資料〉国立海洋調査院ホームページ（http://info.khoa.go.kr）から引用した。

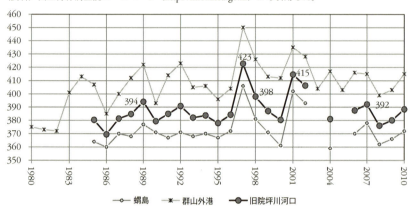

〈図3-19〉旧院坪川河口の年中最高潮位　　単位：cm）
〈注〉院坪川河口は1937～1942年の間の院坪川改修工事によってその位置が完全に異なる。ここでは昔の流路の河口に該当する下院里の下側の東津付近を基準とした。
〈資料〉国立海洋調査院ホームページ（http://info.khoa.go.kr）の最極潮位データから計算した。

の2つの潮位観測所の位置と院坪川河口の位置情報は〈表3-2〉の通りである。院坪川の昔の河口はこれら2つの潮位観測所の中間より少し南側にあると見ればよい。

これら2つの観測所の最極潮位（extreme heighest and lowest tide level）資料のうち最近の記録は国立海洋調査院ホームページで簡単に手に入る[67]。1980～2010年の間の年間最極最高潮位（extreme heighest tide level）から基準面（datum level）を引いた値をグラフにすると、〈図3-19〉の通りになる。ただし、院坪川河口の資料は緯度差の割合（0.3795）を勘案して計算した。

---

[67] 国立海洋調査院（http://info.khoa.go.kr）の Extreme Highest and Lowest Tide Level 表を参照。

〈表3-3〉東津江主要地点の最高水位（水位単位：m）

	最高水位	最高水位発生日	平均平水位	観測開始日	大潮時平均満水位
新泰仁	3.83	1930年07月11日	0.68	1928年10月01日	
白山	4.73	1934年07月21日		1928年10月05日	2.80
東津	4.24	1934年09月25日		1928年10月10日	3.24
浦橋	4.40	1930年07月11日		1928年10月15日	
竹林	3.97	1930年07月11日	2.02	1928年10月07日	

〈注〉1937年6月朝鮮総督府内務局土木課調査による。
〈資料〉朝鮮総督府観測所編『日用便覧』第30次、1938年、218－219頁。

　過去30年間の記録であるが、院坪川河口で最高潮位が4mを越える場合は1997年の4.23m、2001年の4.15mの2回で、大部分が4m以下であった。蝟島の観測が1985年から始まり、それ以前はわからず、2003年と2005年の観測値も抜けているが、群山外港の観測記録をみると、観測データが抜けている期間の最高潮位が4mを越えたようには見えない。

　一方、朝鮮総督府で調査した東津江主要地点の水位に関する資料もある。すなわち〈表3-3〉で見られるように、1928年10月から1937年6月まで東津江の新泰仁、白山、東津、浦橋、竹林などの5つの地点で観測した最高水位データがある。観測期間の最高水位は東津の場合4.24mで、碧骨堤の上段部が通る院坪川の浦橋の場合には4.40mであった。偶然であろうが、1928～1937年の間の東津の最高水位4.24mは、1980～2010年間の院坪川河口の年中最高潮位推定値4.23mとほぼ一致する。

　この2つの資料を通じて1928～1937年および1980～2010年の間の東津江河口の最高水位は4.24mであることがわかった。もちろん、資料が存在しなかった期間の最高水位がこれよりさらに高かった可能性を排除することはできないが、そのような場合は非常に例外的なものだったであろうという点もまた推測可能である。

　次に国土地理情報院の数値地図（1/5000地形図）で院坪川河口付近の地形を見てみると、〈図3-20〉の通りである。ただし、先にも言及したように、この地図で院坪川は竹山と海倉を経て東津江に合流し、西海に流れるように

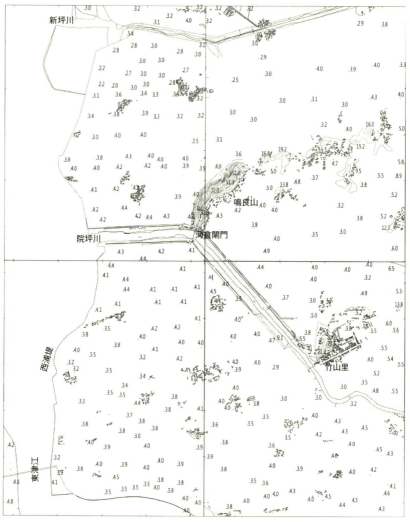

〈図 3-20〉院坪川河口付近地形図　(国土地理情報院の 1/5000 地形図)
〈注〉地図の製作年度は 1997 年である。標高と一部地名以外の他の情報は省略した。
〈資料〉国土地理情報院、1/5000 数値地図から作成。図葉番号 35604082、35604083、35604092、35604093。

〈図 3-21〉現院坪川河口近隣の西浦防潮堤外側の干潟地
〈注〉セマングム（새만금）防潮堤の築造により干潟が陸化されており、非常に広い範囲に広がっている。2009 年撮影。

なっている。

　この昔の流路と現在の院坪川の間の、下院里、新倉里、仏堂などの地域には、日帝時代に橋本農場があり、農場の外側には西浦堤防が存在する。国土地理情報院の地図にはこの地域の至る所を実測した標高データが記録されている。地図の製作年度が 1997 年であるため、それ以前の何年間かに実測したものであろう。この地図によると、海岸の一部地域を除く大部分は 3.8m を超過している。すなわち、先の〈表 3-3〉で見た東津の大潮時の平均満水位 3.24m を上回る所が大部分である。当然、百中事理や大潮時に暴風雨を伴う高波が押し寄せてくる、あるいは津波が来れば、これらの地域は潮水が浸水することもあろうが、海岸に西浦防潮堤のように若干の防潮堤防さえ築設されれば、特に例外的な場合以外には潮水の侵入から陸地部を保護しうる程度の標高となっている。先にこの地域で朝鮮時代にすでに在来の防潮堤が存在していたことを指摘しているが、もしこれらの地域の標高が朝鮮時代にも現在の実測資料と大きく異ならないとすれば、朝鮮時代末まではこの地域が、特に例外的な場合を除けば、潮水の侵入から守られた農耕地として造成

されていたと判断しうるであろう。

　防潮堤の外、すなわち潮水の侵入が日常的な場所はどうであろうか？　院坪川河口に近い西浦防潮堤の外側の地域の様子は、〈図3-21〉の通りである。李栄薫が主張しているように、碧骨堤が防潮堤で、その下まで随時海水が押し入っていたとすれば、その様子はこの写真とは大きく異なるであろう。

第3節　過去2000年間の気候の変化

　先に見た通り、碧骨堤を防潮堤と主張する人々が古い文献からその証拠を見つけ出すことはなかった[68]。碧骨堤を防潮堤と叙述した文献を見つけ出せないということは、防潮堤説を主張する人々も、皆知っている事実であろう。にもかかわらず、防潮堤説を提起し続ける理由は、1700年前の平均海水面が現在よりも高かったであろうという、いわゆる海進説を念頭に置いているからであろう。従って、防潮堤説を検討するならば、1700年前の平均海水面が現在と比べてどうであったのかを知る必要がある。

　IPCC第三次評価報告書によると、去る14万BP以後の海水面の変化は、〈図3-22〉の通りであるという[69]。1.5～2万BP頃に海水面は現在より120mほど低かったが、その後、急速に増加して6000BP頃には、だいたい現在の海水面の高さ、もしくはその付近に到達したものとみている[70]。この図では、海水面が0mとなる時が6000BPであると表示されている。しかし、その次には言及していない。見解の一致を得るのが一層難しくなったためであろう。それ以後の変動の様相に関して、振動変動、漸進的上昇、安定など

---

[68] たった1つの例外は、李栄薫が『世宗実録地理誌』の一節を挙げていたものだが、そこでも碧骨堤が防潮堤だという直接的な言及は存在しなかった。恣意的にそのように解釈していただけである。

[69] 'BP'は「現在以前（before present）」という意味だが、この場合の「現在」は、時には1950年1月1日を基準にする場合もある。IPCCとは、気候変動に関する政府間パネル（Intergovernmental panel on climate change）のことを言う。

[70] BP6000年に現在の平均海水面より20～30m高くなり、その後再び減少したという見解もある。

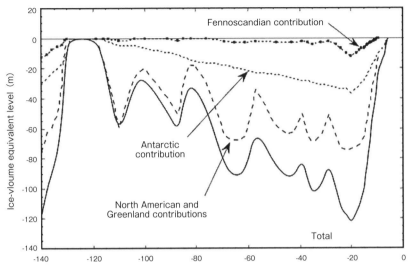

〈図3-22〉過去14万年間の平均海水面の変化
〈注〉横軸の単位は、1000年である。
〈資料〉IPCC, *Third Assessment Report − Climate Change 2001: The Scientific Basis*, オンラインPDF版、655頁のFigure 11.4 を引用した。

と見解が分かれているが、ともあれそれ以前に比べて微変動であることを否定する研究はない。特に2000BP以後には、平均海水面は±2mの範囲内で変化したとみても、それほど間違いではないであろう。

メルナー（Mörner）は、「1970年代初に海水面学者たちは、相対海水面（relative sea-level）の歴史が地域ごとに異なることを知り、全世界的規模の海水面変化曲線（global 'eustatic' sea-level curve）を見つけ出すことを放棄した。この論争で「地域変動」（regional eustasy）という概念が生まれた」とした[71]。クラークほか（Clark et al.）は、地球を5つの圏域に分けて、各圏域別に海水面の変動が異なることを示した（〈図3-23〉参照）。相対海水面は氷河の拡張または縮小による海水面変化（eustatic sea-level change）、地殻の隆起や下降による海水面変化（isostatic sea-level change）、地域的な地構造の変化による海

---

71) Mörner, N.A., "The concept of eustasy: a redefinition", *Journal of Coastal Research* Special Issue 1: 49 −51, 1986.

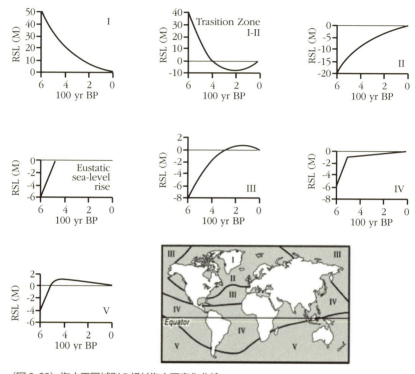

〈図 3-23〉海水面圏域別の相対海水面変化曲線
〈資料〉Sarah A. Woodroffe, Benjamin P. Horton, "Holocene sea-level changes in the Indo-Pacific", *Department of Earth and Environmental Science, Departmental Papers (EES)*, University of Pennsylvania Year 2005.

水面変化（regional sea-level change）、堆積された深さ、潮差などの要因によって異なるためである。例えば、グリーンランド（〈図 3-23〉の I 地域）は、海水面が低くなり続けた地域に分類されているが、氷河が溶けて陸地が隆起したのがその原因であろう。

　海水面の変化は、圏域別に異なるだけでなく、同じ圏域の同じ地域に関しても研究方法や手段が異なれば結果も異なって出てくる。シェナンほか（Shennan et al.）は、英国の海水面の変化に関するいくつかの研究を総合した

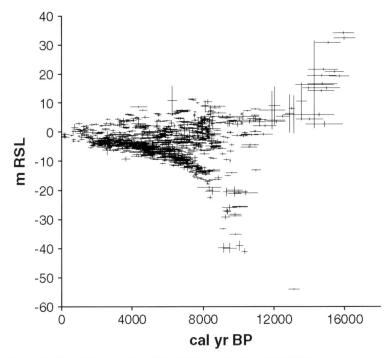

〈図3-24〉過去1万6000年間の英国の平均海水面に関する研究総合
〈注〉Ian Shennan and Ben Horton, "Holocene land−and sea−level changes in Great Britain", *JOURNAL OF QUATERNARY SCIENCE* (2002) 17 (5−6), 512頁から引用した。mRSLは平均相対海水面(mean relative sea level)を意味し、cal yr BPはcalendar year before presentを意味する。

(〈図3-24〉参照)[72]。この図を見ると、1つの年度に関してもそれぞれ異なる海水面値が出ており、過去にさかのぼっていくほど、その格差が少しずつ拡大していることがわかる。このようなことを多数決で決定することはできないが、もしそうするならば、一番下側の少し濃い部分、すなわち漸進的上昇という主張が採択されるであろう。

だとすると、韓国の平均海水面はどのように変化してきたのであろうか？

---

[72] 既存の研究を総合して比較した研究としては、James H. Balsillie and Joseph F. Dongoghue, "High Resolution Sea−Level History for the Gulf of Mexico Since the Last Glacial Maximum", *Florida Geological Survey, Report of Investigations No.103*, 2004がある。この研究では、フロリダ地域の353個のデータポイントを比較した。

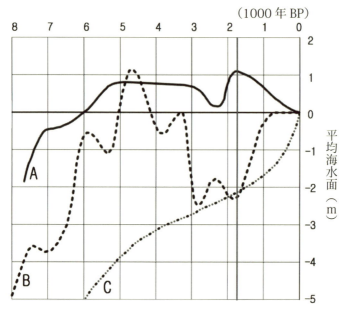

〈図 3-25〉8000 年 BP 以後の平均海水面曲線の 3 類型
〈注〉A= 黄相一、1998（一山）、B= 下山正一、1993（福岡）、C= ヤン・ウホン（양우헌）外、2008（西海岸）。ただし、黄相一の曲線は、原本では平均高潮位に関するものであるが、これを平均海水面まで拡散した。縦線は碧骨堤が築造されたと言われる AD330 年を意味する。
〈資料〉注 73 および注 74 の文献を参考にして作成した。

　韓国の平均海水面に関する国内の研究もやはり予想通りに意見の一致を見ていない。〈図 3-25〉は 8000BP 以後の平均海水面の変化に関する既存の研究を 3 つの類型別に整理したものである。類型別分類であるため、細部のデータの正確度については、それほど留意しない方がよいであろう。
　C 類型は平均海水面が漸進的に上昇してきたという主張に該当する。この類型では過去 8000 年間の平均海水面が現在より高かったことはなかった、ということになる。シェパード（Shepard）以来、国内では朴龍安、張秦豪、柳春吉、ヤン・ウホン（양우헌）、李年撰などがこれに属する。A、B 類型は、ともに平均海水面が 5〜6000BP 頃に現在の水準近くまで上昇した後、振動しつつ変化してきたとみる点は同じである。フェアブリッジ（Fairbridge）以来、このような主張がかなりの広さで広まっている。このうち、A 類型は振

動変化するが5～6000BP以来のほとんどの期間、現在の平均海水面を上回るものと見ている反面、B類研では現在の水準より下に下がりもしつつ、振動・変化すると見ている点が異なる。A類型は曺華龍、黄相一、尹順玉、呉建煥、郭鐘喆などが主張しており[73]、B類型は崔盛洛、金建洙、金蓮五などが主張している[74]。後により具体的に検討するが、日本の場合にはB類型を支持する学者がより多いようである。

　張秦豪は、自らの漸進上昇説と黄相一らの変動変化説の間に差が生じる根本的な原因を、高度測定方法の違いに見いだしている。すなわち、黄相一らは仁川湾の平均海面が基準面となる三角点（triangulation point）に基づき泥炭層の高度を決定したのに対し、彼らの研究は長期間の験潮よって決定される基本水準点（tidal mark）を元に泥炭層の高度を算定したが、海水面が平面ではなく局面であるため、平面と見なして高度を計算する黄相一らの方法に問題があるとした。また、実際の平均海水面は潮汐、風、海流などによって地域差が大きいため、海水面研究のための標高測量の基点としては、基本水準点が最も適合的だとした[75]。

　張秦豪が指摘した差以外にも、標本を収集した場所が異なるという違いもある。すなわち、漸進的増加を主張する朴龍安と張秦豪らは、ともに海洋学者で、従って海洋部から標本を探したが、他の人々は地理学者や考古学者、あるいは古生物学者であり陸地部で標本を探した、という違いである。

---

[73] 呉建煥「完新世後期の洛東江三角州およびその周辺海岸の高環境」『韓国古代史論叢』2、カラク国史的開発研究院、1991年。曺華龍『韓国の沖積平野』教学社、1987年。黄相一「珪藻分析」『一山新都市開発地域学術調査報告』Ⅰ、1992年。黄相一「一山沖積平野の宗新世（Holocene）堆積環境変化と海面変動」『大韓地理学会誌』第33巻2号、1998年。BP7000年に現水準、5000年BPに5.5m、2300年BPに海退後に海進、1800年BP+5.8mに到達、その後に現水準まで下落。

[74] 太田陽子・海津正倫・松島義章「日本における完新世相対的海面変化とそれに関する問題」『第四紀研究』29−1、日本第四紀学会、1990年。下山正一「北部九州における縄文海進極盛期の海岸線と海成層の上限分布」『Museum Kyushu』1993年。曺華龍「萬頃江沿岸沖積平野の地形発達」『教育研究誌』1986年、34−35頁。曺華龍はここで、6000年BPに＋1m、4000年BPに−3mと推定した。金蓮五『韓国の気候と文化』梨花女子大学校出版部、1985年。崔盛洛・金建洙「鉄器時代貝塚の形成背景」『湖南考古学報』15集、2002年。

[75] 先に、日帝時代の朝鮮総督府が測量した碧骨堤近隣の標高と最近国土地理情報院で測量した同一地域の標高が、ほぼ2mほど差が出ていることを測定基準の差だと述べたが、張秦豪のこの説明がその違いを理解するのに役立つと思われる（20頁）。

アメリカのフロリダという同一地域に関する研究結果を比較した、バシリー（Balsillie）らによると、既存の研究結果で得られたデータを陸地側（onshore）と海洋側（offshore）の2セットに分けて比較してみると、両者の間に〈図3-26〉のような違いが出てくる、とした。標本を探した場所（sampling location）が分析結果に大きな影響を及ぼしているのが明らかに見てとれる。碧骨堤が築造された4世紀頃に関して見ると、両者の間にほぼ2mに近い差が生じている。

　〈図3-22〉で見たように、100m以上の変化を扱う場合には、1～2m程度の差は誤差に属するであろう。しかし、鉄器時代に入り人間が海岸低地帯に降りてきて生活するようになると、平均海水面の1～2m程度の微変化が大きな変化になりうる。また現在我々が関心を持っている碧骨堤の築造目的、すなわち防潮堤なのか貯水池なのかを判断するのにも、このような微変化が決定的な要因になりうるであろう。

　韓国の場合には、4世紀頃を海進期と見る見解が相当広まっているが、日本ではこの時期を古墳寒冷期（A.D.200～800年）に属するものと見る見解が多い。もちろん古墳寒冷期という用語に対して異見がないわけではない。例えば、吉野正敏は「古墳時代に入って気候が常に寒冷であったわけではない。……古墳時代に入って、弥生時代より全般に温暖化したが、500年前後の数十年間、寒冷な時代があった。しかし、その寒冷の程度は弥生時代に比較すると、きわめて弱かったので、誤解を防ぐために「古墳寒冷期」の名称は使用しない方がよいと思われる」[76]とした。吉野は146頁〈図3-27〉を利用して「弥生時代末、1世紀から2世紀、3世紀へと次第に気温が上昇して、4世紀から5世紀の初めには、かなり温暖なピークが現れた。言い換えれば、古墳時代のほぼ前半は温暖であった。しかし、後半、すなわち5世紀初めを除く5世紀から6世紀初めにかけては低温で、弥生時代の末期とほぼ同じ程度にまで下がった。この低温な時代への変化はかなり明瞭であった。巨大古墳の出現はちょうどこの寒冷期に対応している」とした。ここでもわかるように、吉野は古墳時代全体を寒冷期と見ることについては異見があるが、古

76）吉野正敏「4～10世紀における気候変動と人間活動」『地学雑誌』118（6）、2009年、1228頁。

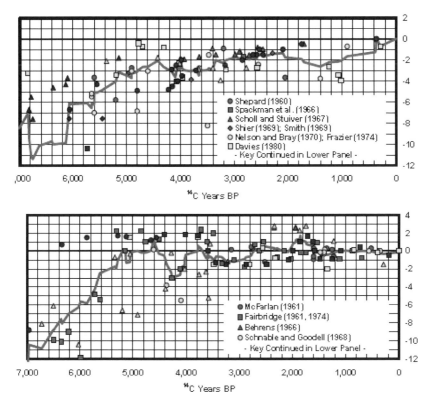

〈図3-26〉標本を探した場所による分析結果の違い（米国フロリダに関する研究結果の比較）
〈注〉左側はoffshore data setで、右側はonshore data setである。実線は7－point floating averageである。
　　縦軸は現在の海水面に対する海水面の高さで、単位はmである。
〈資料〉Balsillie et al.、前掲報告書、13－14頁。

墳時代の一部が寒冷期ということ自体を否定してはいない。吉野の指摘通り、4世紀の短期間の高温期が存在したとしても、この図から1700年前の日本の気温が現在より多少低かったという結論程度は、充分に得ることができるであろう。

　碧骨堤が造築された頃は、中国では魏晋南北朝時代（A.D.221～589年）、すなわち後漢崩壊後の3世紀から隋が中国を再統一する6世紀までの時期に該当する。この時期の中国の気候変化に関しては、佐川英治が上手に整理し

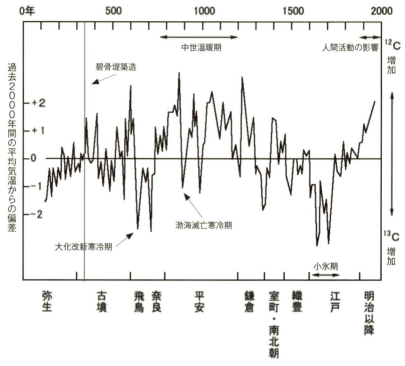

〈図3-27〉過去2000年間の日本の平均気温からの偏差
〈注〉原資料は北川浩之「海と湖のはざま」『講座文明と環境10　海と文明』（小泉格・田中耕司編）朝倉書店、1995年、73-84頁。北川浩之「屋久杉に刻み込まれた歴史時代の気候変動」『講座文明と環境6　歴史と気候講座』（吉野正敏・安田喜憲編）、朝倉書店、1995年、47-55頁および安田喜憲『気候変動の文明史』NTT出版、2004年で吉野正敏が作成したものである。北川浩之の過去の気温に関する研究は、屋久島の杉の年代の炭素同位体比によるものである。
〈資料〉吉野正敏、前掲論文、223頁。

ている[77]。竺可楨は「物候学」という方法で文献の中に出てきた様々な自然現象と現代中国の類似現象を比較し、過去と現在の温度差を推定し、それをグリーンランドの氷塊中の ^{18}O 同位元素分析と比較した（〈図3-28〉参照）[78]。

---

77) 佐川英治「第3章　魏晋南北朝時代の気候変動に関する初歩的考察」『岡山大学文学部プロジェクト研究報告書』岡山大学文学部、2008年。中国の気候変化に関する研究史整理は、佐川の研究を紹介するにとどめておく。

78) 竺可楨「中国近五千年来気候変遷的初歩研究」『考古学報』1972年第1期。

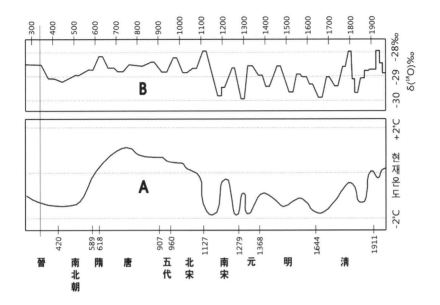

〈図 3-28〉過去 1700 年間の中国の気温変化
〈注〉A：竺可楨が推定した中国の気温変化。B：グリーンランド氷塊中の ^{18}O 同位元素を分析して得られた温度変化。
〈資料〉佐川英治、前掲報告書、22 頁から引用。

　竺可楨の研究結果によると、魏晋南北朝時代の気温は、現代より 1〜2℃低い寒冷期であった。
　竺可楨の研究は文献を恣意的に解釈したとの批判を受けているが、その後の様々な研究でも似たような結論が導き出されているという点で、変わらず一定の影響力を持っている。鑼昭民も魏晋南北朝時代の史料から、大寒、大雪、大旱に関する記事がほとんど毎年出てくる点を指摘し、この時代は寒冷期であり、また乾燥期であったとした[79]。工开发らは上海西部地域の泥炭層に入っている花粉を分析し、B.C.150〜A.D.550 年の気温が今より若干低い冷涼期であるとした[80]。ワン・パオクァン（Wang Paokuan）は、過去 2400 年

---

79) 鑼昭民『中国歴史上気候之変遷』台湾商務印書館、1982 年。
80) 王开发・奇才明・引越遠「根拠抱粉組合推断上海西部三千年来的植被、気候変化」『歴史地理』第六輯、1988 年。

にわたる冬の雷の発生頻度を調査し、その頻度が竺可楨が復元した気候の寒冷化と相関関係にあることを発見した[81]。ワン・ショウ（Wang Shaowu）は、秦朝以来の過去2200年間の旱魃（D）と洪水（F）の頻度を調査し、両者の間の比率（D/（D＋F））を使用して、4つの乾燥期を見つけ出した。その研究結果によると、黄河流域では4-6世紀が、そして長江流域では4世紀が最初の乾燥期であったという[82]。ファン・ジンチ（Fang Jinqi）は過去300年にわたる中国の湖水の動態を調査し、干拓によって縮小した湖水の水が200～600年、1000～1300年、1600年以後に大幅に増加したことを発見した。乾燥化の1つの指標として興味深い視角であるが、ここでも4世紀は乾燥時代に分類されている[83]。福澤仁之は、日本の水月湖に堆積した黄砂成分を調査する方法で、B.C.35～現在にいたるまで、7つの「寒冷・乾燥気候卓越時期」を見つけ出したが、その中に380～750年が含まれている。山本武夫は中国の『三国誌』の冷夏と大雪の記録を検討することで気候変化を調査したが、ここでも2世紀後半に寒冷・乾燥化した後に4世紀末から再び寒冷・乾燥化するという結果が出ている。現在まで詳しく見てきた様々な研究のすべてが、いくつかの問題を抱えているものの、4世紀の中国の気候は全体的に見て寒冷・乾燥であったと判断される。

　佐川が整理したいくつかの研究を含む最近の他の研究を追加した総合的な研究として、クオ（Ge）の研究がある。彼らは観測（Observation）、記録物（Document）、氷床コア（ice core）、湖水堆積物（Lake Sediment）、石筍（Stalagmite）、木の年代（Tree Ring）などによる、あらゆる既存の研究を総合し、それを5つの圏域別に分けて過去2000年間の気温変化を検討した。圏域別区分は〈図3-29〉の通りである。

　そして、この圏域別に去る2000年間の気温変化を整理したのが〈図3-30〉

---

81) Wang Paokuan, "On the relationship between winter thunder and the climatic change in China in the past 2200 years". *Climatic Change*, 3, 37-46, 1980.
82) Wang Shaowu, Zhao Zongci, Chen Zhenhua and Tang Zhongxin, "Drought／flood variations for the last 2000 years in China and comparison with global climatic change", In Ye Duzheng et al.（eds）, *The Climate of China and Global Climate*, China Ocean Press, Beijing, 1987, 20-29.
83) Fang Jinqi, "Lake evolution during the last 3000 years in China and its implications for environmental change", *Quaternary Research*, 39-2, 1993, 175-185.

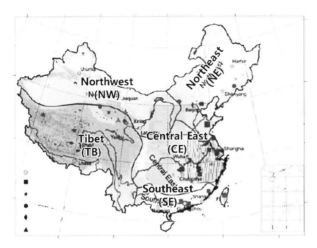

〈図 3-29〉気温を調査した地域の圏域別区分と調査方法
〈資料〉Ge, Q.-S., J.Y. Zheng, Z.-X. Hao, X.-M. Shao, W.-C. Wang, and J. Luterbacher, "Temperature variation through 2000 years in China: An uncertainty analysis of reconstruction and regional difference". *Geophysical Research Letters*, 37, 2010.

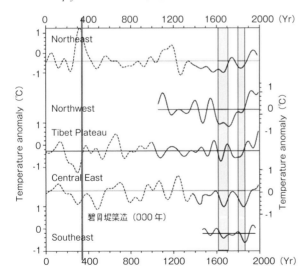

〈図 3-30〉中国の 5 圏域別気温の変化
〈注〉灰色部分は 2 つの最も寒冷であった期間(1620 年代〜1910 年代、1800 年代〜1860 年代)である。
〈資料〉〈図 3-29〉と同じ。

第 3 章 碧骨堤 149

であるが、A.D.330年ごろの気温は中国の東北地方（Northeast）の場合には現在より高かったが、チベット（Tibet Plateau）と中東部（Central East）では現在よりも高かったとは言いがたい。特に、韓国の西海に面した中東部地方は、現在より若干低いものとなっている。佐川が整理した既存の様々な研究とそれほど変わらない。

過去2000年間の世界の気温に関しても、様々な研究が行われてきた。代表的なものが、ロード（Robert A. Rohde）が作成した過去2000年間の気温変化グラフ（〈図3-31〉）である。この図は既存の11種類の研究を総合したものである。先の〈図3-27〉で見た日本の気温変化の様相とかなり似ている。1000年付近には中世温暖期（Medieval Warm Period）と呼ばれる1つの山が現れる。また、18～19世紀の小氷期（Little ice Age）という谷間も似ている。過去2000年間の東アジアで発生していた気温変化と似た形態が、世界的にも進行していたことがわかる。

米国海洋大気庁（National Oceanic and Atmospheric Administration）の気温資料を整理した〈図3-32〉でも、中世温暖期と小氷期の様相が先の図と似たような形で現れている。4世紀頃は相対的に気温が低い時期に属しているのも似ている。

現在まで碧骨堤が初築された時期を中心に平均海水面、あるいは気温の変化を見てみた。検討対象となる期間が2000年以内であるため、海水面の変化があったとすれば、陸地の隆起や沈降による要因よりは、主に気温によって生じたであろうが、既存の様々な研究の結果を土台に判断すると、4世紀頃の気温が現在よりも高かったとは主張しがたい。すなわち、4世紀の碧骨堤近隣海域の平均海水面が現在より高かった（高海水面期あるいは海進期）とするのは難しい、ということである。その反面『三国遺史』には、碧骨堤が貯水池として築造されたということと、その堤防の下に広大な面積の水田が存在していたとう事実が、はっきりと記録されている。そうであるとすれば、この記録だけでも海進節が否定されうると考える。

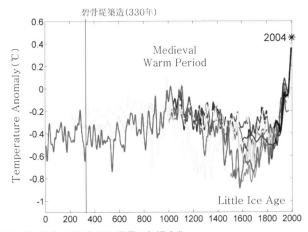

〈図 3-31〉過去 2000 年間の世界の気温変化
〈注〉出典など詳しい情報は、下記の URL で確認できる。
〈資料〉http://en.wikipedia.org/wiki/File:2000_Year_Temperature_Comparison.png

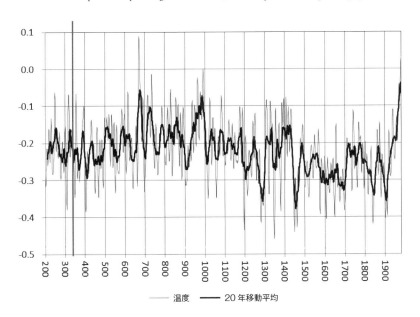

〈図 3-32〉米国海洋大気庁で再構築した過去 2000 年間の気温偏差
〈資料〉"2,000Year Hemispheric Multi-proxy Temperature Reconstructions", NOAA Paleoclimatology Program and World Data Center for Paleoclimatology のデータを使用して作成した。

第4節　防潮堤説批判

　碧骨堤は A.D.330 年頃に現在の位置に築造された貯水池の堤防であったというのが、現在までの通説である。この間、築造年度と築造位置に対する疑問はあったが[84]、最近ではその機能が灌漑用水を供給するための貯水池であったということに対する疑問までも追加された。いわゆる「防潮堤説」の提起である[85]。

　現在分かっているところでは、防潮堤説は森浩一が最初に主張し、小山田宏一などの日本考古学者によって、より具体的に主張されはじめて以降、韓国内では金煥起が土木工学的な観点から、また朴サンヒョン（박상현）ほかが海岸水利学的な観点から、碧骨堤の防潮堤可能性を主張した[86]。最近では、経済史学者である李栄薫が趙廷來に対する批判の過程で碧骨堤が防潮堤であったと主張した。

　まず、日本人学者らが碧骨堤を防潮堤とみる理由について、小山田の主張を見てみよう[87]。

> 発掘調査報告書（尹武炳の発掘調査報告書：引用者）では、碧骨堤を面積 37km² の広大な貯水池の堤防とみているが、この見解に従って堤防東側に広大な貯水区域を復元すると、水田開発に適当な沖積平野がなくなってしまうことになる。また、碧骨堤が海抜 2m の低地に造られたという点もやはり、堤防の性格を考えるにあたって重要である。現在堤防から 6km ほど西側に東津江河口がある。古代の河口はより東側に入り込ん

---

[84] 碧骨堤の築造年代と築造位置に関しては、盧重國の前掲論文を参照すればよいであろう。
[85] 碧骨堤を貯水ダムとみる見解もあるが、権赫在のみである。権赫在『我々の自然我々の生−残したい地理の話』法文社、2005 年、178−186 頁。
[86] 彼らの論文の参考文献に小山田宏一の論文が含まれていることからすると、彼の影響を受けたものと推察される。
[87] 小山田宏一「百済の土木技術」『古代東アジアと百済』忠南大学校百済研究所、2003 年、374−375 頁から引用。ただし、森浩一の見解は「溝、堰、湖の技術」『古代日本の技術と知恵』大阪書籍、1983 年参照。

でいたと思われ、堤防の下流側に貯水面積に適合する大きさの水田区域を想定するは難しい。森浩一は碧骨堤が海辺近くに築造された堤防、すなわち東津江河口の三角州開発に伴う海水浸入を防ぐ防潮堤だとみているが、肯定的な判断だと言える。したがって、石造水門は貯水池から水を抜くための門ではなく、満潮時に閉じて海水の浸入を防ぎ、干潮時に開いて堤防内の不必要な水を排水する本格的な水門であると言える。現在の碧骨堤は海岸線が後退した結果、平野の真ん中に孤立したのである。

要するに、碧骨堤が海抜2mの低地帯に造られたものであり[88]、現在の碧骨堤の下の平野地帯は海岸線が後退して広がったもので、最初に築造された当時の碧骨堤の下の平野地帯は現在よりずっと狭かったため、もし碧骨堤が膨大な面積の貯水池であったとすると、碧骨堤下流側の沖積平野地帯が相対的に狭小で、貯水面積に適合した大きさの水田区域を想定し難い、などの理由で碧骨堤を貯水池ではなく防潮堤とみなければならない、と主張したのである。

李栄薫が碧骨堤を防潮堤とみた根拠も、小山田の見解と非常に似ている。彼の主張を引用すると、次のようになる[89]。

> 碧骨堤の東と西に広い平野が広がっているが、ここから碧骨堤の元来の機能が何であったかを推測するのはそう難しくない。碧骨堤は海水の浸入を防ぐ防潮堤であった。よく碧骨堤を大きな貯水池と考えているが、これは間違いである。どうやったら広い平野を塞いで貯水池を造ることができるのか……これがA.D.331年訖解王が建てた碧骨堤の本来の機能であった……内側の広大な平野を塞ぎ、貯水池を造れるわけでもないば

---

[88] 碧骨堤が海抜2mの低地帯に造られたというのは、尹武炳の発掘調査資料によるものであるが、尹武炳の資料は再び朝鮮総督府が製作した地図によるものであった。しかし、先に見たように、現在の実測資料によると、2mではなく4m以上の地盤に築造されたのは確実である。この地盤は碧骨堤堤防下部に敷かれているものであり、耕地整理などによって変わりうるものではないため、小山田が使用した標高データは正確ではなかったと見なければならないであろう。

[89] 李栄薫（2007、秋）、125頁。

かりか、内側の平野の犠牲により外側の干潟・浜田地域に灌漑をするという発想も成立しがたい。

　この引用文を見ると、碧骨堤の内側は耕地で、碧骨堤の外側は干潟・浜田だということが前提となっている。それは「内側の平野の犠牲により外側の干潟・浜田地域に灌漑をするという発想も成立しがたい」という文章から、はっきりとわかる。しかし、碧骨堤の内外の地形に関する現在までの検討を振り返ってみると、この地域は標高の差がほとんどない広大な平坦地であった。李栄薫も「碧骨堤の東と西に広い平野が広がっている」としており、この地域を平坦地とみている。標高差がほとんどない平坦地に碧骨堤を築造したのだとすれば、碧骨堤の外側が干潟・浜田なら内側も干潟・浜田だったであろうし、内側が耕地であれば外側も耕地だったであろう。現在の碧骨堤左右の地形を前提とすれば、碧骨堤の位置を境界に、地形上は両者が区分される理由は特にないように見える（〈図3-12〉と〈図3-20〉を参照せよ）。朝鮮太宗朝の記録にも、碧骨堤の内外がすべて耕地だとみなしてもよい記事がほとんどである。にもかかわらず、碧骨堤を防潮堤だとしようとするなら、このような記録をひっくり返す十分な証拠が提示されなければならないが、残念ながら李栄薫の主張にはそういったものはない。

　一方、森や小山田の主張が妥当だと言おうとするなら、碧骨堤築造当時が高海水面期（すなわち海進期）である必要がある。「古代の河口（東津江河口：引用者）は、より東側に入り込んでいたと思われ、堤防の下流側に貯水面積に適合する大きさの水田区域を想定するは難しい……現在の碧骨堤は海岸線が後退した結果、平野の真ん中に孤立したのである」という小山田の見解が、まさに海進節を前提にしているのである。

　だとすれば、碧骨堤が始めに築造されたA.D.330年の海岸線は、現在よりも東側にあったのであろうか？　それとも西側にあったのであろうか？　先の過去2000年間の気候変化で詳細に見たように、この時期が高海水面期という証拠はあまりはっきりしていない。すなわち、当時碧骨堤を貯水池とみなしていた記録、例えば碧骨池という『三国史記』の記録をひっくり返すだけの明白な証拠とはなり得ない、ということである。

一方、金煥起は土木工学的な観点から碧骨堤の防潮堤可能性を主張した[90]。金煥起は碧骨堤が①粘土深施工がなく、水漏れを防ぐ方法がないという点、②圧盛土施工をしなかったであろうから、不等沈下で堤防機能の維持が難しかったであろう点、③堤防の法面勾配（傾斜面の傾き：引用者）が1:2.5程度でなければ斜面が安定的でなく、かつ底面の幅が大きくなければ土圧分散で堤防機能維持が可能でないため、5.7mの高さの堤防であるなら下段の幅が少なくとも30～40mはなければならないが、あまりに狭いという点、④5つの水門が貯水容量に比べて規模があまりに小さく、洪水排除が不可であるという点などの土木工学的理由を挙げて貯水池の堤防でありえないと見た。そして自身の主張を裏付ける根拠として、金堤市一帯に貝塚があったこと、すなわち海水が碧骨堤上流まで流れて入っており、これを防ぐための防水堤が必要であったと主張した。

　筆者も土木工学的な側面から見た時、碧骨堤の堤防が多少薄弱であったという金煥起の主張に同意する。15世紀に重修され、決壊した後も修築されなかった最大の理由も、やはり崩壊の危険のせいであったと考える。しかし、土木工学的に不完全であったという理由で、その機能が貯水池の堤防ではなかったと主張するのは、論理的に飛躍がある。過去に築造されたほとんどの貯水池が今日の土木工学的観点から見ると構造的に脆弱であったであろう。金煥起もこのような点を念頭に置いていたのか、碧骨堤よりもう少し東側に位置する金堤市一帯に貝塚があったという証拠を追加しているが、これもやはり、防潮堤説を立証するには充分でない。

　朴秀鎭は朝鮮半島の平坦地の類型分析で、碧骨堤近隣地域を「河海混成平坦地」に分類し、「海岸に発達している河海混成平坦地の場合、海水面が平坦地を形成する堆積および浸食の基準面となることは疑いの余地がない」とした[91]。海水面が平坦地を形成する堆積および浸食の基準面となるということは、最後の氷河期以後、1回以上この地域の旧汀線（old shoreline）が現在

90）　金煥起「金堤碧骨堤の土木工学的考察」『大韓土木学会誌』第56巻第12号、2008年、76－79頁。参考文献に小山田宏一の論文が含まれていることから見て、彼の影響を受けたと思われる。
91）　朴秀鎭「韓半島平坦地の類型分類と形成過程」『大韓地理学会誌』第44巻第1号、2009年、39－40頁。

の海岸線より高く、その当時この地域が潮間帯（intertidal region）に属していたことを意味する。この潮間帯が陸地の隆起や海水面の低下によって海水面の上に露出しつつ、平坦地を形成していたのである。朴秀鎮は呉建煥と崔成吉の研究を引用し、10 mの高度と18 mの高度に最終間氷期に形成された旧汀線があったであろうと見ているが[92]、これは最後の氷河期以後、現在まで少なくとも2回の旧汀線が現在より高かったということ（すなわち相当な海進期があったということ）を意味する。おそらく現在から約6000年ほど前に1回、そしてその後にも少なくとも1回以上の旧汀線が現在よりも高かった時があったであろうという意味である。そうであれば、金堤地方で泥土が出たとか、あるいは貝塚が発見されたということは、別に異常なことではないであろう。貝塚により碧骨堤が防潮堤であることを立証しようとするならば、その貝塚が碧骨堤を最初に築造した当時、すなわち4世紀頃に形成されたものであるという点を明らかにしなければならない。

　朴サンヒョンほかは海岸水利学的な観点から見ると、碧骨堤が防潮堤であった可能性があるとした。彼らが碧骨堤を防潮堤とみる根拠は次の通りである。①院坪川の底の標高が平均海水面より0.3 mほど低く、満潮時は海水が平均海面以上に（＋）3.5 mまで上昇するため、ここが沿岸海域であったことを示している。碧骨堤の始築当時に潮水が頻繁に入れ替わっていた院坪川を塞いだとすれば、碧骨堤は明らかに防潮堤である。②この地域の農耕地の標高は3.8～4.8 mほどで、セマンクム海岸の大潮の時に満潮位である3.5 mより0.3～1.3 mほど高かっただけだが、沿岸の波の高さが7 mに至るため、満潮時の波が浸入すると、この農地は海水による塩分被害を受けていた地域となる。尹武炳の発掘報告によると、長生渠の場合、高さが4.3 mで、長生渠上流の橋梁付近で2003年に調査した堤の標高が7.45 mであるため、始築当時のこの地域の標高は3.15 mで満潮位3.5 mより低かった。従って、堤がなければ海水に浸水されるか、基礎土壌が塩水で飽和していた地域であった。③碧骨堤下流に1930年頃に設置された海倉排水閘門は、海水の被害を改善したもので、この閘門が設置される前まで海から塩舟が金堤駅上流の小

---

[92] 朴秀鎮、同上論文、43頁の表3を参照せよ。

劍洞を経て鳳南面の新應里まで登ったと言う。龍成里（浦橋付近の島のような所）の標高は 6 m 程度で院坪川の洪水と海水の出入りによって造られたものと判断される、としている。

　我々は先に、1910 年代に作成された地図および東津江水利組合の設置過程で提出された調査資料などを通じて、この地域が潮水の浸入が大きな問題とはならない地域であったことを充分に明らかにしたが、これに加えて、上記の主張が持つ論理的矛盾点を詳細に見てみることにする。

　院坪川が感潮河川であるというのは、しごく当然な指摘であるが、院坪川が感潮河川だからと言って碧骨堤全体が防潮堤ではありえない。碧骨堤の中で院坪川が通過する場所は、ごく一部に過ぎないためである。重要な点は農耕地の標高であるが、彼らはそれが近隣海岸の満潮位より少し高いとした。そうであるならば、一般的な状況では碧骨堤の下まで海水が進入しなかったという意味になるが、その海水の浸入を防ぐために高さ 4.3 m の堤防を積んだというのは妥当性がまったくない。沿岸の波が 7 m だという要因を付け加えたこともやはり、納得しがたい。農耕地の標高が満潮位より高いのであれば、普通の波は海岸で消滅することになる。特に東津江河口は干潟が広範囲に発達しており、碧骨堤はそこから 6 ～ 7km さらに内陸に入っているため、暴風性の波や津波のような特別な波でなければ、波の影響を考慮する必要はない。したがって、満潮時の波が進入すれば、ここの農地は海水によって塩分被害を受けていた地域になるという主張も、納得しがたい。そのような特別な波が来る場合でも、それを防ぐために内陸奥深い場所に高さ 4.3 m の防潮堤を造ったと考えるのは、全くもって受け入れがたい。感潮河川である院坪川に沿って登ってくる潮水の浸入を防ごうとするなら、院坪川に沿って堤防を造るべきであり、なぜそれと垂直方向に堤防を造らなければならないのか、全くもって納得しがたいというものである。最後に、1930 年頃に海倉排水閘門が設置されたということも、やはり設置年度が異なっている。海倉排水閘門は 1942 年に竣工したものである。この閘門が設置される以前にも院坪川には竹山洑のような洑垌が設置されており、塩舟が出入りすることはできなかった。龍成里が院坪川の洪水と海水の出入りで造られたものであるという主張も、事実と違う。この地域は 1937 年から始まった院坪川改修工

事（第 2 号掘削工事）によって造られたものである。

　碧骨堤をあえて防潮堤とみなすことによって派生する、納得しがたい主張の中には、李栄薫の次のような叙述もある[93]。

　　防潮堤の管理には淡水と引き潮の時ごとに人々を動員し、閘門を上げ下げするなど、少なからぬ費用がかかる。突然雨が多く降る場合には、排水に深刻な問題が生じる。『世宗実録地理誌』で弊害が多いとしたのは、このような問題点のためであった。このため防潮堤の中間を崩して溜め池の水が通るようにした。そして海水の浸入を防ぐ為に、もう 1 つの堤防を溜め池の水路に沿って建設した。それがまさに、地図で碧骨堤の中間の水溜まりから東側に伸びている堤防である。堤防は 1.5 km ほど進んで止まるが、まさにその部分まで満潮時の海水が入ってきていたのである。そうであるとすれば、水路を堤防で保護していない碧骨堤西側の平野はどうであっただろうか。海水の浸入が日常的な、いわゆる浜田であった。

　費用問題は考慮対象ではないであろう。なぜならば、碧骨堤は長さが 3 km 以上にも達する巨大築造物であり、それが防潮堤であれ貯水池の堤であれ、その受恵面積は膨大にならざるをえず、したがってそこに設置されたいくつかの水門を管理する費用は無視しうる程度であったためである。また、『世宗実録地理誌』の記事も、『太宗実録』および『世宗実録』の記事と合わないということは、すでに指摘した通りであるが、防潮堤の管理に問題があって中間を崩し溜め池の水を通すようにし、そこから 1.5 km ほどの堤防を造って水路を保護したという主張は、さらに納得しがたい。〈図 3-33〉を参照しつつ、この問題を説明してみよう。

　李栄薫の説明通りだとすれば、碧骨堤は防潮堤であり、したがって碧骨堤の下側まで相当な高さの海水が押し入ってきたであろう。その防潮堤の中間

93）李栄薫（2007、秋）、125 頁。

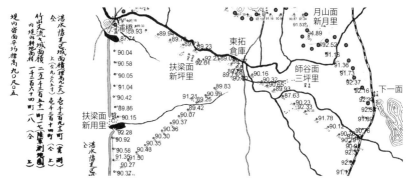

〈図3-33〉碧骨堤実測平面図
〈注〉1921年に修正測図された朝鮮総督府の地図（〈図3-5〉の右側の地図参照）では扶梁面新用里の水溜まりから東側に伸びている水路の両側に堤防の表示がついている。
〈資料〉MF 90-0741、518頁。

を崩すことになれば、海水が碧骨堤の内側まで押し入るであろう[94]。碧骨堤の堤防の高さが4.3mであるが、1mの高さの海水が入って来ると仮定してみよう[95]。李栄薫は水路を保護するための堤防が1.5kmほど進行しており、満潮時にはそこまで海水が入ってきたとしているが、〈図3-33〉の注記を見ると、碧骨堤内部の水田の平均標高は90.05尺となっている。堤内のあらゆる測量点の実測標高値は、この平均から±1尺を越えない。また、この地図を製作した目的が碧骨堤内部を貯水畓として活用した場合に湛水によって浸水を受ける面積を見せるためであったが、測量結果は標高93尺で湛水すれば、堤内のほとんどの地域が水没することになっている。堤内の平均標高90.05尺とは3尺程度（1m以内）の差しかない。要するに、碧骨堤内部の大部分の標高差がほとんどないため、水路に沿って流入する海水は堤防が終わる1.5kmの後には碧骨堤内部全体に氾濫することになる。地形的に見ると、1.5kmの堤防で防ぎうるような性質のものではないであろう。底から1mほどの高さの海水のみ入って来ると仮定しても、氾濫が起こるわけだが、それより

---

94) 碧骨堤の重修以後、その一部が崩壊した頃の『朝鮮王朝実録』のどこにもこの崩壊による海水の浸入に言及した部分はない。
95) 4.3mの高さの防潮堤であれば、気象異変による特別な場合の余裕分を1.3m程度と考えたとしても、碧骨堤の堤防の底から少なくとも3mの高さの潮位に対応したと見るべきであろう。そうでなければ、碧骨堤は無駄な高さに築造されたと言わざるをえない。

さらに高い海水が入ってくる場合については、これ以上言及する価値さえない。

　防潮堤の中間を崩して溜め池の水を通すようにしたという主張では、一層納得しがたい問題にぶつかる。溜め池の水の洑は龍洑を意味するが、この洑は朝鮮後期以来存在してきたものであった。〈図3-33〉で見ると、新用里の下側の溜め池がある付近で碧骨堤が崩壊しており、その溜め池を過ぎて東側に水路が伸びている。これが龍洑である。防潮堤の中でこの部分を崩してしまったために、海水が溜め池を通過して東側に延びている水路に沿って碧骨堤内部に1.5km入ってくるというのが李栄薫の説明である。そうであるとすれば、この溜め池も、またそこから伸びている水路も、ともに海水が頻繁に出入りする通路であった、という意味になる。海水が出入りするような水は、塩度が高く農業用水に使用することができないであろうし、従ってこの溜め池と水路が洑となり得ないということになる。海水を引いて来て農事を行う洑は、あり得ないためである。碧骨堤と、そして碧骨堤の中間から東側に伸びている水路に関する李栄薫の説明が、このように納得しがたい言葉ばかりである理由は何であろうか？　これらのすべての問題は結局、碧骨堤を無理矢理に防潮堤とみなした所から来ているのであろう。碧骨堤を貯水池の堤防として見てきた現在までの通説は、何の問題もなかったのである。

第4章

米穀生産量と価格

第1節　日帝初め朝鮮の米穀市場

　日本の長期経済統計によると、日本のGNPと1人当たりのGNPの変動の様相は〈図4-1〉の通りである。日清戦争（1894年）頃までの景気の上昇局面とそれ以後の第一次世界大戦（1914年）までの下降・停滞局面があったが、全体的に経済規模（総需要）は約2倍に膨らんだ。そしてその過程で1888年から1908年まで産業革命の過程を経たと言う。

　この産業革命の過程を経るなか日本の農林業人口は徐々に減少しはじめ、第一次世界大戦の間、急減するようになる（〈図4-2〉参照）。その反面、非農林業人口は増加し続けたが、その中でも特に産業革命初期と第一次世界大戦期の間に刮目すべき増加を成し遂げることになる。農業部門で減少した人口は都市、工業部門に集中するようになり、所得の増加とともに食糧、特に米穀に対する需要を急増させた。

　日本が産業革命を経ている間、〈図4-3〉に見られるように、農林業人口が減少したにもかかわらず、米穀生産量は1915年まで非常に急速に増加した。栽培面積の着実な増加も1つの要因であったが、単位面積当たりの収穫量の急増が最も大きな原因であった。しかし、この単位面積当たりの収穫量は、1915年以後には増加の勢いが緩慢になり、したがって米穀生産量の増加の勢いも緩慢になる。

　所得増加と人口増加により米穀に対する需要は増加し続けた。〈図4-4〉で見られるように、日本の米穀消費量の曲線は1888年になり初めて人口曲線とぶつかるようになる。1人当たりの米穀消費量が年間1石になったという意味である。その後、1914年までは米穀消費量の曲線は人口曲線を間に置き、上下する様相であったが、これは1人当たりの米穀消費量が年間1石前後であったという意味である。ところが、第一次世界大戦で日本史上類を見ない好景気が到来することになったため、米穀消費量は一段階上昇するようになる。その後の米穀消費量曲線は、人口曲線より若干上に平行して増加したが、これは1人当たりの米穀消費量が年間1.1石を前後する水準で安定

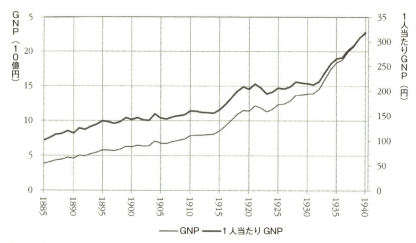

〈図 4-1〉日本の GNP と 1 人当たり GNP
〈資料〉GNP；大川一司ほか『長期経済統計』213 頁. 不変価格 GNE（1934 ～ 1936 年価格）。人口：総理府統計局『日本統計年鑑』人口推計月報から作成。

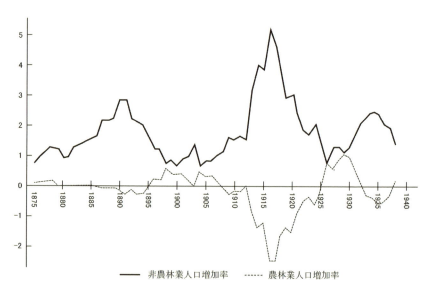

〈図 4-2〉有業人口の前年対比増加率（5 年移動平均、単位：%）
〈資料〉中村隆英『日本経済　その成長と構造』東京大学出版会、1978 年、41 頁。

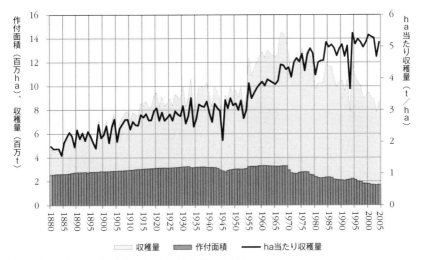

〈図4-3〉日本の米穀生産量およびha当たりの生産量
〈資料〉日本の長期統計系列、農林水産業（http://www.stat.go.jp/data/chouki/07.htm）、農作物作付面積及び生産量（明治11年〜平成16年）から作成した。

したということを意味する[1]。

　一方、〈図4-4〉の「純輸移入量」曲線を見ると、日本の米穀貿易は1902年まではだいたい自給水準であったことがわかる。1872年から米穀の輸移出があったが、消費量に比べて多くても4.4%（1889年）程度のものであり、ほとんど1%内外であった。輸移入もあったが、これもやはりその量は多くはなく、1900年の4.9%が最高であった。この期間の1人当たり米穀消費量は急速に増大したが、日本国内供給の増加によるものであった。1902〜1917年の間には米穀の輸移入量が従前よりは一段階増加したが、全体の消費量でそれが占める割合は依然として大きくなかった。

　しかし、第一次世界大戦期間に入ると、事情は大きく変わることになる。日本はこの戦争を経るなか、農業国から工業国に変貌することになり、日本史上類を見ない好景気を迎えることになる。ヨーロッパの交戦国が戦争の渦に巻き込まれ、戦争に余念がない間、日本経済は交戦国に対する大量の軍

---

[1] 1915〜1940年の間の1人当たり米穀消費量は、平均1.104石であった。

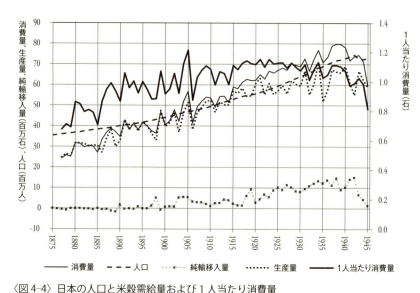

〈図 4-4〉日本の人口と米穀需給量および 1 人当たり消費量
〈資料〉農林省農林経済局統計調査部『農林省累年統計表（1868~1953）』1955 年、160–163 頁。

需品輸出やヨーロッパ諸国が去ったアジア・アフリカ市場に進出することで、輸出が爆発的に増加した。貿易は慢性的輸入超過から輸出超過に転換し、その結果 1914 年に約 11 億円の債務国だった日本は、1920 年には 27.7 億円の債権国に変貌を遂げることになった。外国市場の需要が増加するに従い、生産は急騰し、企業設立熱が吹き荒れ、株式と商品に対する投機も熱くなり上昇した。これらすべてが 1910 年代後半期に起こったことである。

　この好景気の間、先の〈図 4-2〉に見られるように、非農林業人口は大幅に増加し、農林業人口は大幅に減少した。米穀生産の増加の勢いが鈍化した反面、都市化と所得の増加によって米穀に対する需要は大幅に増えた。そのクライマックスは 1918 年の「米騒動」であった。この頃、日本ではいくつかの原因によって米穀の需給均衡が崩壊しつつあった。第一に、第一次世界大戦の影響で米穀輸入量が減少した。第二に、都市化と工業化および所得増加により米穀に対する需要が大幅に増加した。第三に、寺内正毅内閣がシベリア出兵を宣言すると、鈴木・三井などの商人たちが需要増加を予想して米穀を買い占め・売り惜しみするなか、米穀投機が起こった。〈図 4-5〉でも

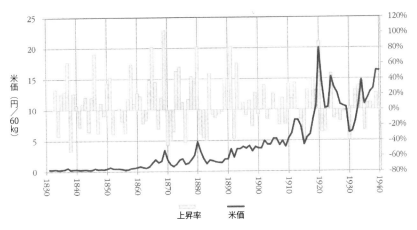

〈図4-5〉1830～1945年間の日本の米価とその上昇率（円/60kg、%）
〈資料〉ウィキペディア（日本版 http://ja.wikipedia.org）、米価の変遷から作成。

見られるように、日本の米穀価格は日清戦争以前まで非常に急速に上昇してきたが、その後、漸次小康状態にあり、1917～1920年に再び急増した。特に米騒動が起きた1918年7月に1石30.4円していた米穀価格は、8月になると38.7円と垂直上昇するようになった。上昇趨勢はその後も続き、1920年初めにピークに達するようになる。日本の米騒動は1918年7月22日に始まり、8月には全国に拡大した。約50日間で369カ所で暴動が起こり、参加者の規模は数百万人にも達した。結局、延べ人数10万人以上の軍人が投入され、暴動は鎮圧されたが、その過程で2万5000人が検挙され、そのうち7786人が起訴されて死刑2人、無期懲役12人、10年以上の有期刑59人などの宣告を受けることになった[2]。

この米騒動は、1920年から朝鮮で産米増殖計画が実施される契機となった。そしてこの米騒動を契機に、日本の米穀消費において輸移入米穀が占める割合が一段階さらに高くなった（〈図4-6〉参照）。そしてその植民地朝鮮で生

---

[2] 米騒動の影響で寺内内閣は退陣し、原敬内閣が誕生した。原敬は爵位を持たない初めての首相であったため、彼を平民宰相と呼びもした。労働運動や農民運動、さらには普通選挙運動などとの大衆運動も活発になった。米騒動は第一次世界大戦、ロシアでの社会主義国家の成立とともに、大正デモクラシーの重要な契機となった。

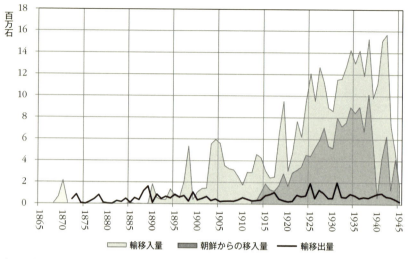

〈図4-6〉日本の米穀輸出入額
〈注〉1940~1945年間の朝鮮からの移入量は、朝鮮の米穀移出量統計で代替した。したがって、輸出量が一部含まれていることもありうる。
〈資料〉農林省農林経済局調査部『農林省累年統計表（1868～1953）』1955年、160－163頁；朝鮮総督府『朝鮮米穀要覧』1941年版、152－153頁から作成。

産される米穀の搬入が非常に重要な役割を果たすようになる。日本の米穀輸移入量において朝鮮産米穀が占める割合は、1912年と1913年にそれぞれ8.5％、6.4％程度であったのが、1914年以後は大きく上昇し、1914～1939年の間にその割合は平均54.5％にも達した。すなわち、日本において輸移入された米穀の中の半分を少し超える米が朝鮮から移入されていたのである。そして日本の米穀消費量全体において朝鮮産米穀が占める割合は、1914～1939年の間に約7.1％に達した。朝鮮からの移入量は日本国内の消費量の10％にも満たないものであったが、日本国内の生産・消費間の差から発生しうる米穀価格の暴騰を防止し、日本の1人当たり米穀消費量を1.1石前後に安定させるための決定的に重要な役割を果たした。

日本に比べて経済規模が小さい朝鮮の場合には、日本に大量に米穀が搬出されることで、米穀需給に大きな変化を招いた。〈図4-7〉で見られるように、朝鮮の米穀生産量の中で輸移出量（主に日本に移出）が占める割合は

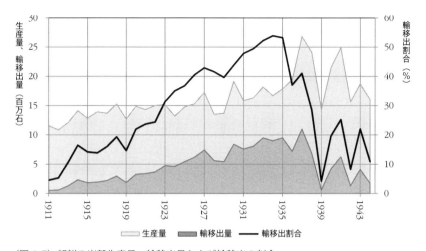

〈図4-7〉朝鮮の米穀生産量、輸移出量および輸移出の割合
〈資料〉朝鮮総督府『朝鮮米穀要覧』1941年版、152〜153頁。1941-43年は近藤釰一『太平洋戦争下の朝鮮（4）』友邦協会、1932年、67-68頁。

1913年までは5％ほどであったが、1914年以後、急速に増加して1934年には50％を超えるようになる。すなわち、朝鮮の米穀輸移出がピークに達する1934年には、朝鮮で生産された米穀のうち53.8％が輸移出されていたのである。米穀生産量の増加をはるかに上回る輸移出量の増加は、当然朝鮮内での1人当たり米穀消費量の減少として現れた。日本内の消費の安定と植民地消費の悪化は、コインの裏表のようなものであり、植民地的米穀需給の最も大きな特徴であった。

このような植民地的米穀需給関係の発生原因としては、第一に朝鮮と日本の間の関税が撤廃されたことにより朝鮮と日本の米穀市場が事実上統合されたことが挙げられる。日本で米穀に関税を賦課しはじめたのは、1905年第二次非常特別税において従価15％の関税を新設してからであった。1906年10月には100斤当たり64銭という従量税に変更されたが、実質課税率は変わらなかった。1909〜1910年の第26議会では激論の末に100斤当たり1円の関税が引き上げられた。ただし、すでに日本の植民地だった台湾産の米穀は、関税（移入税）の免税を受けて来たが、朝鮮産米穀は1910年に朝

鮮が日本の植民地となって以後、従来の輸入関税を移入税として維持していたのを、1912〜1913年の第30議会で撤廃した。こうして朝鮮産米穀の日本搬出は、1913年7月から移入税をかけられずに搬出できるようになった。従価15%にも達する関税がなくなったことで、朝鮮の米穀市場は事実上日本の米穀市場の一部となり、朝鮮産米穀の価格競争力がそれだけ大きくなった。

　第二に、日露戦争以後の朝鮮では日本人が活発に進出し、朝鮮の耕地を大挙買入れした。〈図4-8〉で見られるように、朝鮮の水田の中で日本人が所有する面積は、土地調査事業の期間と大恐慌期に集中的に増加したが、その割合が最高に達する1935年の場合で18.5%であった。日本人地主はだいたいに置いて「優良品質」と呼ぶ日本種の導入に積極的であり、米穀増産および調製方法の改善に努力したため、日本市場でも通用しうる米穀を生産し、日本への移出に重点を置いていた。従って、朝鮮から日本への米穀移出で最も核心となる役割を担ったのは、朝鮮の日本人地主たちであった。

　第三に、1910年代以来、朝鮮総督府はいわゆる優良品種の普及に積極的で、これにより優良品種の普及率は非常に急速に増加した。この優良品種はほとんどが日本種であったため、生産された米穀それ自体が日本の米穀と変わらなかった。しかし、米の中に赤米や石、あるいは砕米が多く混入していたため、商品としては価値がやや落ちたが、日本市場に対する移出を目的とする日本人地主が次第に増加したため、この部分に対してもかなり改善がなされた。言ってみれば、米穀という商品の品質の同質性（homogeneity）が一層強まった。

　このように米穀市場の場合、朝鮮と日本は単一市場として統合され、取引される商品が同質的なものとなり、取引主体である日本人地主の所有水田面積が急速に増加したことなどが原因となり、朝鮮の米穀を大量に日本に移出しうるようになったのである。その結果、2つの市場の価格も同調化し、単一化されていく傾向が明らかに現れた。〈図4-9〉は1912〜1932年の間の朝鮮（京城）と日本（東京）の月別米穀価格に関する散布図（scatter diagram）である。2つの市場の価格の間に非常に密接な陽の相関関係がある。相関係数は0.981で、完全相関に近い。

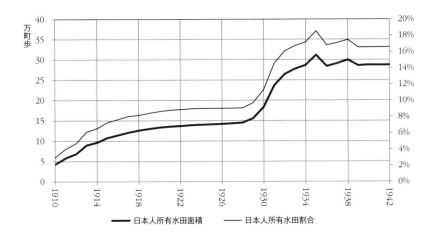

〈図 4-8〉朝鮮の水田のうち日本人が所有する水田の面積とその割合
〈資料〉許粹烈『開発なき開発』ウネンナム、2005 年、343 頁から作成〔邦訳書：保坂祐二訳『植民地朝鮮の開発と民衆　植民地近代化論、収奪論の超克』明石書店、2008 年〕。

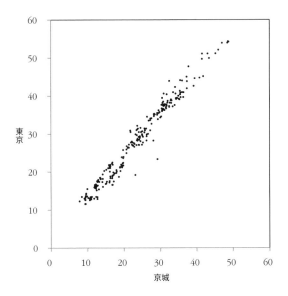

〈図 4-9〉朝鮮（京城）と日本（東京）の月別米穀価格散布図（1912 〜 1932 年、単位：円 / 石）
〈資料〉朝鮮総督府財務局『朝鮮金融事項参考書』1940 年 12 月、224－225 頁（朝鮮銀行調査、玄米、計量上 1 石）、東洋経済新報社『物価二十年』1932 年、28 頁（東京清算先限 1 石）から作成。

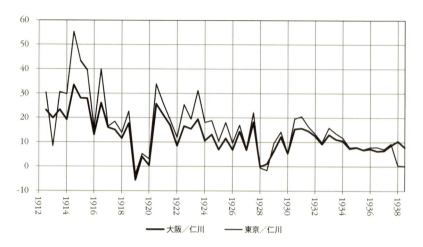

〈図 4-10〉仁川と大阪および東京の米穀価格格差率（仁川基準、単位：%）
〈注〉原資料の最高最低平均のうち平均価格のみを採録した。仁川、大阪、東京定期米先物公定上場表の各年度別の6月末および12月末の価格。
〈資料〉朝鮮総督府財務局『朝鮮金融事項参考書』1939年版、245-248頁。

　仁川と大阪の米穀価格の格差率を描いた〈図 4-10〉でも同様の事情を読み取ることができる。仁川と大阪、仁川と東京間の価格格差率は、朝鮮産米穀に対する輸入関税が撤廃された1914年以後、急速に減少した。1910年代初めに20～30％に達していた価格格差率は、1910年代末には15％台に下がり、1930年代には5～10％の水準にまで下がるようになる。
　一方、朝鮮内でも各地の米穀市場は全国的に統合され、次第に1つの単一価格に収斂されていく現象が明らかになった。〈図 4-11〉は、朝鮮の10の大都市の米穀価格の格差を変動係数で整理したものである。変動係数は1908～1910年の0.1水準から、1930年代末には0.016に大幅に減少する。変動係数が大きければ地域間の価格差が大きく、変動係数が小さければ地域間の価格差が小さい。例えば、1912年6月末の場合、変動係数の値は0.0690だが、これは10の地域の米穀価格がほぼ平均から±6.9％の範囲内にあるものと解釈すればよい。朝鮮が日本の植民地となる前には、変動係数が0.10～0.12付近にあったが、1911年12月～1933年6月の間には0.04～0.06と一段階下がり、1933年12月以後には0.02以下の水準にまでもう一段階

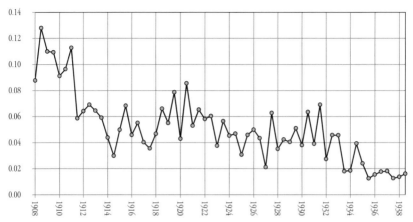

〈図4-11〉朝鮮の主要10都市の玄米価格変動係数
〈注〉変動係数は京城、仁川、釜山、群山、木浦、大邱、平壌、鎮南浦、新義州、元山などの10都市の玄米価格の標準偏差を平均として割って計算した。
〈資料〉朝鮮総督府財務局『朝鮮金融事項参考書』1939年版、240-245頁。

下がる。趨勢的に見た場合、朝鮮の米穀市場は地域間の価格差が後期に行くほど小さくなる様相を見せるが、これは朝鮮の米穀市場がさらに一層統合されていっているという意味で、1930年代末には事実上全国的に単一価格が形成されたという意味でもある。

　要約すると、朝鮮の米穀市場は日本に深く統合され、2つの地域間の価格格差が少しずつ解消されていっており、朝鮮内の市場も後期に行くほど統合の程度が強まり、1930年代末になると朝鮮全体が事実上1つの市場に単一化された。しかし、朝鮮市場は日本市場の一部に過ぎず、経済規模が相対的に小さかったため、朝鮮の米穀価格は朝鮮市場内での需要と供給によって決定されるというよりは、日本市場（より厳密に言えば、日本帝国全体）での需要と供給によって決定される側面が強かった。

　〈図4-12〉は、1912～1942年の間の朝鮮の米穀価格変化率と米穀生産量の変化率の間の関係を計算したものである。貿易がない場合であれば、生産量が減少すれば（凶年であれば）米穀価格が上昇し、反対に生産量が増加すれば（豊年であれば）米穀価格が下落すると予想しうる。すなわち、貿易がなかったとすれば、点は主に第二象限と第四象限に分布せざるをえないが、

第4章　米穀生産量と価格　173

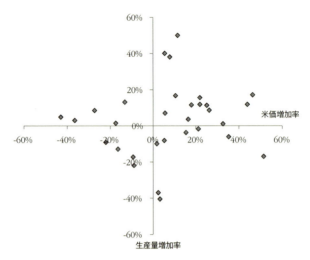

〈図4-12〉朝鮮の米穀生産量の変化と米穀価格の変化の間の関係（1911～1942年の間）
〈注〉米価増加率と生産量増加率は、前年対比の増加率を意味する。
〈資料〉朝鮮総督府財務局『朝鮮金融事項参考書』1939年版などから作成。

分析結果はそのような予想とは異なり、2つの変数の間に明らかな相関関係は見いだせない。むしろ、点が第一象限と第三象限により多く広がっており、生産量が増加する時は米穀価格が上昇し、生産量が減少する時は米穀価格が下がるという傾向すら見いだせるものの、もちろんはっきりはしていない。朝鮮の生産量の中で相当多くの部分が日本に移出される状況では、朝鮮内の米穀消費量の変化は生産量よりはむしろ移出量の変化により多く依存するようになっていたことが、こうした結果を招いたと思われる。

その結果、所得水準が低い朝鮮の米穀が大量に日本に搬出され、日本の1人当たり米穀消費量が1.1石で安定的になった反面、朝鮮の1人当たり米穀消費量はこのような大量の米穀搬出により1910年代初め0.7石あたりから減少し続け、1930年代中頃には0.4石あたりにまで下がりながらも、2つの市場の均衡が成立しえていたのである。おそらく、これが植民地的開放経済体制下の朝鮮の米穀価格決定のメカニズムの特徴であったと思われる。

第 2 節　第 1 次世界大戦と米穀生産量の変化

　我々は、先に第一次世界大戦期間が日本経済において歴史上類例のない大好況期であったということに言及している。李栄薫は第一次世界大戦がもたらしたこのような好景気の局面が朝鮮にも作動し、朝鮮の生産も大きく増加したと考えた。そうして彼は、『韓国の経済成長』で推計した実質農業生産額が1918年までは急増し、それ以後には停滞する様相を見せているのは、統計上の問題のせいであるという筆者の主張に対して、次のように批判した。

> 　許教授はまた、1910年代の農業と経済が停滞していたと主張していますが、①私が見るに、1910年代こそ第一次世界大戦の好況のおかげで日本はもちろん朝鮮でも経済が大きく成長した時期でした。農業生産が大きく増加した証拠に関しては、具体的な事例が多くあります。私は許教授が1910年代の新聞と雑誌を広範にわたり読み、②随時農村に通いながら植民地期に築造された貯水池や堤防も探査し、③地主家の秋収記のような古文書も収集するなど、体を使った歴史研究に忠実であったとすれば、このような無理な主張はしなかっただろうと信じております。（ただし、下線および①、②、③の番号は引用者が追加した）3)

　李栄薫が1910年代に農業生産が大きく増加したと主張する根拠は、だいたい3つであるように思われる。①第一次世界大戦の好況による生産の増加、②この時期に貯水池や堤防が多く築造され、生産が大きく増加し、③地主家の秋収記のような古文書を見ると、この期間に生産が大幅に増加したことが立証されたということであると解釈される。②に関しては第5章で、そして③に関しては第7章で扱うこととし、ここでは①についてのみもう少し具体的に見てみよう。

---

3)　安秉直・李栄薫対談『大韓民国歴史の岐路に立つ』キパラン、2007年、147－148頁。

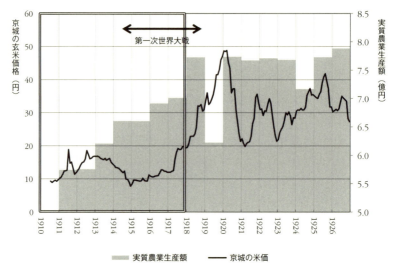

〈図4-13〉京城の玄米価格（月平均、円/石）
〈注〉実質農業生産額は1935年の不変価格で、『韓国の経済成長』から持って来た。朝鮮総督府統計で農業生産が急増した区間は、2重線で囲った1910～1918年で、太い矢印の部分は第一次世界大戦（1914年7月28日～1918年11月11日）期間であり、第一次世界大戦が終了したのとほぼ同じ時期（1918年11月2日）に土地調査事業も終了した。各年度が表示された点は1月を意味する。
〈資料〉朝鮮総督府財務局『朝鮮金融事項参考書』1940年12月、224-225頁：『韓国の経済成長』前掲書、370頁。

　好景気のために農業生産が大きく増加したと主張しようとするならば、農業生産を大幅に増加させるだけ十分に価格が上昇しなければならない。好景気により農産物に対する需要が増加すれば、価格が上昇するであろうし、生産量が増加して供給を増加させる過程に進むであろう。従って、好景気によって農業生産が増加したと主張しようとするならば、価格が充分に上昇したことが立証されなければならない。
　〈図4-13〉は、日帝時代の京城の月平均玄米価格に関するグラフである。先の〈図4-11〉で見られたように、この時期の朝鮮の米穀市場はよく統合されており、地域別の価格差がひどくはなかった。従って、京城の価格で朝鮮全体の価格の動向に替えても大きな問題はないと考える。また先の〈図4-9〉で見たように、京城の米穀価格の変化様相は東京のそれと大きく異ならない。この2つを念頭に置きつつ、朝鮮の米穀価格と生産量の間の関係に

ついて詳しく見てみよう。ただし、問題を明確にするために、〈図4-13〉では筆者が問題としている期間を二重線の四角形で表示しておいた。『韓国の経済成長』で推計した実質農業生産額を見ると、1911～1917年までは急増するが、1918～1926年には大きな変化がない。要するに、四角形内の期間とそれ以外の期間は、実質農業生産額の変化の様相が全く異なるが、筆者はそれが、土地調査事業が終了する以前の朝鮮総督府の統計に問題がありこのような現象が生じたと見ているのに対し、『韓国の経済成長』の執筆者らおよび李栄薫は、この期間に実際に生産がこのように増加したと主張しているという点が、違いであった。そのため、先の引用文で李栄薫が「1910年代」と多少漠然とした表現で書いたのは正しくない。上記の引用文が筆者に対する正しい批判となるためには、「許教授はまた<u>1917年</u>までの農業と経済が停滞していたと主張していますが、私が見るに、<u>1917年</u>までこそ第一次世界大戦の好況のおかげで日本はもちろん朝鮮でも経済が大きく成長した時期でした」と直さなければいけない。そして〈図4-13〉では第一次世界大戦期間は矢印の太線で表示しておいた。筆者が問題としている期間の中には、第一世界大戦の期間が含まれるが、その半分ほどに過ぎない。日本の好景気は第一次世界大戦が終戦した以後もしばらく続いてから1920年初めから戦後恐慌に入る。ともあれ、この第一次世界大戦の期間の価格の動きについて注目して見ることにしよう。

〈図4-13〉で一目でわかるように、少なくとも米穀価格の上昇という側面で見た場合、第一次世界大戦による好景気の影響は主に四角形の外の区間で起こっていることであった。すなわち、第一次世界大戦が勃発した1914年には米穀価格は年末まで下落し続けた。1915年と1916年に米穀価格は多少上昇したが、1914年末の底値水準を大きく上回るものではなかった。1914年～1916年の米穀価格の変化動向から見るし、そのどこにも好景気の影響のようなものは見られない。米穀価格は1917年の田植え以前である5月から1920年3月まで、非常に急速に上昇する。結局、第一次世界大戦の好景気のおかげで米穀生産量が増加したと主張しうる年度は、筆者が問題としている期間の中では1917年のたった1年に過ぎない。もし李栄薫の主張通りに好景気が米穀生産量に影響を与えていたとすれば、米穀価格に大きな変化

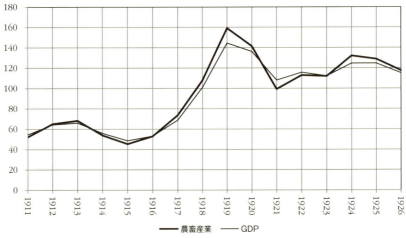

〈図4-14〉農畜産業とGDPデフレーター（1935=100）
〈資料〉『韓国の経済成長』406頁。

がない1910〜1917年の間ではなく、米穀価格が暴騰する1918〜1920年に米穀生産量が大きく増加しなければならない。しかし、『韓国の経済成長』で推計された実質農業生産額を見ると、1911〜1917年の間には実質農業生産額が急増しており、1918〜1926年の間には事実上停滞状態に置かれており、李栄薫の主張と相反する[4]。

ここまでは米穀価格を代理変数として実質農業生産額と価格の変化の間の関係について詳しく見てみた。米穀以外の他の作物の価格変化の様相が米穀と異なりうるため、ここでは『韓国の経済成長』で推計した農畜産業デフレーターとGDPデフレーターを使って、実質農業生産額と価格の間の関係を検討してみると、〈図4-14〉の通りである。先の〈図4-13〉で見た米穀価格の変化は月平均価格であったが、この図では年平均という点が異なる。しかし、農畜産業デフレーターとGDPデフレーターの変化の様相は、米穀価格の変化様相と大きく違わない。価格水準は1915年に底をつき、1916年に多少増加したが、1915年水準と特に違いはない。1917〜1919年まで価

---

[4]　ただし、1919年は大凶年で、実質農業生産額が大きく減少した。

格は上昇する。この図でも 1917 年以前に価格の上昇により生産が増加したような年度は、1917 年の 1 年しかない。もし価格の上昇が生産を増加させたとすれば、1910〜1917 年の間ではなく、1918〜1920 年の間に生産がより大幅に増加していなければならないであろう。

　李栄薫の主張には、さらに大きな問題がある。これまでは農業生産が市場価格に非常に敏感に反応し変化するとの仮定のもとで説明したのだが、1910 年代のように伝統的農業環境が支配的な社会で農業生産が市場価格の変化に敏感に反応するという仮定自体が成立しがたい[5]。朴ソプの研究によると、米穀の栽培面積は耕地面積と大きく異ならないという[6]。さらには栽培面積が耕地面積より大きい場合もよく見られるが、朴ソプはその原因として、畑で栽培される陸稲のせいであるとした。そうであるならば、稲を栽培しうる耕地はすでに充分に利用されていたという意味になり、従って供給量の増加は耕地面積の増大を伴う灌漑、干拓および地目変換などによってはじめて成り立ちうるであろう。これは、米穀価格が急増したとしても短期的には米穀供給量を増加させるのは難しいという意味である。1917 年 5 月から米穀価格が大幅に上昇したとしても 1917 年にすぐに米穀栽培面積が大幅に増加するのは難しいのである。結局、第一次世界大戦の好況で 1911〜1917 年の間の農業生産が急増したという李栄薫の主張は、説得力がない。

　朝鮮総督府は実に多くの統計を作りだしたが、その中には果たしてこのような統計を信じるべきかどうか気になる統計も多数存在する。その中の 1 つが、市場取引額に関する統計である。どのように調査したのか考えてみると、信じてもいいのかという疑問が伴わざるを得ない統計である。このような問題があることを前提としつつも、この統計を使って市場取引額という側面から 1910 年代の景気変化の様相を見ると、〈図 4-15〉の通りである。ただし、市場取引額は『韓国の経済成長』で推計した GDP デフレータとして分けられた 1935 年の不変価格で、常設市場および農村地域の五日市など、一般

---

[5]　事実、朝鮮総督府統計によっても、1917 年までの米生産量の増加は 1917 年にのみ限定されるものではなく、それ以前から急増し続けてきたという点も想起しておく必要がある。
[6]　朴ソプ「植民地期米穀生産量統計の修正について」『経済学研究』(韓国経済学会) 第 44 集第 1 号、1996 年 4 月、89−90 頁参照。

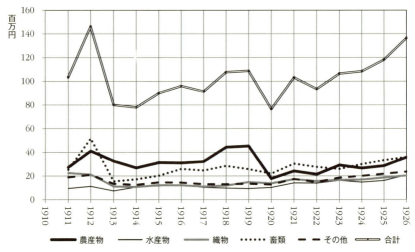

〈図4-15〉朝鮮の実質市場取引額（1935年価格）
〈注〉市場規則第一条、第四号すなわち「毎日または定期に営業者集会し見本又は銘柄に依り物品又は有価証券の売買取引を行う場所」を除く残りのすべての市場の取引額を言う（市場規則は朝鮮総督府庶務部調査課『朝鮮の市場』（調査資料第8集）、5頁を参照）。
〈資料〉朝鮮総督府『朝鮮の物産』朝鮮総督府調査資料第19集、1927年、242頁。

商品市場の取引額全体を対象としたものである。

合計を見ると、1911〜1914年の間の統計は騰落がひどく激しい。細部に入って見ると、畜産物取引額が急変したのが合計変化の最も大きな要因であったことがわかる。1912年と1913年の間の畜産物取引額は5200万円から1500万円に激減し、その後にはさらに非常に急速に増加する。畜産統計がひどい手抜きであったという証拠でもある[7]。ともあれ、この畜産物取引額に関する統計を除くと、残りの統計は1911〜1924年の間に取引額が趨勢的に増加したと見るのは難しい。

---

[7] 朝鮮総督府の畜産統計によると、牛の飼育頭数は1914年の23.3万頭から1915年は41.6万頭とほぼ2倍になる。大々的な牛の輸入はなく、朝鮮内の繁殖にのみよるとすれば、生物学的にはありえない増加である。このような不正確な統計が『韓国の経済成長』でもそのまま導入されている（『韓国の経済成長』411頁）。日帝時期初めの統計に相当多くの問題があることを示す一つの事例だと考える。

第5章

土地改良

農業生産量に影響を与える要因は数え切れないほど多い。セマウル運動のような精神的な変化、農地改革のような制度的な変化、価格のような市場要因、耕地面積の増加や干害と水害を防止しうる農業基盤施設の変化、肥料や農薬の投入量の変化、品種改良や耕作方法の変化のような耕種法の改良、農業機械化の増加や教育と研究開発などの技術的変化、増産のための政府の財政投入と金融支援などなど、それらすべてを列挙しきれないほどに多いのである。

　1910年代の朝鮮の農業生産量の変化を扱うにあたって、当然こういったすべての要因の変化を考慮しなければならないが、第5章では耕地面積あるいは栽培面積と農業基盤施設の変化を、そして第6章では様々な農業投入のうち肥料使用量の変化と、改良農法のうち優良品種の普及などに焦点を絞って詳しく見てみることにする。

第1節　土地改良事業の展開過程

　農業生産、特に米の生産に影響を与える最も重要な要因のうちの1つが、耕地面積の拡大と十分な農業用水の安定的供給である。土地改良はまさにこのような目的のためのものである。

　土地改良をその内容別に分類すると、〈図5-1〉のようになる。灌漑改善は堰堤、洑、揚水機、その他による灌漑施設の拡充と排水および防水施設の拡充を意味する[1]。地目変換というのは、土地の利用目的の変換を意味する

---

1) この「その他」に属するものとしては、井戸、地下水または湧水、浦江、人力揚水などがある。揚水機による灌漑は、「揚水機」に分類され、人力による揚水は「その他」に分類される。『朝鮮土地改良事業要覧』によると、「浦江」は「水田の一部を掘削貯水して灌漑」することと定義されている。例えば、全羅北道鎮安郡鎮安面佳林里に造られた浦江は水源が長さ18.2m、広さが9.1m、深さ3.6mで、その受恵面積が2.2町歩の小規模貯水施設であった。国家記録院『日帝文書解題－土地改良編－』2008年、105頁。

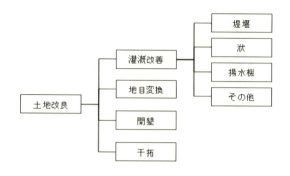

〈図5-1〉土地改良の分類

 もので、主に畑を水田に変える場合が多かった。開墾は河辺や山麓の荒地を農耕地に変えることを指すもので、干拓は防潮堤などを設置して干潟地を農耕地に変えることを言う。灌漑と干拓では耕地面積それ自体が増大するが、地目変換は土地の用途のみを変更させるものであるため、耕地面積それ自体は変わらない。畑作物の生産増加よりは米の増産の方が必要だと考えた日帝時代には、畑面積が減って水田面積が増える方向に土地利用目的が変わっていった。

日本経済は産業革命以後、工業化と都市化が進展するなか従来の米穀輸出国家から輸入国家に転換しはじめ、朝鮮からの米穀移入が次第に重要になっていった。いわゆる「帝国食糧問題の解決」のために朝鮮からの米移入が重要になっていったのである。この点については、第4章ですでに詳述した通りである。

これにより、植民地朝鮮でも米穀生産量を増加させることが、非常に重要な問題として台頭した。〈図5-2〉を参照しつつ、朝鮮での土地改良事業の展開過程を簡単に見てみることにしよう。

大韓帝国政府は1906年4月に全文13箇条の「水利組合條例」(度支部令第三号)を公布した。この条例では、水利組合の設置と費用、組合費の徴収および滞納処分、積立金、予決算報告、起債と負債元利金の政府保証、組合管理費などに関する事項を規定しており、水利組合という制度を導入する契

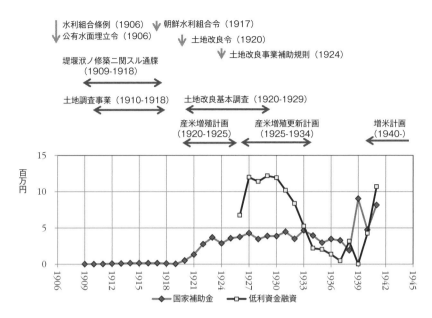

〈図 5-2〉土地改良関連の主要法令または事業と国庫補助金および低利資金融資額
〈注〉国庫補助金と低利資金融資額はともに土地改良に関するものだけを意味する。1909～1918年の国庫補助金は堰堤および洑の修築に関する国庫補助金を記入した。
〈資料〉朝鮮総督府『統計年報』各年度版から作成。

機となった。

　1908年には「水利組合設立要領及模範規約」を制定し、組合設立を慫慂、指導した[2]。しかし、この条例では「組合の負債元利金の支給については政府がこれを保証しうる（第12条）」というのが唯一の支援であり、水利組合設立と運営に関する政府の直接的な支援は、事実上皆無であった。

　一方、1907年7月には「国有未墾地利用法」（法律第4号）と「国有未墾地利用法施行細則」（農商工部令第50号）が公布された。すなわち、「民有以外の原野、荒地、草生地、沼沢地および干潟」などを10カ年以内の期限で貸付を受け、毎年1町歩当たり50銭ずつ貸与料を出して、もし事業に成功すれば農商工部大臣が貸与を受けた人にその土地を付与しうるよう措置した

---

[2]　1917年に「朝鮮水利組合令」が制定され、「水利組合条例」に替わることになる。

第5章　土地改良　185

ものであった。

　1909年には「堰堤洑ノ修築ニ関スル通牒」により、農民を勧誘・指導して灌漑施設の修築に従事させ、政府はその工事に必要な資材を補助する方式で堰堤と洑の修築を奨励した。この事業は1918年まで続けられた。

　1914年に農商工部は事業費2000万円で10カ年継続事業として59カ所11万8000町歩に対する土地改良事業を施行しようとする官営案を立てたが、財政事情と、計画の基礎となる調査がいまだに正確でない憂慮があるとして採択されなかった。1918年に総事業費2000万で12カ年継続事業として38カ所10万6700町歩余りの土地改良官営案を立案したが、やはり財政上の事情で実施できなくなったと言う[3]。朝鮮の米増産には関心があったが、まだ多くの財政を投入する考えはなかったのである。

　しかし、1918年に日本各地で発生した「米騒動」と朝鮮の3・1運動は、植民地朝鮮の農業に大きな変化をもたらした。1918年以後、日本で米不足が深刻な社会問題として台頭するに従い、米の供給を増加させるための様々な方案が検討されたが、朝鮮から米を増産して日本に搬出することが最も重要な解決策の1つとして台頭した。1919年4月には水利組合補助規定を制定して、水利組合を設立する場合には工事費総額15％以内の範囲で国庫補助金を交付できるようにした。朝鮮の米穀増産に対する日帝の関心は、1920年の産米増殖計画を実施するなか本格化し、1920年を境に朝鮮総督府の農業政策はそれ以前とは完全に異なる次元に入ることになった。

　まず、朝鮮総督府は帝国食糧問題の根本的な解決のために、1920年から30年にかけて、水田80万町歩の改良および拡張を完成しようとする計画を樹立し、まずその第一期計画として1920年以後15年間で約43万町歩の土地改良事業と耕種法の改善を通じて約920万石の米を増産しようとする、いわゆる「朝鮮産米増殖計画」を樹立し、実施に入った。土地改良の方法は、水利組合を中心に民間人事業者に補助金を支払い、その事業を促進させる方法を選んだため、民間資本を引き入れて活性化させるために土地改良に適合

---

[3]　池田泰治郎「土地改良事業に対する本府施設の経過」『朝鮮農会報』第20巻第11号、1925年11月、72頁。

した地域を朝鮮総督府が調査し、民間に公示する「土地改良基本調査」も1920年から実施した[4]。また、1920年からは土地改良令および土地改良事業補助規則を制定し、土地改良事業の本格的な推進に乗り出すようになる。

　しかし、このように意欲的に推進を始めた産米増殖計画は、第一次世界大戦以後すぐに押し寄せた戦後恐慌と関東大地震などで経済事情が悪化するのみならず、その当時の高い利子率と米穀価格の下落により採算性が悪化するなか、民間事業者の参加が予想通りなされず、その実績がひどく低調になった。1925年までの実績は着手を基準にした場合には計画の59％、竣工を基準にした場合には計画の62％に過ぎなかった。また「耕種並に施肥の方法幼稚なるが為増収予定に達せざる等実行上諸種の障碍を来し、事業の進展予期の如くならざるものあ」[5]り、1926年にその計画を更新し、「産米増殖更新計画」をたてることになる。産米増殖更新計画は、それ以前の産米増殖計画の失敗を手本として土地改良事業に対する様々な新しい支援を実施することになる。すなわち、「大正十五年〔1926年〕本計画を更新し、新に低利資金を斡旋供給して企業資金の円滑を図ると共に、総督府に土地改良部を新設して計画遂行の特殊機関たらしめ、一方事業代行の機関を創設して事業施行地の測量設計並に工事監督を周到にし、更に肥料増施計画を樹て販売肥料の施用を増加せしむると共に自給肥料の増殖其の他の農事改良を促し、以て事業の促進に資すること」になったのである。

　産米増殖更新計画と合わせて土地改良事業は比較的順調に推進することができたが、1929年世界大恐慌の発生は、結局産米増殖計画をこれ以上推進しがたくしてしまった。大恐慌は日本の米穀価格の暴落と日本農家経済の悪化などの問題を招いただけでなく、朝鮮でも農家経済は極度に悪化した。驚

4）　「土地改良基本調査」は1920年に産米増殖計画を樹立した頃、この事業の基礎となる基本調査の必要性が提起されて始められた。元来、1920年から5ヵ年計画で終える予定であったが、財政状況と行政整理などの事情によりその期間が10ヵ年計画に延長され1929年に完了した。この調査によって調査された土地改良可能地に関する情報は、1920年第1回から1928年第11回にいたるまで順番に公表された。そしてこの調査事業施行の結果、朝鮮で土地改良を施行しうる地区は1集団地200町歩以上のもの（甲号地区）が534ヵ所498,892町歩、200町歩未満のもの（乙号地区）が1,624ヵ所151,666町歩、合計地区総数2,158ヵ所、650,558町歩に達することが明らかになった。

5）　朝鮮総督府土地改良部『昭和六年度末現在　土地改良事業の実績』2頁。下の引用文も同様。

第5章　土地改良

いたことに、産米増殖計画が進行していた期間、朝鮮の自小作農が大挙没落して小作農になっただけでなく、1930年代になるとその状態は、いくら植民地経済とはいえどもこれ以上は耐えがたいほどのレベルにまで達するようになった。朝鮮総督府は窮民救済事業を通じて都市と農村の貧民層に労賃をばらまく一方、農村振興運動を始めることになり、1934年には結局産米増殖計画の中断を宣言することになる。

　このように中断されていた産米増殖計画は、日中戦争以後、米穀の重要性が再び台頭し、1939年に史上類例のない大干魃に南鮮地方が襲われるなか、1940年に「朝鮮増米計画」として再び続けられることになる。1939年の大干魃は、本当に大変なものであった。朝鮮の米穀栽培面積は大きな起伏なしに漸増する様相をみせてきたが、1939年の米穀栽培面積は123万町歩で1938年の166万町歩より25.6％も少なかった。米穀を栽培した水田でも干魃の被害が深刻であったため、生産量の減少は一層ひどく、1938年2413万石から1939年1436万石と40.5％も激減したのである。干魃の被害は全羅北道と慶尚北道では生産量の減少が73％にも達するなど、南朝鮮地域はほぼ焦土化した。その一方で、北朝鮮地域では栽培面積の減少が最もひどかった平安南道の減少率が5％に過ぎず、咸鏡南道と咸鏡北道の場合には生産量が前年に比べて40％ほど増加することもあった[6]。

　1939年の大干魃は産米増殖更新計画の中断以来、朝鮮の米穀増産政策に対して消極的でしかなかった日本当局の態度を変える契機の1つとなり、1940年から「朝鮮増米計画」という名で米穀増産計画が再び推進されはじめた。そして従前の旱害対策事業はこの朝鮮増米計画が始まるや途中から修正され、相当部分が朝鮮増米計画に吸収され、規模が顕著に縮小される。また1941年からは朝鮮増米計画に完全に統合され、事業自体が消滅してしまう。

　現在まで略述したように、朝鮮で米穀増産のための産米増殖計画が実施され、土地改良事業がその核心的な事業になるに従い、土地改良事業予算も1920年から本格的に増加しはじめた。産米増殖更新計画がはじまる1926年

---

[6]　朝鮮総督府『統計年報』1938年版および1939年版。

からは、低利資金融資も加わるようになる。しかし1930年代になると、先に説明した様々な理由で産米増殖計画は計画通りに推進できなかった。低利資金融資額は1930年を契機に急減しはじめ、1934年以後には国庫補助金も減少しはじめた。国庫補助金は1939年の大干魃を契機に増加したが1940年朝鮮増米計画の始まりとともに再び本格的に支出され、1940年からは低利資金融資額も急増しはじめる。

第2節　開墾、干拓および地目変換

(1) 干拓

　先の〈図5-1〉で見たように、土地改良事業の中には耕地面積自体を変化させるものとして開墾と干拓があった。地目変換は全体の耕地面積を変化させるものではないが、主に畑を水田に変換させて水田面積を拡大させる方向で行われた。

　大韓帝国では1907年に「国有未墾地利用法」を公布し、国有未墾地を開墾するか干拓しようとする場合には政府の許可を受けなければならない、と規定した。「国有未墾地利用法」の発布以前に未墾地利用の許可を受け継続して有効であったものに対しては、認証を与えることでその効力の存続を認定することとした。その当時、認証を受けたものは24件3686.1町歩であった。その中で後に事業の成功によって土地の付与を受けたものが5件、13.4町歩で、土地が払い下げられたものは1件、0.3町歩であった[7]。「国有未墾地利用法」は開墾と干拓を区別せずにどちらも対象としていたが、1924年

---

7)　朝鮮総督府殖産局『朝鮮の灌漑及開墾事業』1922年、33頁。「国有未墾地利用法発布以後に内外人の利用許可を請願したものが1800件で面積が118,752町歩だが、審査後に許可されたものが155件でその他既得権認許を受けたものまで合わせると許可総数は199件でその面積が13,072町だという」『大韓毎日申報』1910年1月18日付け。

「朝鮮公有水面埋立令」が公布されるなか、干拓はこの法令の適用を受けるようになる。

　国有未墾地の開墾や干拓を望む人は、国家に貸付許可申請書を提出し、適切な審査を通じて貸付許可を受けることになる。貸付期間の間、貸付を受けた者は一定の使用料を払いつつ未墾地を開発することになるが、原則的に10カ年を超えることはできないようになっていた。貸付を受けた者が予定した事業を成功させた場合は、農商工部大臣はその貸付を受けた者に対してその土地を払い下げ、または付与することになる。ほとんどの貸付と払い下げ、または付与は、朝鮮総督府の官報を通じて公示された。

　林采成は朝鮮総督府官報で干拓に関する公告を全て集め、日帝時代の干拓事業の展開過程を体系的に整理した[8]。彼の研究結果は〈図5-3〉で見られるように、朝鮮総督府が公式に発表した集計資料と若干異なるが、大きな差はない。この研究を通じて、1917年以前に、そして1942年以後の干拓面積の変化もわかるようになった。干拓による耕地の拡大は1928～1940年の間に主に行われ、解放当時まで干拓による耕地面積の増加は約5～6万町歩程度であったということがわかる。

　〈図5-3〉が竣工を基準として作成したものであるなら、〈図5-4〉は免許を基準にしたもので、ここでは干拓に対する関心の変化を垣間見ることができる。朴錫斗は日帝時代の干拓事業を産米増殖計画の一環として見たため、1920年代以後に本格的に実施されたと考えた[9]。〈図5-3〉の「当年」竣工面積を見ると、1928～1940年に竣工されたものがほとんどであった。干拓事業というものはほとんど防潮堤や閘門施設などの築造と除塩作業のための期間が所要されるため、着工から竣工に至る工事期間が長くならざるをえない。したがって、1928～1940年に竣工された干拓地は1920年代の産米増殖（更新）計画期間に始まったものと見ても、大きな間違いではないであろう。しかし〈図5-4〉を見ると、免許件数は1920年代よりは1910年代にはるかに

---

[8] 林采成『植民地朝鮮における干拓事業に関する研究－韓国人の能動的参与と成長－』ソウル大学校経済学修士学位論文、1995年。
[9] 朴錫斗『民間所有于大規模干拓農地の所有および利用実態に関する調査研究』韓国農村経済研究院研究報告、195、1989年。

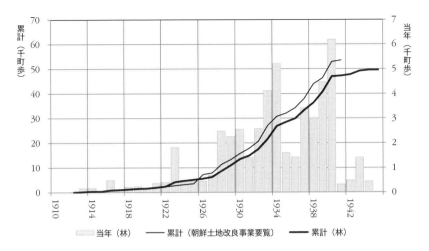

〈図5-3〉干拓による耕地の拡大（竣工基準）
〈資料〉林采成の付表3（120頁）および『朝鮮土地改良事業要覧』各年度版（農業を目的にした公有水面処分表）から作成した。（林）は林采成によって整理された資料であることを意味する。

多く、免許面積も1918〜1921年の間に頂点に達する。もちろん、この免許の相当部分は実際に干拓にまで至らない虚数であったが、朝鮮の未墾地に対する日帝、あるいは日本人らの関心は、産米増殖計画以前から高まっていたことがわかる。要するに、干拓に対する関心は産米増殖計画以前から高まっていたが、朝鮮総督府の補助などによってそれらが実際に干拓事業に繋がりはじめたのは、産米増殖計画期間であったと見られるのである。しかし、干拓事業というものは工事期間が長いため、干拓によって耕地面積が実際に増加する時期は1930年代であった。

このような干拓事業の変化と密接に関係するのが防潮堤工事である。あらゆる防潮堤が干拓を前提にしているのではないが、干拓をするためには防潮堤工事が必須である。〈図5-5〉は2010年現在南韓に存在する防潮堤をその着工年度別に長さ（延長）を合算したものである。もちろん過去に築造された防潮堤がなくなった場合もあるが、貯水池のような他の水利施設とは異なり、中間で無くなる場合はそれほど多くないため、この図が各年度別に防潮堤延長をかなりの程度反映していると見てもよいであろう。こうした限界を念頭に置きつつ、この図で見ると、防潮堤の延長は1920年から1930年代

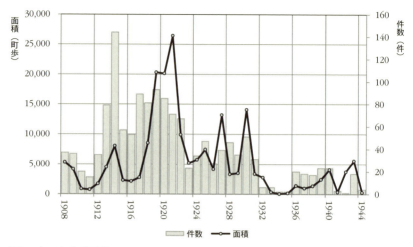

〈図 5-4〉干拓免許件数と面積
〈資料〉林采成、前掲論文の付表から作成。

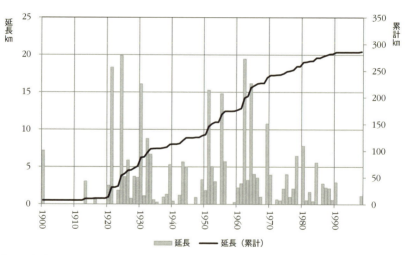

〈図 5-5〉韓国の防潮堤延長累計（着工年度基準、単位＝ km）
〈資料〉韓国農漁村公社ホームページ（http://rims.ekr.or.kr/facinfo/facList.aspx、農業基盤施設、施設物情報）でも見られる。しかし資料の量があまりに膨大であるため、本書では韓国農漁村公社からもう少し細かいデータまで含む資料をエクセルファイルの形態で受け取り、分析に使用した。

初めまで急増している。日帝時代に築造された防潮堤のほとんどがこの期間に築造されたということが明らかとみえる。これは干拓事業もこの期間に最も活発に行われたということを意味するものでもある。解放後は1950年代と1960年代に活発になり、1970年代以後には大きな変化はない。最近では干潟の重要性がクローズアップされつつある中、干拓に対する考えも大きく変わっている。

(2) 開墾

『朝鮮土地改良事業要覧』では1918年以後の公有水面埋立令によって免許を受け竣工した干拓地面積に関する統計のみならず、国有未墾地開墾面積に関する統計がある。1917年についてはそれ以前の年度の累計値もある。しかし、この資料では1917年までの毎年度別の干拓と開墾面積はわからない。

干拓と開墾に関する朝鮮総督府のもう1つの統計系列は、朝鮮総督府『統計年報』に収録されている「国有未墾地付与および払い下げ」面積である。この統計により1910年から公有水面埋立令が公布される直前である1923年までの開墾と干拓の合算面積が与えられる。後に再び確認するが、この統計は毎年度別に新たに竣工された開墾と干拓面積ではなく、それ以前からその年までに行われた面積を合算した累計である。

〈図5-6〉は、朝鮮総督府『統計年報』の国有未墾地付与および払い下げ統計を累計合算統計とみなし、『朝鮮土地改良事業要覧』の累年合算統計と比較したものである。

この図で「合計（要覧）」と「未墾地（統計年報）」の曲線で両者が重なる区間を見ると、1917年～1921年の5年間にはその面積が事実上一致している[10]。『朝鮮土地改良事業要覧』では干拓に関する統計と開墾に関する統計が別々に区分され提示されているが、それを合算した面積が朝鮮総督府『統計年報』の国有未墾地面積とほぼ一致しているのである。また、〈図5-6〉の

---

10) 1922年と1923年に両者間に相当な差が発生するが、その理由はよくわからなかった。

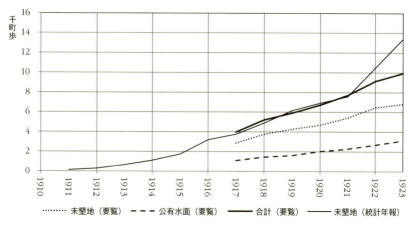

〈図5-6〉朝鮮総督府『統計年報』と『朝鮮土地改良事業要覧』の国有未墾地統計比較
〈注〉凡例の「要覧」は『朝鮮土地改良事業要覧』を、「統計年報」は朝鮮総督府の『統計年報』をそれぞれ意味する。
〈資料〉『朝鮮土地改良事業要覧』および朝鮮総督府『統計年報』の該当年度版から作成。

『朝鮮土地改良事業要覧』の干拓面積と開墾面積は、累年合算統計であるため、朝鮮総督府『統計年報』の国有未墾地統計というものも累年合算統計であることがわかる。また『朝鮮土地改良事業要覧』の統計が竣工を基準とするものであるため、朝鮮総督府『統計年報』の国有未墾地統計も竣工を基準とする面積であることがわかるようになった。

このように朝鮮総督府『統計年報』の国有未墾地統計の属性がわかるようになったことで、〈図5-7〉の1911～1916年の間の干拓面積と開墾面積も相当の正確さで推計することができるようになる。すなわち、1916年までの干拓面積は林采成の研究によって毎年度別に明らかになっているため、『朝鮮総督府統計年報』の国有未墾地面積から干拓地面積を引いてやれば、それがまさに開墾面積となるのである。推計結果は〈図5-7〉の通りである。

(3) 地目変換

地目変換（日帝時代には畑を水田に転換させるのが大部分であった）統計もやはり、『朝鮮土地改良要覧』からその面積を求めることができるが、残念な

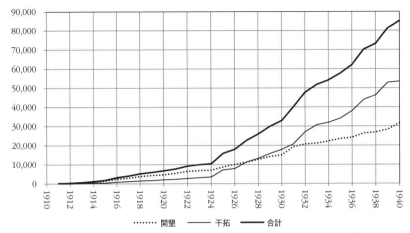

〈図 5-7〉日帝時代朝鮮の開墾面積と干拓面積　（累年合算面積　単位：町歩）
〈資料〉本書の〈付表1〉から作成した。

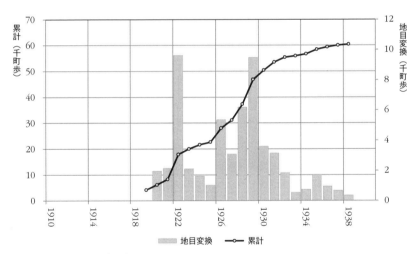

〈図 5-8〉地目変換面積の変化
〈資料〉『朝鮮土地改良事業要覧』の該当年度版から作成。

がら1918年までの統計はない。しかし、1919年まで行われた地目変換の累計が4116町歩で、それは〈図5-8〉で見られるようにその後の時期に比べて非常に少ない面積であった。したがって、毎年の地目変換面積はわからないが、その面積がとても広いというわけではなく、1918年まで非常に緩慢

に増加したことは充分に推測しうる。1938年までの累計面積は、約6万町歩であった。

第3節　灌漑改善

(1) 灌漑面積の変化

　朝鮮で土地改良事業が展開するなか灌漑面積が増加することになる[11]。しかし、この灌漑面積の変化をきちんと整理した研究はいまだないようである。日帝時代に灌漑面積はどのように変わっていったのだろうか？

　日帝時代の灌漑面積に関する統計は、大きく2つある。どちらも朝鮮総督府の資料であるが、『朝鮮河川調査書』には1910～1927年の間の資料があり、『朝鮮土地改良事業要覧』には1925～1943年の間の資料がある。問題は、これら2つの資料は記載様式が異なり合わせるのはむずかしい、という点である。

　『朝鮮河川調査書』の灌漑面積資料には、水利組合、在来の堰堤・洑、認可事業などの項目別に灌漑面積統計が入っているが[12]、『朝鮮土地改良事業要覧』では堰堤、洑、揚水機、その他などの項目別に統計が出てくる。『朝鮮河川調査書』の水利組合には、堰堤と洑によって灌漑された面積だけでなく、揚水機による灌漑面積も含まれているため、比較のために『朝鮮土地改良事

---

11) 米穀増産のためには灌漑改善が何より重要だということは、すでに周知の事実であった。例えば、1910年勧業模範場では麗妓山南側の麓の水田4,912反歩を購入して、そのうち200坪に貯水池を設置した。貯水池の新設以後の平均生産量は3.01俵で、前年に比べて7.5倍増収されたという。そのため「小規模の貯水池たりとも個人の力之れを能くするに於ては速かに之れが計画を立て灌漑の利を全ふするを図るは目下の急務なるべし」とした。朝鮮総督府勧業模範場『朝鮮総督府勧業模範場報告』第5号、1911年、22頁。水利組合の場合でも設置以前と以後に反歩当たりの生産量に大きな違いが生じるのは、主に灌漑施設の拡充によるものである。

12) 朝鮮総督府『朝鮮河川調査書』第1巻、409−410頁。

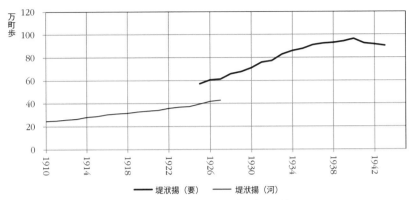

〈図 5-9〉堰堤、洑、揚水機による灌漑面積の変化（単位：町歩）
〈注〉1925～1943 年の間は堰堤、洑、揚水機、その他などの灌漑類型別面積がわかる。しかし、この図では 1910～1927 年の間の統計系列と比較するため、堰堤と洑および揚水機によって灌漑された面積を合算した線のみを描き入れた。「堰洑揚」は堰堤＋洑＋揚水機による灌漑面積の合計を意味し、(要)は『朝鮮土地改良事業要覧』を、(河) は『朝鮮河川調査書』をそれぞれ意味する。
〈資料〉1910～1927:『朝鮮河川調査書』第 1 巻、409－410 頁。1925～1940:『朝鮮土地改良事業要覧』1931 年、1934 年、1939 年、1940 年版。1941～1943: 朝鮮銀行調査部『朝鮮経済年報』1948 年版、I-40 頁。

業要覧』の資料でも堰堤、洑、揚水機を合算した面積を出し、互いに比較してみると〈図 5-9〉のようになる。

　1925～1927 年の間に両者が重なる区間があるが、この区間で 2 つの曲線はほぼ平行である。『朝鮮河川調査書』の灌漑面積が『朝鮮土地改良事業要覧』より過小評価されているのが明らかに見てとれる。おそらく『朝鮮河川調査書』の調査が不完全であったことが、両者間の格差発生の原因であったと思われる。だとすると、1910～1924 年の曲線を 1925 年の両者間の格差、すなわち 17 万 7917 町歩分だけ平行に上に移動させれば、同一の基準の下に堰堤、洑、揚水機による灌漑面積を推計することができるであろう（〈図 5-10〉参照）。

　『朝鮮土地改良事業要覧』には堰堤、洑、揚水機による灌漑面積以外に「その他」の灌漑施設による灌漑面積統計も出ている。この「その他」の灌漑施設には、井戸によるもの、地下水または湧水利用によるもの、浦江（水田の一部を掘削貯水してその水田の専用灌漑に充当するもの）によるもの、貯水畓によるもの、人力揚水施設によるもの、などが含まれる。この「その他」

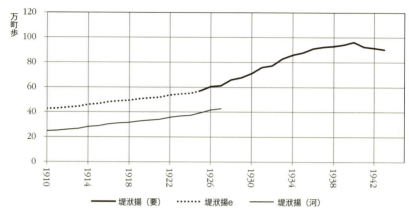

〈図5-10〉1910～1924年の間の堰堤、洑、揚水機による灌漑面積補正（単位：町歩）
〈注〉および〈資料〉：〈図5-9〉と同じ。

による灌漑面積は『朝鮮河川調査書』の資料には含まれていないものと判断される。したがって、今回は1910～1924年の間の灌漑面積統計にこの「その他」を推定して追加しておくことにする。

〈図5-11〉で見られるように、「その他」の方法による灌漑面積は1925～1934年の間、すなわち産米増殖更新計画期間には相当急速に増加したが、その後にはほとんど停滞する。1920～1925年の間の産米増殖計画期間にも、産米増殖更新計画期間と同じ速度で「その他」による灌漑面積が増加し、1910～1919年の間には1920年の格差がそのまま維持されたと仮定して1910～1925年の間の「その他」による灌漑面積を推計すると、〈図5-11〉の「その他e」の通りになる。

これまで1910～1924年の間の灌漑面積を追加で推計して入れることで、一貫した基準のもとで1910～1943年の間の灌漑面積の変化がわかるようになった。もちろん、相当大胆な仮定を導入したため、この推計が確実であると断言しがたいが、元来の資料をそのまま使用するよりははるかに事実に近いことは明らかだと考える。

今度は、このように補正した灌漑面積が持つ意味について見てみよう。補正の土台となった『朝鮮土地改良事業要覧』の統計について、1931年版の場合、灌漑面積について次のように注記している。

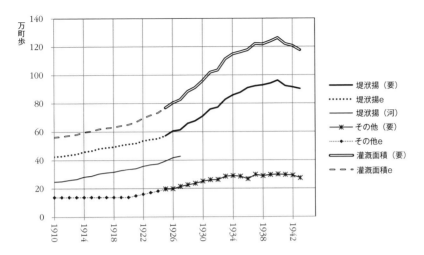

〈図 5-11〉1910〜1943 年の灌漑面積
〈注〉「堤洑揚」は堰堤＋洑＋揚水機を意味し、（要）は『朝鮮土地改良事業要覧』を、（河）は『朝鮮河川調査書』、e は推計をそれぞれ意味する。
〈資料〉〈図 5-9〉と同じ。

　本表は補助事業如何を問わず灌漑施設を持つ（設備不完全なものを含む）水田の面積およびその灌漑方法を表示したもので、水利組合によらないものの総面積 85 万 8101.8 町歩のうち完全な施設を有するものはその半分にも満たない。

　要するに、灌漑面積には灌漑施設が不完全なものもすべて含まれているが、水利組合の場合は設備が完全であるが水利組合でない場合は設備が不完全なものが半分を超えるという意味に解釈される。
　このように灌漑設備がどれだけ完全かどうかによって灌漑畓を区分する用語としては、「水利安全畓」と「水利不安全畓」がよく使われている。朝鮮総督府の統計では 1935 年から灌漑畓を水利安全畓と水利不安全畓に分けて提示している。朝鮮銀行の『朝鮮経済年報』1948 年版では水利安全畓を堰堤と洑、そして揚水機によって灌漑する面積と定義している。しかし、日帝時代の水利安全畓統計と日帝時代の堰堤＋洑＋揚水機による灌漑面積を比較

してみると、両者がそれぞれ異なるため、この定義は朝鮮総督府のそれとは別の便宜上のものであることがわかる[13]。『農業生産基盤整備事業統計年報』では水利施設物によって灌漑された水田を「水利畓」と呼んだ。そしてこの水利畓は再び旱魃頻度によって3年、5年、7年、10年以上に区分されるが、水利安全畓は旱魃頻度10年以上の旱害にも灌漑しうる水利畓であるとしている[14]。

灌漑面積に関する統計を読み込む場合、灌漑畓の概念に留意しなければならない。朝鮮総督府統計では、水利施設物によって灌漑された面積に対する統計とともに、1935年からは水利安全畓に関する統計も出てくる。〈図5-12〉は日帝時代と解放後の様々な灌漑概念によって灌漑比率を計算した結果を整理したものである。日帝時代の水利安全畓の割合は、解放後の水利畓の割合よりも高い。1935～1940年の間の統計と2010年の統計を土台に水利安全畓の割合を出して比較してみると、1935～40年の間の洑による灌漑面積の84.1～90.2％が水利安全畓として把握されているが、2010年には46.4％に過ぎなかった。貯水池の場合には、91.3～94.1％に比べ86.8％で、揚水機の場合には92.0～97.3％に比べ60.0％であった。日帝時代の水利安全畓の基準が、10年旱魃頻度を基準とする今日の水利安全畓の基準に比べて、はるかに厳格でなかったため、水利安全畓の統計は今日の基準から見ると相当過大評価されていたのである。

日帝時代の水利安全畓の割合は朝鮮全体に対するものであるが、そのうち

---

13) 関係設備の種類別水利安全畓と水利不安全畓の割合は、次の通りである。

年度	堰堤		洑		揚水機		その他	
	安全	不安全	安全	不安全	安全	不安全	安全	不安全
1935	91.3	8.7	84.1	15.9	92.0	8.0	0.4	99.6
1938	93.0	7.0	86.8	13.2	97.7	2.3	0.1	99.9
1940	94.1	5.9	90.2	9.8	97.3	2.7	0.1	99.9

〈資料〉『朝鮮の農業』1936年版、12頁；1940年版、22頁；1942年版、26-27頁から作成した。その他の場合はほとんどが水利不安全畓で、堰堤と洑および揚水機は水利安全畓の割合が桁外れに高い。したがって、概略的には朝鮮銀行のように分類してもそれほど間違いではないであろう。

14) 例えば、2005年の場合、水利畓の割合は78.5％であるが、10年頻度以上の旱害に堪えうる水田は水田面積全体の44％程度に過ぎない。

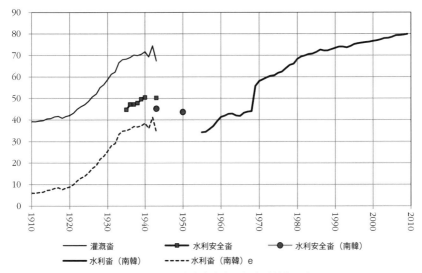

〈図5-12〉耕地面積に対する灌漑畓と水利安全畓の割合（単位：％）
〈注〉1943年と1950年の水畓（南韓）は、水利安全畓の概念である。1943年および1950年の南韓の水利安全畓の割合は、この概念によるものと思われる。ただし、1943年の南韓の割合は京畿、忠南北、全南北、慶南北、江原1/2を南韓と見なして南北分割した。
〈資料〉1925～1943年：朝鮮総督府『朝鮮土地改良事業要覧』各年度版。1943年：近藤釰一『太平洋戦争下の朝鮮（4）』132頁から計算。1950年：農地改良組合連合会『農組連合会10年史関係資料集』1989年、138頁。1955～2007年：農漁村振興公社『農業生産基盤整備事業統計年報』各年度版、土地改良組合連合会『土地改良事業統計年報』各年度版。

1943年については道別統計を基準に南北分割をしている。南韓は相対的に水利施設がより不安全であったことを意味する。解放後である1950年にも水利安全畓という統計があるが、1943年の南韓の割合とそれほど違わない。であるが、1955年の水畓の割合よりは約10％ポイントほど高い。このような差が生じる理由については、もう少し見てみる必要があるが、ともあれ日帝時代の灌漑畓面積というものが現在の水畓の基準からすると、2倍ほど過大評価されていることは明らかである。また図を見ると、日帝時代の灌漑畓の割合は1942年に72.6％とピークに到達する。すなわち、1942年に朝鮮全体の畓の70.5％が灌漑施設によって灌漑された畓であったということである。1943年の場合には、灌漑畓の割合が若干下がり67.4％となる。しかし、そのうち一部は水利不安全畓であるため、水利安全畓の割合はもう少し

低い50.2％だったという。そして南韓の場合についてのみ水利安全畓の割合を見てみると、45.2％ともう少し低くなる。『朝鮮経済年報』では1943年の南韓の水利安全畓に関する統計が出てくるが、そこでは45.2％としている。一方、解放後の1950年については農地改良組合連合会で推算した水利安全畓の割合があるが、43.6％とあり、1943年とほぼ似ている。1955年以後には水利畓という概念で最近に至るまで灌漑面積に関する統計が出されているが、1955年の割合は1950年の水利安全畓に比べると顕著に低くなる。1955年時点で南韓の水利畓の割合は1950年の水利安全畓の割合より相当低い所から始まっている点は、注目に値する。水利畓（南韓）eは、解放後と解放以前の基準を一致させるために、1943年の灌漑畓の割合と1955年の水利畓の割合の格差である33.2％ポイント分だけ灌漑畓曲線を下側に平行移動させて出した曲線である。機械的に処理したものではあるが、20世紀全体の変化を読み取るのに1つのガイドラインの役割をしうるものと考える。水利畓を基準に見る場合、2回の爆発的な拡張期を経ているが、1つは産米増殖（更新）計画期間である1920〜1933年の間で、もう1つは1968〜1980年の間であった。

　灌漑面積の変化に関するもう1つの統計資料は、韓国農漁村公社で調査した農業基盤施設、施設物情報である。この資料は、現存する農業基盤施設物についての情報であるため、過去の変化を読むのに制約が多い。しかし、現存設備がいつ作られたものなのかを見るのに有用である。2010年現在、南韓に存在する灌漑施設を着工年度を基準に類型別に整理してみると、〈図5-13〉のようになる。図を見るといくつかの特徴を読み取ることができる。第一に、1944年までに着工されたものは、現存灌漑施設の9.4％に過ぎず、90.6％は1945年以後に着工されたものであることがわかる。第二に、貯水池と吹入洑の割合が47.4％で依然として高いが、揚水場＋排水場＋揚排水場の割合がそれよりさらに大きくなり51.4％を占め、日帝時代に大きな割合を占めていた「その他」に属するものが1.2％ほどの割合で急減した。第三に、堰堤と洑の場合にも洑の割合が顕著に縮小され、貯水池の割合が大きくなった。先の〈図5-12〉で1955年の水利畓の割合が1950年の水利安全畓の割合よりも低くなっていることについて言及したことがあるが、現存灌

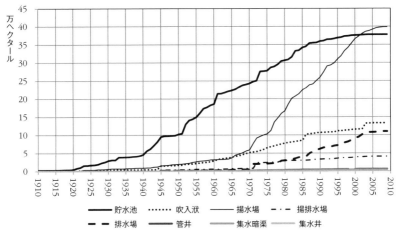

〈図 5-13〉2010 年現存灌漑施設の年度別受恵面積（着工年度基準）
〈注〉集水暗渠、集水井、管井による灌漑面積も含まれているが、この図ではほぼ見つけ出すことが難しいほどその面積は小さい。
〈資料〉〈図 5-5〉と同じ。

漑施設の構成を見ると、現在の水利畓というものが日帝時代の水利安全畓よりはるかに完全な水利施設であったことがわかる。換言すれば、日帝時代の灌漑畓面積、あるいは灌漑畓の割合というものは、今日の基準から見ると相当過大評価されたものであることがわかる。

　2010 年現在、韓国の水利施設の類型別灌漑面積の割合を計算してみると、〈表 5-1〉の通りである。管井、集水暗渠、集水井の割合が非常に小さい。そのため〈図 5-13〉ではこれらの灌漑施設に関する曲線がよく見えない。受恵面積を基準にする場合、貯水池と吹入洑が 47.4％であるが、そのうち吹入洑の割合は 12.4％とかなり低い。その反面、揚水場、排水場、揚排水場の割合は 51.4％にもなる。日帝時代に揚水場、排水場、揚排水場などによる灌漑面積はほとんど無視してもよいくらいに低い割合を占めていたことと比較してみると、膨大な変化だと言える。

　一方、旱魃頻度 10 年以上の灌漑施設によって灌漑されたものを水利安全畓とみなした場合、2010 年現在の灌漑施設別水利安全畓の割合は〈図 5-14〉の通りである。貯水池と揚水場および揚排水場の場合にその割合が 50％を超え、残りは合わせて 50％以下の割合である。特に排水場、集水暗

〈表5-1〉2010年現在の類型別灌漑面積

類型	構成比	類型	構成比	類型	構成比
貯水池	35.0%	排水場	10.2%	管井	0.5%
吹入洑	12.4%	揚排水場	3.8%	集水暗渠	0.6%
		揚水場	37.4%	集水井	0.1%
小計	47.4%	小計	51.4%	小計	1.2%

〈資料〉〈図5-5〉と同じ。

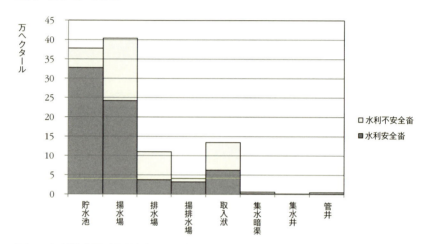

〈図5-14〉灌漑施設別水利安全畓別受恵面積（2010年現在）
〈資料〉韓国農漁村公社のホームページ（http://rims.ekr.or.kr/facinfo/faclist.aspx）、農業基盤施設、施設物情報により作成。

渠、集水井、管井などは、水利不安定畓に属するものが多い。

(2) 堰堤と洑の修築事業

　これまでは日帝時代全体を通じて灌漑面積がどのように変わっていったのかに焦点を絞って検討した。このうち、1910年代の最も代表的な灌漑改善政策であった「堰堤と洑の修築事業」について、もう少し詳しく検討してみることにしよう。

　「堤堰洑ノ修築ニ關スル通牒」は1909年に示達されたが、奎章閣所蔵文

書によると、少なくとも1907年以前からこの事業が計画されていたことは確実である[15]。この事業は1909年から実施されたが、その内容は農民を勧誘指導して灌漑施設の修築に従事させ、政府はその工事に必要な資材を補助する方式で堰堤と洑の修築を奨励するというものであった。1918年に完了したこの事業には、合計82万6000円の国庫補助が投入され、5万町歩の灌漑面積を持つ1937カ所の堰堤と洑が修築された[16]。

現在知られている所では、この事業が終了する1918年までの毎年度別の堰堤と洑の修築実績は、〈表5-2〉の通りであると言う。修築事業は1909年からはじまったが、1912年から本格化し、1917年まで毎年6〜7000町歩が修築された。

1910年代にはこの堰堤と洑の修築事業以外にも、水利組合による灌漑施設の拡充および官庁の認可を受けた個人事業者による灌漑施設の拡充も行われた。1918年までの朝鮮の灌漑施設拡充結果は、〈表5-3〉の通りである。

この表を見ると、1918年現在朝鮮に存在していた灌漑施設34万1200町歩のうち、「在来の堰堤と洑によるもの」が23万8900町歩と全体の70%を占めており、朝鮮総督府の補助によって修築されたものは5万1800町歩で15.2%、水利組合によるものは4万2300町歩で全体の12.4%程度であった。要するに、1918年までさえも朝鮮王朝時代から続いてきたものと、それを修築した灌漑施設が灌漑面積基準で85.2%を占めており、日帝時代に入って新規に拡充された灌漑施設は14.8%に過ぎなかった。土地改良に対する朝鮮総督府の支援は、1919年までは皆無と言っても過言ではないほど、少なかったのである。

---

[15] 「各府郡来牒」奎19146第11冊、高宗32年－光武11年。「各道の堰堤修築の件に関しては、すでに本農商工部で各観察使に訓飭していた事案であるが、貴経理院で所管している堰畓がどの郡にあり、毎1處の斗落および公納数爻がどれだけなのか、詳細に知らせてくれれば農商工部ではその利害便否によって堰堤を修築するようにするだろう、これにより農業も振興させて各蒙利畓主をして経理院の応税を替納するようにするであろう」、という内容である。

[16] 朝鮮総督府殖産局編『朝鮮の灌漑及開墾事業』1922年、7－8頁。1909〜18年の10年間に実施されたこの事業に投入された国家補助額は、年平均83000円程度であったが、この金額は1911年朝鮮総督府予算額の0.18%に当たるもので、またこの事業を通じて修築された堰堤と洑の灌漑面積は、約5万町歩であるが、その面積は1918年朝鮮全体の水田面積の3.3%に該当するものであった。この事業の効果が非常に制限的であったことを意味する。

〈表5-2〉堰堤・洑の年度別修築実績

	修築カ所数	灌漑面積（町歩）	増収量（石）	国庫補助額（円）
1909	10	316.0	121.4	1,000
1910				500
1911	65	3,363.0	1,039.0	13,727
1912	275	6,452.4	1,577.0	70,800
1913	318	6,449.6	2,175.9	90,000
1914	390	7,840.1	2,146.8	140,000
1915	386	7,041.3	1,624.6	140,000
1916	198	7,533.7	1,732.8	140,000
1917	203	6,832.0	1,708.0	140,000
1918	92	4,583.6	1,714.9	90,000
合計	1,937	50,411.7	13,840.3	826,027

〈注〉修築された堰堤と洑の灌漑面積は、1922年に51,800町歩だとしており、1919～1922年の間に1,388町歩が追加でさらに修築されたことがわかる。ただし、この修築は国家補助なしの修築である。
〈資料〉朝鮮総督府殖産局編『朝鮮の灌漑及開墾事業』1922年、7-8頁。

〈表5-3〉1918年現在朝鮮の灌漑施設

灌漑施設の種類	面積（町歩）	構成比
在来の堰堤と洑によるもの	238,900	70.0%
補助を受けて修築された堰堤と洑によるもの	51,800	15.2%
水利組合によるもの	42,300	12.4%
官の認可を受けて個人によって経営される事業によるもの	8,200	2.4%
合計	341,200	100.00

〈資料〉朝鮮総督府殖産局編『朝鮮の灌漑及開墾事業』1922年、14頁。

　1918年以前の統計は、その当時のあらゆる統計がそうであったように、一度は正確さ如何に対する検討が先行しなければならない。果たして、堰堤と洑の修築に関する統計は、どの程度信頼できるのであろうか？
　〈表5-4〉は、1914～1919年の間の堰堤と洑の数字に関する統計から持ってきたが、原本の統計によると、1915～1919年の間には数字の変化がない。数字の変化は、1914年と1915年の間でのみ起こっている。すなわち、1914年と1915年の間に堰堤の数は3796カ所から6384カ所に急増しており、洑の数も9507カ所から2万707カ所とやはり爆発的に増加している。道別内訳、特に平安北道の場合には1年間に堰堤の数が66カ所から2589カ所に増加している。1914年と1915年のたった1年間に堰堤と洑の数字がこの

〈表5-4〉堰堤と洑の数の変化（単位：個）

	堰堤		洑	
	1914	1915	1914	1915
京畿	155	80	1,074	1,215
忠北	95	122	690	687
忠南	313	355	529	612
全北	516	513	766	1,784
全南	362	397	726	6,997
慶北	1,817	1,793	1,902	1,902
慶南	228	221	798	803
黄海	145	40	456	1,118
平南	21	7	147	373
平北	66	2,589	528	850
江原	56	241	1,545	3,873
咸南	21	19	180	298
咸北	1	7	166	195
計	3,796	6,384	9,507	20,707

〈注〉1915～1919年の堰堤と洑の数字はすべて同一である。1913年までの統計は知られていない。
〈資料〉朝鮮総督府『統計年報』各年度版の「堰堤及洑」表から作成。

ように急増するのはあり得ないため、1914年以前の堰堤と洑の把握が不完全であったものと考えるのが正しいであろう。朝鮮総督府の初期統計の問題点は、堰堤と洑の数字の統計にも現れている。堰堤と洑の数字を数えるのにも、この程度の差があったとすると、該当水利施設の受恵規模に関する情報は、より一層不正確であったのは推測に難くない。

そうであるとすれば、堰堤と洑の修築事業を通じて行われた修築というものは、どのようなものであったのだろうか？　朝鮮総督府『全羅北道統計年報』1914～1916年版には「堰堤と洑の修築に関する通牒」に依拠して朝鮮総督府の補助金の支援を受けて行われたそれぞれの堰堤の修築に関するもう少し詳しい資料が収録されている[17]。1914年版に修築された堰堤のうちの1つである金伊堤について見てみよう。この修築工事は1914年10月1日に着手され、5日後である10月5日に竣工し、必要な労働力は賦役の形態で

---

[17] 1914年に93個の堰堤、1915年に109個の堰堤、1916年に21個の堰堤、したがって1914～1916年に合計223個の堰堤に対する修築が行われた。それ以前と以後には個別堰堤に関する資料がない。この時期には全羅北道以外の他のいくつかの道で発刊された統計年報がある。

調達された。工事内訳は直径 18.2cm の穴がある長さ 4.7m の竪樋 1 つと、内側の直径が 24.2cm で長さ 15.8m の土管形態の伏樋を 1 つ設置し、底面の長さが 2.6m で高さが 60.6cm で斜面の傾きが 25% である溢流堰を修築し、1819 ㎥ の土で堤防を盛土して堰堤の底から 757 ㎥ の土砂を浚渫した後、堤塘を保護するために堤防の斜面に 287 坪（張芝および筋芝の合算面積）の茅草をかぶせるというものであった[18]。この金伊堤を修築するのかかった期間は全部合わせて 5 日で、工事に必要な労働力は受恵地域民らの賦役によって調達しており、さらに修築内訳も浚渫を中心に在来のものを補修するものであった。

このように簡単な工事であったのにもかかわらず、工事結果には大きな変化が発生したと記録されている。すなわち、修築前の堤内面積が 1.81 町歩、水量は 7.058 ㎥ でその灌漑面積は 1.96 町歩だったものが、5 日間の修築後には堤内面積が 3.57 町歩に、水量は 4 万 568 ㎥ に、そして灌漑面積は 11.2 町歩にと大幅に増加したのである。

これまで金伊堤という 1 つの堰堤について事例を挙げて見ていたが、全羅北道の『統計年報』には 1914〜1916 年の間に修築された 223 個の堰堤それぞれについて、こうした情報が記録されている。工事内訳がだいたい似ているため、1914 年に修築された全羅北道金堤郡の堰堤のみ抜粋して平均を出すと、〈表 5-5〉のようになる。

原表では 19 個の堰堤それぞれについて取水方式、伏樋、溢流堰、堤塘、浚渫、その他、着工日および竣工日、そして修築前後の堤内面積、水量、蒙利面積の変化などについて記録してある。取水方式はどれも箱型竪樋型で、その穴の口径もすべて 18.2cm と同一であった。竪樋は 1〜2 個設置されたが、その長さは 2.5m 程度であった。伏樋は取水口から取水した水を堤外に流し送る管を言うが、堰堤当たり 1〜2 個設置されており、長さは 10.8m 程度、直径が 24.2cm 程度の土管であった。溢流堰は堤の一部の高さを少し

---

18) 竪樋とは、いくつかの穴を開けたパイプを垂直に設置し、貯水池の水位に合わせてこの穴を開閉することで貯水池の下の農土に灌漑用水を流し送る取水施設を言う。貯水池の堤の斜面に沿ってやや傾けて設置したものを斜樋という。規模が大きな貯水池の場合には、取水塔のようなものを設置するが、規模が小さい貯水池には竪樋あるいは斜樋を設置するのが普通であった。伏樋はこのように取水施設から取水した水を貯水池の外に送り出すために堤の下に設置したパイプを言う。

〈表5-5〉1914年全羅北道金堤郡で修築された19個の堰堤の工事内訳

区分		単位	平均
工事期間		日	4.7
竪樋	長さA	m	2.60
	長さB	m	2.52
	穴の口径	cm	18.2
	形式	箱型	
伏樋	長さA	m	10.8
	長さ	m	10.2
	内径	cm	24.2
	形式	土管	
溢流堰	底幅	m	2.66
	側面高さ	m	0.61
	斜面傾き	%	25
堤塘		m^3	956.5
浚渫		m^3	600.6
その他	張芝	坪	205.5
	筋芝	坪	150.4
堤内面積	修築前	町歩	3.7
	修築後	町歩	5.0
水量	修築前	m^3	19,664
	修築後	m^3	52,967
蒙利面積	修築前	町歩	5.3
	修築後	町歩	14.7

〈資料〉『全羅北道統計年報』1914年版から作成。

低くし、堤内の水が多すぎるようになると水が溢れ出るように作った堤の一部を言う。19個の堰堤はどれも石造の溢流堰に修築され、溢流堰の底幅は平均2.66m、側面の高さは平均61cmで、堤の斜面の傾きは25％（底辺と高さの比率は4：1）であった。そして堤の保護のために茅草で覆ったが、2つ（張芝と筋芝）を合わせて平均約363坪であった。先に事例として挙げた金伊堤とそれほど違わない。修築効果があったのは当然であるが、堤内面積と浚渫量を水量変化と比較してみると、修築効果は過大評価されたものと思われる。

一方、1916年に発刊された資料によると、朝鮮では在来堰堤が6384個あったが、そのうち修築が必要ないものが3397個で全体の53.2％に該当し、在来洑は2万707個であったがそのうち修築を不必要とするものが1万5431個と全体の74.5％に該当するとしている（〈表5-6〉参照）。先の〈表5-3〉と比較してみると、堰堤と洑の修築事業は修築が必要なものすべてと

〈表5-6〉堰堤と洑の総数および修築要不要の箇所数

	堰堤				洑			
	総数	修築必要	修築不必要	修築不必要の割合	総数	修築必要	修築不必要	修築不必要の割合
京畿	80	49	31	38.8	1,215	153	1062	87.4
忠北	122	110	12	9.8	687	624	63	9.2
忠南	355	214	141	39.7	612	547	65	10.6
全北	513	483	30	5.8	1,784	396	1,388	77.8
全南	397	360	37	9.3	6,997	642	6,355	90.8
慶北	1,793	1,237	556	31.0	1,902	632	1,270	66.8
慶南	221	221	0	0	803	578	225	28.0
黄海	40	40	0	0	1,118	1,101	17	1.5
平南	7	4	3	42.9	373	95	278	74.5
平北	2,589	237	2,352	90.8	850	213	637	74.9
江原	241	24	217	90.0	3,873	87	3,786	97.8
咸南	19	1	18	94.7	298	46	252	84.6
咸北	7	7	0	0	195	162	33	16.9
計	6,384	2,987	3,397	53.2	20,707	5,276	15,431	74.5

〈資料〉持地六三郎「治水と水利」『朝鮮彙報』1916年10月1日、11－12頁から作成。

修築が不必要なものの一部まで修築したことになる。1918年まで実施された堰堤と洑の修築事業は、この在来の堰堤と洑を元来の機能の通りに回復させる目的があったものと理解される。

第4節　耕地面積と栽培面積

耕地は水田（畓）と畑（田）を合わせた面積である。朝鮮総督府『統計年報』の耕地面積をグラフで描くと、〈図5-15〉のようになる。この図は非常に特異である。1918年を境にそれ以前とそれ以後の変化趨勢が画然と区別される。1918年が土地調査事業が完了した年だという点に注目する必要がある[19]。この土地調査事業は長期間にわたり近代的測量技法で朝鮮のあらゆ

---

19)『毎日申報』1918年11月3日付け記事によると、「朝鮮総督府臨時土地調査局では…2日正午

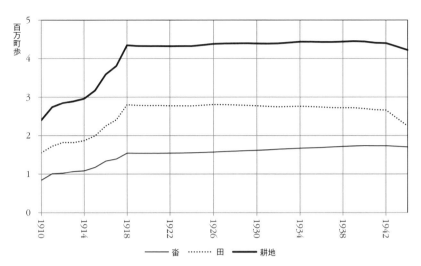

〈図 5-15〉朝鮮の耕地面積
〈資料〉1910～1943 年は朝鮮総督府『統計年報』、1944 年は『朝鮮経済年報』(1948)、1-38、39 頁（ただし、土地台帳登録耕地＋土地台帳未登録耕地）。

る耕地を測量した事業であり、この調査を通じて朝鮮の耕地面積はようやく正確に把握されうるようになった。このように土地調査事業が進行するなか、耕地面積が少しずつより正確に把握されていくに従い、統計上朝鮮の耕地面積も急増するようになったのである。朝鮮の耕地面積に関する統計は、この朝鮮総督府の統計以外には存在しない。しかし、だれであれ、1917 年までの耕地面積の統計を事実通りであると考え、そのまま使用することはないであろう。先に開墾と干拓による耕地面積の変化を検討したが、そこでも1917 年まで開墾と干拓による耕地面積の急増を説明しうるだけの特別な増加は発見されていない。従って、もう少し正確な耕地面積が必要な場合であれば、朝鮮総督府の統計をそのままではなく、何らかの方法で修正して使用しなければならない。もちろん、正確であり得ないかもしれないが、この場合最も合理的な修正方法は、1918 年以後のある時点までの趨勢線をその前に延長して使用することになるであろう。

　近代的測量によって耕地面積が増加する 1 つの事例として、東洋拓殖株式

から景福宮政勤殿内にて盛大な事業終了式を挙行」したとある。

会社（東拓）の場合を例に挙げてみよう。東拓は 1908 年資本金 1000 万円で設立されたが、旧韓国政府の出資部分は、土地（国有地）で現物出資された。東拓『第 2 期営業報告書』によると、旧韓国政府は第 1 回納入分として水田 1829 町歩と畑 604 町歩、合計 2433 町歩を出資したが、東拓が引き継いだ後に実測してみた結果、水田は 2856 町歩、畑は 887 町歩、合計 3743 町歩と平均 53.8％ もその面積が増加したと言う[20]。〈図 5-15〉で見た土地調査事業の期間の耕地面積増加のほとんとは、測量の正確性が高くなり生じたもので、実際の耕地面積の増加は別になかったと見てもよい。

一方、朝鮮総督府『統計年報』には「有税地面積」というまた異なる耕地面積統計がある。筆者は朝鮮総督府の米穀栽培面積統計が 1918 年以前にあまりに早く増加しすぎるため、初期になるほど過小評価される傾向があり、従ってそれを修正して使用しなければならないと主張してきた。金洛年や朴ソプのような植民地近代化論を主張する学者らも、この栽培面積については筆者と同様に、朝鮮総督府『統計年報』のデータを修正して使用してきた。李栄薫は、こうした修正が間違いであると批判しつつ、朝鮮総督府『統計年報』に収録された有税地面積統計をその根拠として提示した[21]。李栄薫の主張を引用しておこう。

> 総督府の補正統計によると、1910～1919 年の間に水稲作の栽培面積は 13.7％ 増加した。開墾は 1910 年に限ってその規模が知られているが、年間 1291 結であった（総督府『統計年報』）。これ以後にも毎年同じ規模の開墾があったなら、1916 年まで 7747 結の開墾があったことになる（1911 年の畓の結総は 52 万 1126 結）。道別有税地の水田と畑の面積が結負制で提示された 1910～1916 年に道別水田の絶対増加値は 3 万 3245 結、

---

[20] 『第 3 期～第 5 期営業報告書』でも、引き継ぎあるいは購入面積をその後実際に測量してみると、ほぼ 50％ を少し上回る面積の増加があったという。
[21] 耕地面積と栽培面積は違うものである。朝鮮では 1 年に 2 回稲作を行うことができないため、水田の面積は稲の栽培面積の上限となるであろう。しかし、田植えの頃にひどい日照りとなった場合には、水田に稲を植えられないために栽培面積は減少しうる。ただし、畑に稲を植える陸稲があり、稲の栽培面積は水田面積を多少上回ることもありうる。先の引用分で李栄薫が栽培面積の増加の理由として挙げている有税地面積とは、栽培面積ではなく耕地面積としての水田面積に関するものであるという点も注目する必要がある。

畑の絶対減少値は2万5786結である。畑の絶対減少値に上記の開墾地を足せば、水田の絶対増加値に該当する。これにより、結負制で表示された有税地統計が決して荒唐無稽なだけではないことがわかる。要するに、畑の水田への地目変換も少なくなかった。このようなやり方で結負制統計を利用した推計作業によると、1910〜1919年の間の水稲作栽培面積は10.7％増加したことになる。総督府の補正推計13.7％をすべて説明することはできない。しかし、総督府の補正推計をむやみやたらに却下できるとは思わない。繰り返すが、総督府の官吏は補正を行う具体的な根拠を持っていた。彼らが朝鮮王朝から引き継いだ郡別、道別、等級別の結総、彼らが新たに調査した郡別、道別、等級別面積、毎年行われる開墾と地目変更の実況ななどの統計などである。そうしたものを知らない後代の研究者が彼らの常識的期待値より高いからと言って、やたらと線形回帰の単純作業を通じて修正することではないと考える[22]。

まず論点を明確にしておこう。李栄薫は水稲作栽培面積の増加の理由として、開墾による耕地面積の増加と地目変換による水田面積の増加の2つを挙げている。この主張は2つとも、朝鮮総督府『統計年報』の有税地面積を土台にしているものであった。しかし、先に見たように、朝鮮総督府の開墾と干拓に関する統計を見ると、1910年代に李栄薫が考えたように耕地面積が大きく増加したわけではなかった。干拓による耕地面積の増加は1930年代に主になされ、開墾による耕地面積の増加と地目変換による水田面積の増加は、1920年代に主になされた。もし、こうした要因によって耕地面積が大幅に増加したとするなら、1910年代ではなく1920年代以後にならなければならないであろう。

次に朝鮮総督府『統計年報』の有税地面積統計を整理してみると、〈表5-7〉の通りになる。引用文を見ると、1911年の水田結総は52万1126結としているが、これは〈表5-7〉の1912年1月1日の水田結数と一致する。し

---

[22] 李栄薫「17世紀後半〜20世紀前半の水稲作土地生産性の長期趨勢」『韓国の歴史統計：マルサス世界から近代的経済成長へ』(落星台経済研究所学術大会発表文集)、2009年、52頁。

〈表 5-7〉有税地面積(単位:結)

	水田	畑	水田と畑	合計
1909 年 7 月 1 日	472,207.8	510,969.8	983,177.6	989,564.3
1910 年 7 月 1 日	490,509.8	504,400.9	994,910.7	1,016,307.4
1911 年 1 月 1 日	516,038.8	474,651.0	990,689.8	1,027,736.1
1912 年 1 月 1 日	521,126.5	470,019.1	991,145.6	1,038,974.0
1913 年 1 月 1 日	526,731.4	466,964.8	993,696.2	1,049,663.7
1914 年 3 月末	539,151.5	481,016.9	1,020,168.4	1,074,450.0
1915 年 1 月 1 日	541,677.6	479,582.3	1,021,259.9	1,075,324.7
1916 年 1 月 1 日	541,406.2	478,273.2	1,019,679.4	1,073,135.4
1917 年 1 月 1 日	541,257.1	478,251.8	1,019,508.9	1,072,376.7
1918 年 1 月 1 日	540,961.9	479,699.7	1,020,661.6	1,072,645.9

〈注〉合計は水田と畑以外に垈地〔宅地〕、池沼、社寺地などが含まれる。ただし、1909 年には垈地と池沼、1910 ~ 1914 年には池沼が含まれていない。またこの表の注釈によると、1914 年度以後には市街地税施行地の土地を含まないという。
〈資料〉朝鮮総督府『統計年報』1916 年版、2 頁および 1917 年版、2 頁から作成した。

たがってこれを 1911 年のものと見ても無謀ではないであろう。ともあれ、李栄薫が根拠に挙げているものが朝鮮総督府『統計年報』の有税地面積統計だということは明らかになった。しかし、1910 ~ 1916 年の間に水田面積が 3 万 3245 結増加し、畑面積が 2 万 5786 結減少したというのは、この統計では計算できない。1911 年 1 月 1 日を 1910 年とみなし、1917 年 1 月 1 日を 1916 年とみなしてその変化を計算すると、水田面積が 2 万 5218 結増加しただけでなく、畑面積も 3601 結増加する。1910 年 7 月 1 日を 1910 年とみなし、1917 年 1 月 1 日を 1916 年と見なしてその変化を計算すると、水田は 5 万 747 結増加し、畑は 2 万 6149 結減少する。畑の減少規模を基準にすると、後者のほうが近いと思われるが、この場合水田面積の増加で李栄薫とは相当の差が生じることになる。

　李栄薫は、この有税地面積統計というものは朝鮮総督府官吏が「朝鮮王朝から引き継いだ郡別、道別、等級別結総、彼らが新たに調査した郡別、道別、等級別面積、毎年行われる開墾と地目変更の実況などなどの統計」で補正

したもので、従ってこの補正推計を「むやみやたらに却下できるとは思わない」とした。それなりに正確な情報が入っていると判断しているのである。

　この有税地統計は、李栄薫の指摘通りに朝鮮王朝時代の課税の基準となるものであるため、相当な意味あるものであるとすべきであろう。問題は、正確度である。もしそれが正確だったとすれば、〈図5-15〉で見たように、土地調査事業の過程で耕地面積が急増する現象は起こらなかったであろう。土地調査事業の期間に耕地面積が2倍近く増加したのは、有税地面積の統計がかなり不正確であったことを意味するものでもある。

　有税地面積統計の正確さ如何を間接的にでも評価できる1つの方法がある。朝鮮総督府『統計年報』では1918年の耕地面積に関する2種類の資料がある。1つは1918年年末を基準に町歩単位で測定した耕地面積資料で、もう1つは1918年1月1日付けで集計した結単位で測定された有税地面積資料である。前者は土地調査事業によって正確に測量された結果で、後者は朝鮮王朝から引き継いだ結総を朝鮮総督府官吏が補正したものである。両者の間に1年の時差があるが、この時差による変化を無視するとすれば、後者の統計の正確性は前者と比較することで評価しうるであろう。各道別に土地調査事業によって測量された耕地面積（町歩単位）を有税地統計に出てくる耕地面積（結単位）で割ってみると、各道別に1結が何町歩に該当するのか、平均値を求めることができる。その結果は〈図5-16〉の通りである。水田の場合には全羅北道が最小値で1結が2.0町歩となり、平安北道の7.7町歩が最大値である。三南地方（忠清、全羅、慶尚）はほぼ2町歩程度であるが、残りの道は4町歩を超える。畑の場合にも全羅北道が最小値で3.0町歩で、江原道が17.2町歩と最大値である。道別にかなりひどい偏差を見せている。

　だとすると、朝鮮総督府では1結を何町歩に換算しているのだろうか？1910年版朝鮮総督府『統計年報』に〈表5-8〉のような換算表がある。旧測地尺で測定した1結の等級別面積を坪と町歩で換算したものである。全国平均は水田1結が5199坪（1.73町歩）、畑1結が6024坪（2.00町歩）としている。先の〈図5-16〉で見た全国平均1結当たりの面積と比較してみると、水田・畑のどちらも相当な格差があるが、水田に比べて畑の場合にその格差がはるかに大きい。言ってみれば、有税地の面積は土地調査事業によっ

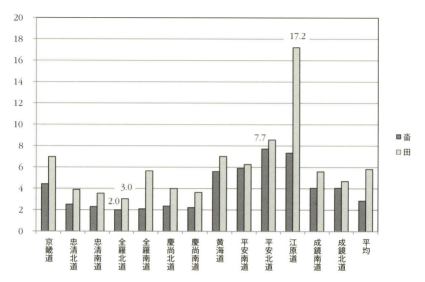

〈図 5-16〉道別 1 結当たりの面積（単位：町歩）
〈資料〉本文の説明を参照。

て実測された面積に比べてすべて過小評価されているが、その中でも特に畑がはるかに大幅に過小評価されている、という意味である。一方、道別に見ると、江原道の畑の場合には 1 結が平均 17.2 町歩にもなるなど、13 の道全体の中で 8 つの道で 1 結は約 6 町歩あるいはそれ以上であることになる。〈表5-8〉によると、平均的な 6 等地に該当するという意味である。水田の場合にも三南地方（忠清、全羅、慶尚）の道別平均は、1 結が 2 町歩程度で〈表5-8〉の水田全体の平均値に近いが、残りの 7 つの道では 1 結が約 4 町歩あるいはそれ以上である。〈表5-8〉によると、これもやはり 6 等地に該当する。この程度の差であれば、先に見た東洋拓殖会社の私有地のケースのように、正確に測量していた場合面積が約 60％ も増加するといった程度を、はるかに超えるものである。耕地自体の把握が非常に不正確であったことを意味する。道別に見ても、有税地面積が過小評価されているのは明らかで、だいたい中・北部の道でこうした過小評価の傾向が特に強く出ているものと解釈される。

　有税地統計の不正確さはその統計を年度別に比較してみても出てくる。

〈表 5-8〉1結当たりの面積

	1等地	2等地	3等地	4等地	5等地	6等地	平均	
							水田	畑
坪	3,025	3,559	4,321	5,500	7,563	12,100	5,199	6,024
町歩	1.01	1.19	1.44	1.83	2.52	4.03	1.73	2.00

〈注〉原表では土地等級別に旧測地尺で測定した面積を計算し、それをさらに坪数に換算した。
〈資料〉朝鮮総督府『統計年報』1910年版、付録134-135頁。

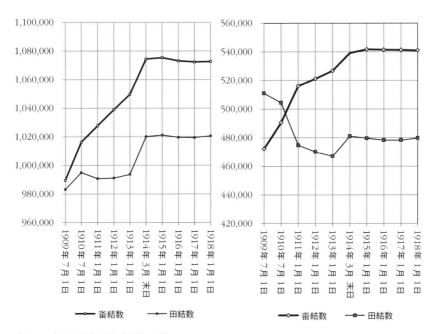

〈図 5-17〉有税地面積（単位：結）
〈資料〉〈表 5-7〉と同じ。

〈図 5-17〉は〈表 5-7〉のデータをグラフにしたものである。左側の図を見ると、有税地面積は漸進的に変化するのではなく、1914年3月末までは急増し、それ以後にはほぼ変化がない形に変わっている。ある一定時点を契機に、それ以前とそれ以後の変化様相が全く違うような状態である。右側の図でも同様に、1914年3月末以前と以後に変化様相がすっかり異なる。

実際に耕地面積が増加して有税地面積がこのように増加したのか、あるいは耕地面積は大きく変化がないが有税地として把握された面積が増加してこのような現象が起こったのかを直接説明しうる資料は、まだ見つけられなかった。李栄薫は「開墾は1910年に限ってその規模が知られているが、年間1291結であった（総督府『統計年報』）。これ以後にも年ごとに同じ規模の開墾があったが、1916年まで7747結の開墾があったことになる（1911年の畓の結総は52万1126結）」とし、開墾によって実際に耕地面積が増加したものが有税地面積の増加として現れたとみている。

　朝鮮総督府『統計年報』1910年版で、李栄薫が主張する開墾による1291結の面積が増加したという記録は見いだせない。ただし、結数増額表で新起墾面積が1,273.3結という値が見つけられるだけである[23]。もし1291結という面積が新起墾に該当するものであるなら、それは結数増額表から持って来たもので、この結数増額表は結数減額表と対をなす表である。この2つの表を整理したのが、〈表5-9〉である。

　この〈表5-9〉を見ると、結数が6万684結増加し、2万8700結減少するなど、変化がひどい。新起墾は全体の結数増額6万684.3結の2.1%に過ぎず、些少な変化に過ぎない。残りのほとんどの変化は、隠結陞総と誤謬訂正、そして具体的な内容はわからない「その他」で構成されている。その他を論外にするとして隠結陞総と誤謬訂正のみ見ても、結数増額のほとんどが不正確な把握を正す過程で生じたものであったことがわかる。これは、結数減額の場合にも同様である。もう一度先の〈図5-17〉に戻ってみると、1910年に有税地面積が相当多く増加することになっているが、この増加のほとんどは有税地把握過程の不正確性を是正する過程で生じたものと見てもよい。結数増額と結数減額資料は、1910年版『統計年報』にのみ収録されているもので、残りの年度については知り得ない。しかし、〈図5-17〉で見られる変化の様相から見ると、1914年3月末までの変化はそのほとんどが耕地に関する不正確な把握を正す過程で生じたものであったと見るのが正しいであろう。

23）　朝鮮総督府『統計年報』1910年版、9−10頁。

〈表5-9〉結数増額と結数減額（単位：結）

結数増額	新起墾	1,273.3
	隠結陞総	12,489.0
	誤謬訂正	33,711.7
	その他	13,210.3
	合計	60,684.3
結数減額	免税結	1,404.8
	誤謬訂正	15,355.3
	その他	11,940.0
	合計	28,700.0
結数増額合計 − 結数減額合計		31,984.3

〈資料〉朝鮮総督府『統計年報』1910年版、9−11頁。

　一方、李栄薫は1910年の開墾規模が年間1291結であると考え、そのような規模で1916年まで開墾が行われたなら、7747結の開墾が成されたことになる、とした。有税地統計をそのまま受け入れたとしても、この計算はあまりに間違ったものである。まず、開墾（干拓も含まれたものと見るべきである）が行われれば、それは耕地面積（水田でも畑でも）を増加させることになるが、〈図5-17〉を見ると、有税地面積は1916年まで増加し続けたのではなく、1914年3月末までのみ増加している。従って開墾による耕地面積の増加は3873結程度で、はるかに少なくなる。1910年以後に開墾あるいは干拓された面積は、官報などで公示されており、比較的正確な統計を得ることができるが、先にも検討したように、1910〜1916年の間にそのような大規模の開墾や干拓は存在しなかった。

　1910年の開墾面積については、もう1つ疑問がある。1910年の朝鮮総督府『統計年報』のこの「新起墾」という統計が、果たして1910年年間統計なのか、という疑問である。先の〈表5-7〉を見ると、1910年1年を対象にした統計は存在しない。1911年1月1日から遡及して最も近い統計の始点は1910年7月末と1909年7月末のみである。これは「新起墾」統計が年間統計ではない可能性もあるという意味である。これと関連して度支部

が発刊した『土地調査参考書』第1号（1909年）の用語解説では、加耕田を「量田をした後に新起するもの」としているのが参考になるであろう。朝鮮総督府『統計年報』1910年版に収録されている新起墾が1910年の1年間に新たに開墾された面積ではなく、量田以後に新たに加耕された面積をいうものと解釈することもできる、という意味である[24]。本書の開墾と干拓を扱った部分で見たように、1910年の1年間に新規に1,291結も開墾されたという主張は、信じがたい[25]。

　土地調査事業期間の耕地面積は、朝鮮総督府の統計が事実と合うとは考えなかいのが通説であった。そのためそれを修正する方法として、それ以後の変化を考慮しつつ線形回帰で1910～1917年の間の耕地面積を推計することが、それでも少しは合理的であると考えたのである。こうした推計方法について、現在までの唯一の反論は、李栄薫によるものであった。ここではこの李栄薫の主張が妥当ではなく、従って従来の通説のように線形回帰による方法が最も無難だということを明らかにした。

---

[24] 参考までに、朝鮮王朝の最後の量田は光武2年（1898年）に行われた、いわゆる「光武量田」である。
[25] ただし、この時の開墾は厳密な意味での開墾のみならず干拓も含んで然るべきである。

第6章

改良農法

明治初めに日本に招聘されてきた農学者マックス・フェスカ（Max Fesca）は、日本の明治初めまでの農法を「浅耕・排水不良・少肥」と特徴づけた。おそらく日本農法は西洋農業では考えられないような技術体系だったであろう。実際は日本農法にもそれなりの自然と人間の物質代謝の効率性が具体化されていたであろうが、そこからもう一段階生産力を高めようとするなら、フェスカが指摘した在来の日本農法の欠点からどのように脱皮するのかという点が追求される必要がある。それが明治農法の課題であったと言う[1]。

　1860年代末の日本の農業についての指摘は、1910年代の朝鮮の農業についてよく指摘されることともそれほど変わらなかった。日本式改良農法は、日露戦争以後に日本人農事経営者らが朝鮮に進出するなか、急速に普及しはじめた。第6章では、こうした改良農法の導入が農業生産にどのような影響を及ぼしたのかを、優良品種の普及と施肥の拡大という2つに焦点を絞って見てみることにする。

第1節　優良品種の普及拡大

　1910年代の朝鮮の米穀統計のなかで最も目につく変化は、優良品種の急速な普及である[2]。〈図6-1〉は、栽培面積を基準にした場合、優良品種がどれだけ早い速度で拡大していったのかをよく示している。すなわち、優良品種の普及に関する公式統計がはじまる1912年にその普及率が2.79％であったものが、1914年には12.24％に急増し、10年もたたない1919年には53.09％とすでに稲栽培面積の半分以上が優良品種で栽培されている。1920

---

[1] 暉峻衆三『日本農業100年のあゆみ－資本主義の展開と農業問題－』有斐閣ブックス、1996年、61頁。
[2] 在来品種を優良品種に替える品種改良は、米穀のみならず雑穀、豆類、果樹など各種の栽培作物、さらには家畜や家禽、蚕など、農業のほぼ全ての分野にかけて行われた。しかし、ここでは主に米穀に関してのみ焦点を絞って見てみることにする。

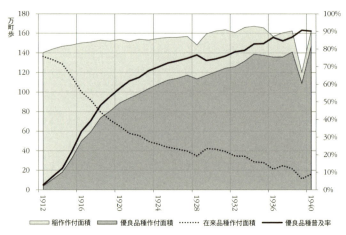

〈図 6-1〉優良品種栽培面積とその普及率の拡大
〈注〉原資料には稲の種類を水稲と陸稲の2種類に区分しているが、栽培面積全体で陸稲栽培面積が占める割合は1〜2.7%と非常に低いため、ここではこの2つを区分せず合算して使用した。また「在来品種」は栽培面積全体から優良品種栽培面積を引いて出した。
〈資料〉朝鮮総督府『農業統計表』1940年、43〜52頁から作成。

年以後にもその普及率は上昇し続け、1928年には栽培面積全体の3/4で優良品種が栽培され、1940年には90%に達するようになる。日帝時代全体を通じて優良品種の普及率が拡大するが、その中でも1910年代にその普及率が最も急速に増加した。

優良品種の中で特に多く栽培されていた品種は、時期別にかなり異なっている。〈図6-2〉は朝鮮で栽培されていた主要優良品種の栽培面積を品種別に見たものである。1910年代には「早神力」、「穀良都」、「多摩錦」の3品種が圧倒的な割合を占めており、その中でも特に早神力が最も広く栽培された。しかし、早神力は1920年代中頃以降急速に縮小し、1937年以後には優良品種のリストから消えてしまうことになる。その代わり、1920年代には穀良都が広く普及した。1930年代になると、「銀坊主」および「陸羽132号」の栽培面積が急増し、1920年代まで大きな割合を占めていた穀良都と多摩錦の割合は急速に縮小する。

ところで、この優良品種というものは勧業模範場あるいは道の種苗場で選出したものの中で、各道が奨励品種として指定したものを言う。先に便宜上

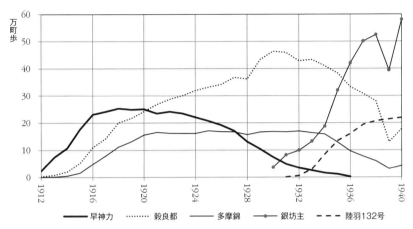

〈図6-2〉主要優良品種の栽培面積の変化　（単位：町歩）
〈資料〉〈図6-1〉と同じ。

「在来品種」と分類したものは、優良品種を除いた残りを意味するため、その中には在来種のみならず優良品種として指定されなかった日本品種、あるいは優良品種として指定されたことがある日本品種なども含まれる。例えば、1910年代に最も代表的な優良品種であった早神力は、1937年以後には優良品種リストから消える。従って、1937年以後に少数栽培されていた早神力は、優良品種として分類されずに在来品種とみなされてしまっているのである。従って厳密に言えば、先に在来品種として分類したものの中には外来品種も一部含まれているだろうが、それ全体を在来種と分類してもそれほど問題とはならないだろうと考える。

これら優良品種は日本人農業経営者らが朝鮮に来るなかで持ち込んだものや、あるいは勧業模範場が日本から原種を持ってきたもので、ほとんど日本で優秀だと認められた品種であった。従って、品種ごとに少しずつ特徴が異なるが、一般的に種子それ自体としては朝鮮の在来品種より多収穫品種である場合が多かった。

だとすれば、優良品種が在来品種に比べてどれだけ生産性が高かったのであろうか？　統監府が勧業模範場を作る過程で最も気にしていたのは、まさにその点であった。そのため1906年に勧業模範場が設置されるや、すぐに

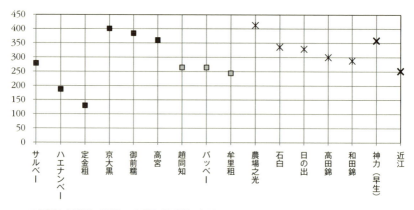

〈図6-3〉1906年品種別、栽培地別稲の重量（単位：kg/反歩）
〈注〉凡例で日本種と朝鮮種は原産地を意味し、群山と水原は栽培地を意味する。坪刈試験により調査したものである。
〈資料〉朝鮮総督府勧業模範場『勧業模範場報告』（ここでは農村振興庁で翻訳した『勧業模範場報告』の第1〜2号、2008年、7頁の「表1.成績表（1反歩概算量）」から作成した。

　日本から導入された品種と朝鮮在来品種の反歩当たりの生産量について正確な調査を実施した。〈図6-3〉は勧業模範場が水原と群山の2つの地域で栽培されている様々な品種の反歩当たりの生産量を坪刈りの方法で調査した結果である。群山で栽培した品種の中では京大黒、御前糯、高宮などの朝鮮種の反歩当たりの生産量は日本種より優れていたが、サルベー〔米稲〕、ハエナンベー、定金租は引けを取るものであった。水原で栽培した品種のうち、日本種である神力（早生）が優れていたが、それを除けば朝鮮種である趙同知、陸稲（バッペー）、牟里租が日本種である近江とほぼ同じ水準であった。朝鮮種の中にも生産性が高い品種があるが、全体的に日本種の生産性が多少高かったように思われる。

　また、勧業模範場に試験栽培圃を設置した後にまず最初に実施するのも、様々な稲の品種の生産性に関する比較考察であった。1907年の選種畓の栽培結果は、〈図6-4〉の通りである。日本種と朝鮮在来種の生産性の違いを知ろうとするならば、各品種別栽培面積の加重値や、うるち米・もち米のような稲の種類などに関する情報を把握しなければならないが、残念ながらそ

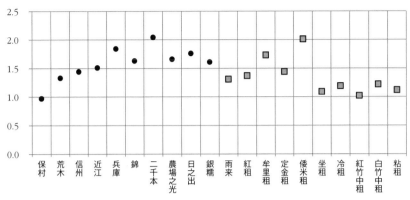

〈図6-4〉品種別反歩当たり生産量（1907年、単位：石）
〈注〉丸い表示は日本種で、四角い表示は朝鮮種である。1907年の資料である。
〈資料〉農村振興庁訳『勧業模範場報告』第1〜2号、2008年、88-89頁から作成。

のような情報は入手しがたい。朝鮮在来種のうち倭米租や牟里租は、反歩当たり生産量が日本種に劣らず高いが、それを除けば残りの朝鮮在来種は日本種に比べて多少低かったと出ている。平均的に見ると、朝鮮在来種に比べて日本種の反歩当たり生産量は多少高かったのは明らかである。

では、優良品種と在来品種の純粋な生産性の格差はどの程度であっただろうか？ 1910年代に最も広く普及していた優良品種である早神力に関する勧業模範農場の試験栽培成績を中心に、この問題をもう少し具体的に検討してみよう。

1909年の勧業模範農場が朝鮮の27地域で早神力と在来種を比較栽培した結果を見ると、〈表6-1〉の通りである。生産量が籾で測定されている17件の場合には、優良品種の平均増産率が22.0％で、玄米で測定した10件の場合にも優良品種の平均増産率が21.4％であった。増産率が202.3％や112.5％に達する特異なケースがあり、平均をかなり引き上げていたこともあるが、ともあれ優良品種の反歩当たり生産量は在来品種より平均22％ほど多かったことになる。しかし、全体の半分にあたる13件の場合には、その増産率が最高11.8％で、さらにはむしろ生産が減少したケースが5件にもなった。水原郡の場合には、同一郡内で5ケースあるため、同じ基準で比較するにはちょうどよい。「水原郡2」と「水原郡3」の2件は、その増産

第6章 改良農法　227

〈表 6-1〉優良品種(早神力)と在来品種の試験栽培成績(1909 年、反歩当たり生産量)

栽培地		生産量(石)		平均	増産率
道	郡	早神力	在来種		
慶南	東莱郡	4.500	3.550	4.025	26.8%
	金海郡	3.540	2.850	3.195	24.2%
	密陽郡	3.225	2.910	3.068	10.8%
慶北	大邱郡	4.670	3.700	4.185	26.2%
全南	務安郡	3.760	3.362	3.561	11.8%
全北	沃溝郡	4.205	3.180	3.693	32.2%
忠南	懐徳郡	2.700	2.200	2.450	22.7%
	公州郡	2.150	1.960	2.055	9.7%
忠北	清州郡	4.050	4.010	4.030	1.0%
京畿	水原郡 1	2.300	2.600	2.450	－11.5%
	水原郡 2	5.100	2.400	3.750	112.5%
	水原郡 3	2.500	1.500	2.000	66.7%
	水原郡 4	0.980	1.000	0.990	－2.0%
	水原郡 5	2.400	2.300	2.350	4.3%
	平澤郡	1.500	1.800	1.650	－16.7%
	始興郡	2.970	2.770	2.870	7.2%
	富坪郡	1.330	0.440	0.885	202.3%
籾平均		3.052	2.502	2.777	22.0%
慶北	大邱郡	3.100	2.050	2.575	51.2%
	大邱郡	2.265	1.275	1.770	77.6%
	興海郡	1.590	1.230	1.410	29.3%
全北	金堤郡	1.750	1.600	1.675	9.4%
忠南	懐徳郡	2.000	1.800	1.900	11.1%
	懐徳郡	2.500	2.000	2.250	25.0%
	鎮岑郡	1.700	2.000	1.850	－15.0%
	清州郡	1.630	1.200	1.415	35.8%
	懐徳郡	1.630	2.000	1.815	－18.5%
	恩津郡	3.000	2.280	2.640	31.6%
玄米平均		2.117	1.744	1.930	21.4%

〈資料〉勧業模範場調査「韓国に於ける水稲早神力の成績」『韓国中央朝鮮農会報』第 3 巻第 3 号、1909 年、11－12 頁。

率が112.5％と66.7％で非常に高くなっているが、それを除いた残りの3件、すなわち「水原郡1」は-11.5％、「水原郡4」は-2.0％、「水原郡5」は4.3％で増産率がマイナス値または微々たる水準であった。

〈表6-1〉で扱われた27件の事例は一種の標本である。標本の分析を通じて母集団を推計しようとするなら、標本が適切に抽出されているという前提が必要である。しかし、この表を見ると、在来品種の反歩当たり生産量が籾で2石未満であるケースは全体27件のうち5件に過ぎない。朝鮮総督府の統計によると、反歩当たり生産量が1926年まで玄米で1石を超えることがないため、比較対照となった27件のケースのうちのほとんどは、平均よりも肥沃な土地で構成されているといってもよい。

一方、この試験栽培の結果である27件全体に対する早神力と在来品種の反当たり生産量に関する相関係数を見てみると、0.79と相当強いプラスの相関関係が現れてくる[3]。在来品種を栽培して反歩当たりの生産量が高かった所で栽培された優良品種も、反歩当たり生産量が高かったという意味である。ここに二次関数で回帰線を入れてみると、〈図6-5〉のようになる[4]。

対角線より左上にあるのは優良品種より在来品種の反歩当たり生産量がより多いケースを意味するが、全部で4件あった。残りの23件は対角線の下側にあるため、優良品種の反歩当たり生産量が在来品種のそれより多かったという意味になる。したがって、優良品種が多収穫品種ということを示している。しかし、この図に挿入しておいた回帰線を見ると、在来品種の反歩当たり生産量が少ない所では2つの品種間の格差がそれほど大きくなく、在来品種の反歩当たり生産量が増加するほど2つの品種間の格差が拡大していく関係が現れる。言ってみれば、2つの品種間の生産性の格差は、肥沃度と相関関係があるという意味になる。そして肥沃度が高くなれば2つの品種間の

---

3) 玄米1石＝籾2石で換算して単位を統一した。以下同様。ただし、芒〔イネ科植物などにある針状の突起〕の有無などによって品種別に換算率は多少異なるであろう。勧業模範場の場合には平均53.6％であった。無芒（54.2％、穀良都、日ノ出、錦、豊後、大場、白糯）、微芒（54.9％、早神力、石白）、中芒（53.8％、早生大野）、長芒（47.2％、多摩錦）。朝鮮総督府勧業模範場『朝鮮ニ於ケル稲ノ優良品種分布普及ノ状況』1924年、28頁。
4) 直線や対数曲線の場合より二次関数の場合に決定係数（R^2）の値が最も大きく出た。直線や対数曲線の場合でも説明は変わらない。

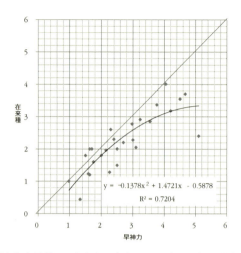

〈図6-5〉優良品種と在来品種の反歩当たり生産量関係（1909年、単位：石）
〈資料〉〈表6-1〉と同じ。

　生産性格差が拡大するというのは、〈表6-1〉で計算した増産率の中に土地の肥沃度の差に伴う要因が含まれているという意味に解釈しうる。すなわち、先の〈表6-1〉で計算された増産率22％の中には、土地の肥沃度に伴う要因がいくばくか含まれているという意味であるため、純粋に種子の特性による生産性格差は、この22％より小さくなる。

　日本種の中で優良品種として選別された品種は、このように朝鮮在来種に比べて多収穫性を持つものであったが、重要な点は、その多収穫性が実現されるためには日本と似たような条件が伴わなければならないということである。〈表6-2〉で見られるように、優良品種のほとんどは灌漑施設がよく整っている地域に適合していた。しかし、多摩錦の場合には、旱害地に適合したものであり、日ノ出のような品種は早稲であるため、中部以北の地方に適合するという[5]。

　一方、〈図6-6〉は、水原にあった朝鮮総督府勧業模範場の早神力栽培成

---

[5]　品種別成熟期は日ノ出が9月29日、早神力が10月23日、穀良都が10月17日、多摩錦が10月24日と、日ノ出が最も早いという。朝鮮総督府勧業模範場『朝鮮ニ於ケル稲ノ優良品種分布普及ノ状況』1924年、28頁。

〈表6-2〉各道で奨励・普及させようとした水稲品種

道別	品種名	普及セムトスル地方
京畿	早神力	京城以南ノ旱害ナキ肥沃地
	石白	京城以北ノ旱害ナキ肥沃地
	日ノ出	東北部ノ寒冷ナル山間地方
	多摩錦	南部温暖ナル用水不足ノ地
忠北	錦	各郡ノ水利ノ便アル畓
	多摩錦	南部各郡ノ水利ノ便アル畓
	早神力	南部各郡ノ水利ノ便アル畓
忠南	早神力	水利至便ニシテ土質中等以上ノ平野アル地方
	多摩錦	水利至便ナラサル所又ハ肥沃ニ失シ又湿気多キ地方
	石白	山間又ハ冷水ノ湧出スル地方
全北	早神力	
	穀良都	平野部及中部各地方
	高千穂	中部及山間部ノ各地方
	石白	
	日ノ出	南原郡雲峰地方
	多摩錦	水利ノ不便ナル地方（山間部ヲ除ク）
全南	早神力	灌排ノ便良好ナル地方
	穀良都	
	高千穂	
	多摩錦	比較的灌排ノ便不良ナル地方
慶北	早神力	中央部以南ノ平坦地方ニシテ水利ノ潤沢ナル土地
	穀良都	北部ノ平坦地及中央部以南ノ乾畓
	日ノ出	北部一般及中央部以南ノ山間地方ニシテ早生稲ノ栽培ヲ要スル地方
慶南	早神力	山間部及平野部ノ水利充分ナル地方
	穀良都	平野部及山間部海岸部ノ水利充分ナル地方
	都	海岸部及平野部ノ水利充分ナル地方
黄海	日ノ出	灌漑排水ノ便能キ比較的地味良好ナル平地
平南	日ノ出	土地平坦ニシテ灌漑ニ便ナル地方
平北	日ノ出	南方温暖平野部ニシテ水利充分ナル地方
	豊後	
	関山	
	亀ノ尾	熟期前二者ノ中間ニアリ旱水害ノ憂少キ地方
江原	日ノ出	淮陽及平康ノ二郡ヲ除キタル十九郡中ノ平野部
	関山	淮陽及平康ノ二郡並其ノ余ノ各郡ノ山間部
咸南		
咸北	小田代	鏡城郡ノ南部、明川郡、吉州郡、城津郡

〈資料〉朝鮮総督府『農業技術官会同諮問事項答申書』1915年11月、1-27頁より作成。

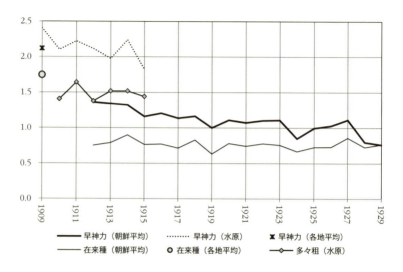

〈図6-6〉早神力と在来品種の反歩当たり生産量の比較（単位：石）
〈資料〉勧業模範場調査「韓国に於ける水稲早神力の成績」『韓国中央朝鮮農会報』第3巻第3号、1909年、11－12頁、朝鮮総督府勧業模範場『勧業模範場報告』第4号～第10号、朝鮮総督府『農業統計表』1940年、43～52頁から作成。

績を示している。早神力（水原）の曲線を見ると、反歩当たり生産力は減少の趨勢がはっきりと出ている。米穀生産量に影響を与えうるいくつかの要因をうまく統制している試験栽培であるため、この勧業模範場で雑交のような問題が介在するとは考えられない。土地の肥沃度も一旦同一であると見るべきであるため、結局反歩当たり生産量の減少趨勢は劣変退化が最も大きな要因であったと思われる。〈図6-6〉でもう1つ注目される点は、1909年の朝鮮各地の勧業模範場の早神力栽培成績を平均した値が在来種に比べて21％ほど多いに過ぎなかったが、水原の勧業模範場の栽培成績は格差がはるかに大きい。稲農事に必要な最上の条件下で栽培されているためであろう。これは水原勧業模範場の在来種（多々租）の反歩当たり生産量が朝鮮全体の在来種の反歩当たり生産量はもちろん、早神力の反歩当たり生産量よりはるかに多かったという点でも確認される。要するに、優良品種は十分な用水供給と肥料投入および改良農業の導入などが成される場合には、種子自体が持つ高い生産力が充分に発現されうるということと、在来品種もこのような条件が

〈表6-3〉在来品種と優良品種の比較　（単位：石、％）

	反歩当たり生産量（石）			優良品種普及率	格差率
	在来品種	優良品種	平均		
1910			0.769		
1911			0.827		
1912	0.754	1.326	0.767	2.2	76
1913	0.797	1.343	0.831	6.3	69
1914	0.905	1.372	0.952	10.1	52
1915	0.778	1.201	0.858	18.8	54
1916	0.785	1.225	0.917	30.1	56
1917	0.739	1.175	0.895	35.8	59
1918	0.846	1.172	0.988	43.5	39

〈注〉「格差率」の項目は引用者が計算しておいたもので、残りはすべて朴ソプに依拠した。
〈資料〉朴ソプ「'植民地近代化論'をめぐるいくつかの論点」『2006年度経済史学会定期学術発表大会発表論文集』2006年12月9日。原資料は朝鮮総督府『農業統計表』1940年版。

整えば、優良種よりは低いが相当高く生産性を向上させられることを意味する。

朴ソプは朝鮮総督府『農業統計表』から〈表6-3〉を引用した。そしてこの表に依拠し、「1910–17年に優良品種の反収（反歩当たりの収穫量：引用者）が52～76％高くなり、優良品種の栽培面積が次第に増加した。この2つを結合すれば1912～18年の米穀生産増加量の92％が優良品種の普及によるものであることがわかる」とした。

朴ソプの表を見ると、優良品種は在来品種より優れて高い生産性を有しており、またこのように高い生産性を有する優良品種の普及率が飛躍的に増加していることがたやすくわかる。反歩当たり生産性が優れて高い優良品種の普及率がこのように急速に増大したなら、当然反歩当たり平均生産量も非常に急速に増加していたであろう。従って朴ソプがこの2つの事実をつなぎ合わせて1910年代には種子変更だけでも朝鮮の米穀生産量が急増したと主張するのもしごく当然に見える。

金洛年はこうした考えを論理的なレベルにまで引き上げた。〈図6-7〉は金洛年の論文に掲載されているものをコピーして貼り付けたものである。図の資料でわかるように、この図もやはり朴ソプと同様に朝鮮総督府の『農業統計表』から持ってきた。朝鮮総督府『農業統計表』から資料を持ってきてグラフを描くとすれば、誰が描いてもこのような図にならざるをえない。しかし、筆者は論点を明確にするために、金洛年の論文に収録されている図をコピーして、ここに入れておいた。また金洛年が使用した用語をそのまま使用することにする。ただし、それぞれの用語は次のように定義される。

$$平均 = \frac{米穀の総生産量（石）}{米穀の総栽培面積（反歩）} = 反歩当たり平均生産量（石）$$

$$優良品種 = \frac{優良品種の総生産量（石）}{優良品種の総栽培面積（反歩）} = 優良品種の反歩当たり平均生産量（石）$$

$$在来品種 = \frac{在来品種の総生産量（石）}{在来品種の総栽培面積（反歩）} = 在来品種の反歩当たり平均生産量（石）$$

優良品種と在来品種の反歩当たり生産量の格差は、後期に行くほど多少少なくなっているが、1926年まででも両者の間には依然として相当の格差が存在している。この図の下側にある優良品種の「普及率」を見ても1926年まで大幅に高くなっている。栽培面積の増加を考慮せず優良品種の普及の拡大のみでも朝鮮の米生産量が大幅に増加したであろうとの推論が可能であるように見える。こうした考えを土台に金洛年は次のように筆者を批判した。

　　許粹烈は2つの品種間に「全く生産性の格差がないという極端な主張をしようとしているのではない。……もし筆者（許粹烈）の解釈が妥当ならば、優良品種普及による米穀生産量の増加は一層少なく把握しなければならないだろう」と言う。しかし、この引用分の中の2つの文章は、両立しがたい。もし許粹烈の推計のように、1910〜17年の間の米の生産がほぼ停滞したと見るのだとすれば、2つの品種間の生産性格差をほ

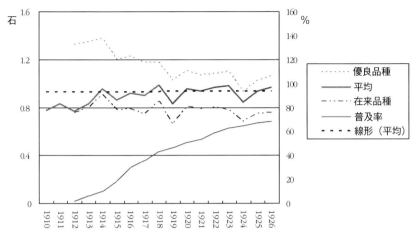

〈図6-7〉米の反歩当たり生産量（石）と優良品種普及率（％）推移
〈注〉優良品種普及率は右側の目盛り（％）で、残りはすべて左側の目盛り（石）である。ただし、「線形（平均）」は1918〜1926年の平均に対する回帰線である。
〈資料〉この図は金洛年「日帝下経済成長に関するいくつかの論点」『2006年度経済史学会定期学術発表大会発表論文集』2006年12月9日から原本そのまま持ってきたものである。ただし、原資料は朝鮮総督府『農業統計表』1940年、43−52頁から作成したものである。

ぼ否定することになり（この場合にはこの時期の優良品種の普及率急増を説明できなくなる）、もし生産性格差を認めるとするなら、この時期の米生産の急速な増加を認めざるをえなくなるのである。

　許粋烈はなぜこのような論理的な矛盾に陥ったのだろうか？〈図1〉（本書の〈図6-7〉：引用者）で示された各品種の反歩当たり生産量およびその平均、そして優良品種普及率などの4つの指標は……すべて同一の表から導かれたため、これらは論理的に互いに連結している。許粋烈はこのうち反歩当たり平均生産量を除くほかの3つの指標を受け入れた反面、それと論理的に連結している反歩当たり生産量の増加趨勢を否認したため、論理的な自己矛盾に陥ってしまったのである。

　まず、引用分の終わりの部分で言及された4つの指標が論理的に互いに連結しているというのは、何だろうか？「許粋烈はこのうち反歩当たり平均生産量（〈図1〉の「平均」）を除くほかの3つの指標を受け入れた反面、それ

第6章　改良農法　235

と論理的に連結している反歩当たり生産量(「平均」)の増加趨勢を否認したため、論理的な自己矛盾に陥ってしまったのである」という叙述に、彼が考えた論理が何なのかを知る端緒がある。すなわち、①優良品種の反歩当たり生産量が在来品種より高い状態で、②優良品種の普及率が大幅に高まったため、③反歩当たり生産量(「平均」)が大幅に増加せざるをえないということが、彼の論理であると考える。にもかかわらず許粋烈は①と②を受け入れながらも③、すなわち反歩当たり生産量の増加を否定したため、論理的な自己矛盾に陥ってしまったというのである。

〈図6-8〉は先の〈図6-7〉で1910～1913年の4カ年度を除き、その代わりに1927～1929年の3カ年度を加えて新たに作成したものである。グラフを描くのに使用した資料は、朝鮮総督府『農業統計表』であるため、〈図6-7〉での区間を若干変えただけである。このように区間を新たに設定して見ても、①2つの品種間の反歩当たり生産量に顕著な格差が存在し(格差率は最小13.65%、最大64.9%、平均43.3%)、②優良品種の普及率も59.7%ポイント(12.1%→71.8%)も高くなった。したがって、金洛年の主張が論理的であるとすれば、③1914～1929年の間にも反歩当たり生産量(「平均」)が大幅に増加しなければならない。しかし〈図6-8〉で見られるように、この期間に「平均」が大きく増加したとはみなしがたい。

1914～1929年の間の「平均」の増加率を計算してみよう。1914年と1919年の2つの値を比較してみると、その増加率は-11.8%(0.95石→0.84石)である。しかし、この期間に「全体平均」が趨勢的に減少したと見るのは難しいため、今回は回帰線を使って増加率を出してみよう。回帰式が$y=0.0013x+0.9147$であるため、「平均」は毎年0.0013石ずつ増加したと見ればよい。すなわち、年平均0.14%ほど増加したことになる。回帰式が複雑なら、ただ〈図6-8〉で丸く表示がついている太線(「平均」曲線)を見るだけでもよい。複雑な計算も必要なしに、この曲線からわかる明白な事実は、1914～1929年の間に「平均」は停滞的であるということである。

〈図6-8〉によると、1914～1926年の間に①2つの品種間の反歩当たり生産量に顕著な格差が存在し(格差率は最小37.5%～最大64.9%)、②優良品種の普及率も59.8%ポイント(12.1%→71.9%)も高くなったため、金洛年

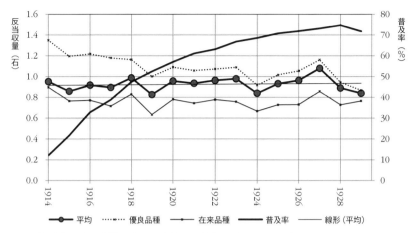

〈図6-8〉米穀優良品種普及率と反歩当たり生産量（1914~1929）
〈資料〉朝鮮総督府『農業統計表』1940年、43～52頁。

の論理の通りでいけば③反歩当たり生産量（「平均」）が約30％近く増加しなければならないが、実際にはほとんど変わらなかったのである。要するに、〈図6-8〉からわかるように、①と②を受け入れたにもかかわらず、③反歩当たり生産量（「全体平均」）はほとんど変化がなかった、という結果が導き出される。

こうして先の引用分の終わりの部分で金洛年が筆者に対して加えた批判は、1914～1929年の間には成立しないということが明らかになった。金洛年の主張が彼自身が考えるように論理的なものであるなら、1910～1929年期間のほとんどを占める1914～1929年期間にもその論理が当てはまらなければならない。しかし、結果を見るとそうではない。すなわち、金洛年が筆者を批判しつつ使用していた「論理的自己矛盾」は、まさに彼自身の論理に該当するものであることがわかる。

これまでは1910～1913年の間を除いて分析した。では、1910～1913年を含めるとどのようになるであろうか？　この期間は統計作成がちょうど始まった初期の4年に該当する。優良品種に関する統計も1912年から公表されはじめた。1910～1913年を検討するために〈図6-7〉で1910～1918年の部分を別途に取り出したのが〈図6-9〉である。朴ソプはこの期間の

第6章　改良農法　237

統計を使って「1910〜17年に優良品種の反収（反歩当たりの収穫量：引用者）が52〜76％高く、優良品種の栽培面積が次第に増加した。この2つを結合すれば1912〜18年の米穀生産増加量の92％が優良品種の普及によるものであることがわかる」とした。しかし〈図6-9〉を見ると、1910〜1913年の「平均」は0.8石附近にあったものが1914年に突然0.96石と急増する。優良品種普及率が1913年の7.5％から1914年には12.1％と4.6％ポイント増加した反面、「平均」は0.83石から0.96石と0.13石（14.5％）増加する。1910〜1918年の間の「平均」の増加（0.22石）のうち、1914年のたった1年間の増加（0.12石）が占める割合は55％にもなる。そしてこの増加のうち優良品種の普及による増加は19.1％（0.046×0.503/0.12）に過ぎず、残りの80.9％は在来品種の反歩当たり生産の増加によって説明される。先の朴ソプの考えとは大きく異なる。

　金洛年も「在来品種の反歩当たり収穫量は1912〜1918年の間に0.8石前後で停滞した反面、優良品種は1.17〜1.33石と在来品種よりは相当高い水準を維持していた。また同じ期間に優良品種普及率が2.2％から43.5％に増加したことから、その効果だけでも年平均2.7％の増産効果があると計算される」とした[6]。〈図6-9〉だけ見てみると、「全体平均」が1910年の0.77石から1918年0.99石に趨勢的に増加したように見えうる。しかし、先の〈図6-8〉のようにみると、1910〜1913年の4年間のみ特に低く、1914〜1926年は停滞的であったと見ることもできる。金洛年と朴ソプが使用した朝鮮総督府『農業統計表』によると、1912〜1918年の間の「全体平均」の増加は、そのほとんどが1912〜1914年の間の増加、すなわち0.77石から0.95石への増加によって生じたもので、それ以後少なくとも1918年までは趨勢的に増加したのではない。

---

[6]　金洛年「書評『開発なき開発』」『経済史学』第38号、2005年6月、216-217頁。そこで筆者（許粹烈）もこのような2つの品種間の生産性の格差を否定するわけではないようなので、「この時期停滞していたと推計した著者（許粹烈：引用者）の米生産量修正方式は、さらに根拠がないと思われる」とした。ただし、年平均2.7％の増産効果は、1912年の反歩当たり平均生産量0.80814石（=0.8×0.978+1.17×0.022）と、1918年の反歩当たり平均生産量0.96095石（=0.8×0.565+1.17×0.435）を年平均成長率計算式$(0.96095/0.80814)^{(1/6)}-1$）に置いて割り出したのであろう。筆者の計算結果と金洛年の結果の間の差は、四捨五入によるものと思われる。

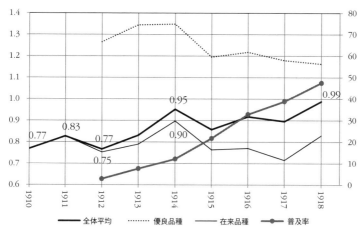

〈図6-9〉1910~1918年の間の優良品種普及率と反歩当たり生産量　（単位：石）
〈資料〉朝鮮総督府『農業統計表』1940年、43〜52頁

　では、1912〜1914年の「全体平均」の増加は、優良品種の普及拡大によって達成されたものなのだろうか？ 1910〜1911年の場合には、優良品種に関するデータが公表されなかったためわからないが、1912年にその普及率が2.8％に過ぎなかったため、優良品種の普及拡大に変化するようになる「全体平均」の大きさは非常に微々たる値となるであろう。1914年にも優良品種の普及率は7.5％に過ぎない。従って、このように低い普及率で1912〜1914年の間の「全体平均」の急増（23.4％）をきちんと説明することはできない。〈図6-9〉を再びのぞいてみると、1912〜1914年の間の「全体平均」曲線は、在来品種曲線と大きく違わない。すなわち、この期間の「全体平均」の増加は主に在来品種の増加によるものであることは明らかである。そうだとすれば、朴ソプが計算したように「1912〜18年の米穀生産増加量の92％が優良品種の普及による」としたのは、全くもって事実と異なる。
　要するに、朝鮮総督府の優良品種に関する統計が最もよく整理されている『農業統計表』資料に依拠する限り、少なくとも1929年までは優良品種の普及による米穀の反歩当たり生産量が増加したという結論を得ることは不可能である。そして植民地近代化論が主張する1910年代の農業の急速な成長というものは、結局近代的な方法により統計調査を始めたまさに初期段階の

不正確な統計に大きく依存しているということが明らかになる。

〈図6-7〉あるいは〈図6-8〉のどちらを見ても、優良品種曲線は在来品種曲線よりはるかに上にあり、普及率もすばやく増えており、金洛年あるいは朴ソプの主張は否定しがたい事実のように見えるが、実際にはそうではなかったのである。何が問題なのだろうか？

反歩当たりの生産量（「平均」）は優良品種の普及という要因のみならず、他の様々な要因の影響も受ける。例えば気候、土地の肥沃度、改良農法の適用程度、水利施設の完全性などが反歩当たり生産量に影響を与えるであろう。ところが一般的に土地の肥沃度、改良農法の適用程度および水利施設の完全性などは優良品種栽培地がより高いと見てもよいであろう。先の〈表6-2〉からそうした事情がわかる。優良品種はどこでも栽培しうるものではなく、一般的に灌漑施設がよく整えられた場所で効果を発揮することができたのである。換言すれば、先の様々な図で見たような優良品種と在来品種の反歩当たり生産量の格差（2つの曲線の間の垂直距離）には、品種それ自体から発生する生産性の格差以外の他の要因、例えば土地の肥沃度のような要因によって発生する格差も含まれざるをえないのである。あるいは、朝鮮の気候と風土に充分適応しえない品種を連作したため生じる品種劣化現象も介入しうる。〈図6-7〉あるいは〈図6-8〉で見た2つの品種間の反歩当たり生産量の大きな格差（垂直距離）は、本来優良品種が持つ多収穫性以外にこうした要因も合わさって現れたものだという意味である。そして優良品種の反歩当たり生産量が減少趨勢にあるのは、このような様々な要因で変化が発生したということを意味する。金洛年や朴ソプは、こうした様々な要因の総合的な作用によって発現した現象を、種子に固有の生産性格差に単純化させてしまったため、論理的な誤謬に陥ることになったのである。

勧業模範場でも優良品種の反歩当たり生産量が減少趨勢にある問題を深刻に考えていたようである。「水稲優良品種の平均反当収量が大正十年に至るまで逐年減少の傾向ありしは要するに（1）優良品種の栽培方法に注意を払わずして在来種同様の方法に依るものありしこと（2）優良品種の普及に伴い水掛（灌漑：引用者）の不良なる地等栽培不適当の地域に迄栽培さるるに至りしこと（3）普及せる優良品種中漸次雑交其の他の理由に依り劣変退化

せるものあること等其主要なる原因」であるとした[7]。

　勧業模範場が指摘した要因のうち、(2) と (3) についてもう少し具体的に検討してみよう。

　勧業模範場の説明によると、1910年代に最も広く普及した早神力は「全羅北道白鷗町の吉田農場にして模範場は明治三十九年〔1906年〕同農場より種子を得て試作せり。然るに其の成績佳良なりしに依り翌四十年之を模範場小作人に試作せしめたるが其の成績亦極めて良好なりしを以て翌四十一年〔1907年〕には附近の坪村、九雲洞、花山里、高陽洞、塔洞の五カ里に五斗宛の種子を配布せり、然るに其地方の農民は新品種の耕作を欲せず、配布を受けし種子の大部分は之を消費して播種せるは極めて僅少にして面かも水灌りの最も不良なる畓に申訳的に播下せるに過さりき、従て其の成績不良なりしは勿論……翌年更に成るべく水灌り良き畓に栽培せしめんと欲せしも希望するもの無き有様なりき……」とした。もちろん、ここで引用した部分は、早神力普及初期の試行錯誤の過程に関する逸話であるが、この中に早神力の栽培には水管が非常に重要で、もし灌漑条件が十分でない場所に栽培した場合には、在来種より生産性が高いとは言いがたいということがわかる[8]。

　〈図6-10〉は灌漑面積と優良品種栽培面積という2つの面積指標の変化を描いたものである。第5章で見たように、同じ朝鮮総督府の統計であるにもかかわらず、『朝鮮河川調査書』と『朝鮮土地改良事業要覧』の灌漑面積には若干の差があった。また、灌漑面積の中には堰堤、洑、揚水機、その他などによるものがあるが、そのうちその他と洑による灌漑は相対的に灌漑能力が低いものであった。こうした点を念頭に置いて、再び〈図6-10〉を見ることにしよう。優良品種の栽培面積は非常に早い速度で増加し、1915年には『朝鮮河川調査書』の灌漑面積を超えるようになる。この『朝鮮河川調査書』の灌漑面積は「その他」を含まず、在来堰堤と洑および揚水機のみで構成されたものであるが、『朝鮮土地改良事業要覧』の灌漑面積に比べて多少過小評価されたものと判断される。その過小評価された部分を補正したもの

---

7)　朝鮮総督府勧業模範場『朝鮮ニ於ケル稲ノ優良品種分布普及ノ状況』1924年、38頁。
8)　朝鮮総督府勧業模範場、同上書、25頁。

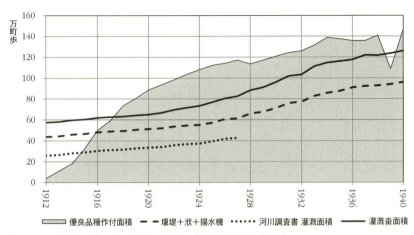

〈図6-10〉堰堤と洑による灌漑面積および優良品種栽培地面積
〈資料〉『朝鮮河川調査書』第1巻、409~410頁および『農業統計表』1940年、43-52頁から作成した。

が「堰堤＋洑＋揚水機」線である。優良品種の普及面積は1916年にすでにこの面積も超えている。「堰堤＋洑＋揚水機」に「その他」を合算したのが「灌漑畓」面積であるが、優良品種の普及面積は1917年にこの面積を超えている。優良品種の中には多摩錦のように灌漑施設が充分でない場所でも栽培しうる品種があるということを考慮したとしても、優良品種の栽培が拡大していくに従い、栽培に不適合な所にその栽培地が急速に拡大していったのは明らかである[9]。すなわち、先の〈表6-2〉でもわかるように、優良品種は灌漑施設がよく整っている肥沃な土地が栽培適地だが、そのような土地は在来品種の場合にもやはり栽培適地だと見なければいけない。結局優良品種の普及拡大が栽培適地から不適合地に拡大していったとすると、本来から生産性が高い土地から低い土地に栽培が拡大していったということと同じ意味になる。

〈表6-4〉および〈図6-11〉は、水原勧業模範場の「普通栽培田」の「普通甲区」と「普通乙区」で栽培した早神力の反歩当たり生産量を示してい

---

[9] 先の〈表6-2〉で見たように、多摩錦の栽培面積は1925～1933年の間に最大になるが、その栽培面積は16.4万～17.1万町歩であった。

〈表6-4〉土地肥沃度が異なる栽培田の「早神力」栽培成績（水原勧業模範場　単位：石／反歩）

	1910	1911	1912	1913	1914	1915	1910~1914 平均
普通甲区	4.375	4.020	4.310	4.450	5.100		4.451
普通乙区	3.800	3.270	2.884	3.350	4.140	3.260	3.489

〈注〉「普通甲区」は普通畜の中で最も優等な田区の成績で、「普通乙区」は苗代その他普通区の全部を平均したもの。
〈資料〉『勧業模範場報告』第4号〜第10号から作成。

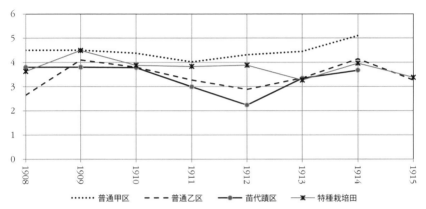

〈図6-11〉水原勧業模範場の栽培区域別反歩当たり生産量（単位：石）
〈注〉苗代蹟区は苗代場の区域を意味し、特種栽培田は「その品種固有の特性を持つ精良な種子を選定し配布用種子の原種を供給する目的で栽培した所」を言う。
〈資料〉〈表6-4〉と同じ。

る。「普通栽培田」とは優良と認められた稲を栽培し、模範を示す水田を言う。水原勧業模範場という同一の場所で、早神力という同一の品種を同一の栽培方法で栽培したにもかかわらず、「普通甲区」は「普通乙区」に比べて反歩当たり生産量が平均27.6％も高い。土地の肥沃度が相当大きな影響を及ぼしているということを意味する。しかし、1910〜1915年に限ってみる限り、品種劣変現象ははっきりとは観察されていないこともわかる。

もし優良品種がもともと肥沃度が高い水田から低い水田に栽培が拡大されるとすると、その結果はどうなるであろうか？〈モデル1〉と〈モデル2〉という2つの簡単な試算を通じてその効果を検討してみよう。もちろん、ここで使用する数字はモデルの特徴を反映するものに過ぎず、現実的な値ではない点は留意する必要がある。

第6章　改良農法　243

〈モデル1〉優良品種と在来品種の反歩当たり生産量が同一な場合
仮定
　①優良品種と在来品種の反歩当たり生産量が同一である。すなわち、2つの品種間に生産性格差がない。
　②同一の面積の6つの土地（A～F）があるが、各土地の反歩当たり生産量は15、14、13、12、11、10である。
　③毎年反歩当たり生産量が高い土地から順番に優良品種が導入される。

こうした仮定の下で優良品種の普及効果を毎年度別（1～6までの6年間）で計算してみよう（〈表6-5〉）。そしてこの計算から得られる結果をグラフにすると〈図6-12〉のようになる。

仮定①で優良品種と在来品種の反歩当たり生産量に何ら差がないとしたにもかかわらず、計算結果は我々が先に見た〈図6-7〉と似ている。優良品種の栽培地が拡大するほど、優良品種の反歩当たり生産量を示す曲線が在来種のそれよりはるかに上にあり、「平均」は不変で、優良品種と在来品種の2つの曲線はどちらも減少傾向を見せているのである。実際に2つの品種間に生産性に何の差もないにもかかわらず、分析結果には両者間の非常に大きな（垂直距離としての）差があるように考えうるのである。

〈モデル2〉優良品種が在来品種より反歩当たり生産量が25％多い場合
このモデルでは〈モデル1〉の様々な仮定の中で①にのみ変化を与えることにする。すなわち、優良品種の反歩当たり生産量が在来品種に比べて25％高いと仮定してみることにする。

優良品種の栽培拡大に伴う様々な変化についての試算表を作ってみると、〈表6-6〉のようになる。そしてこの試算表をグラフにすると、〈図6-13〉のようになる。
先の〈図6-12〉と比較してみると、いくつか変化が生じている。在来品種の反歩当たり生産量曲線は変わらないが、優良品種の反歩当たり生産量曲線はすこし上方に移動（Shift）する。その結果、平均曲線が明らかに上昇趨

〈表6-5〉優良品種と在来品種間の生産性格差がない場合の優良品種の普及効果

	A	B	C	D	E	F	優良品種平均	在来品種平均	平均	優良品種普及率	生産性格差
第1年度	15	14	13	12	11	10	15.0	12.0	12.5	16.7%	25.0%
第2年度	15	14	13	12	11	10	14.5	11.5	12.5	33.3%	26.1%
第3年度	15	14	13	12	11	10	14.0	11.0	12.5	50.0%	27.3%
第4年度	15	14	13	12	11	10	13.5	10.5	12.5	66.7%	28.6%
第5年度	15	14	13	12	11	10	13.0	10.0	12.5	83.3%	30.0%
第6年度	15	14	13	12	11	10	12.5		12.5	100.0%	

〈注〉四捨五入により小数点以下は取り除いた。優良品種の栽培地域は灰色で表示した。毎年度の優良品種の反歩当たり生産量は灰色部分の平均を、そして在来品種の反歩当たり生産量は白い部分の平均を、さらに「平均」は各年度の6個の土地全体の平均をそれぞれ意味する。

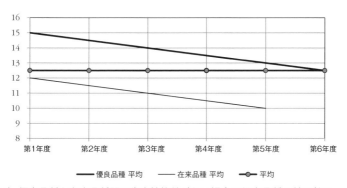

〈図6-12〉優良品種と在来品種間の生産性格差がない場合の優良品種の普及効果

勢をみせるようになる。この場合にも、優良品種と在来品種曲線の間の垂直距離が2つの品種間の生産性の格差よりはるかに高いことが明らかに見て取れる。仮定によって2つの品種間の生産性格差が25％であるにもかかわらず、〈表6-6〉で計算された格差率を見ると、56.3〜62.5％と大きな差があるのである。2つの曲線間の垂直距離によって測定された格差率をもって、そのまま2つの品種間の生産性格差率と見てはいけない、ということが確認されたのである。

　優良品種が在来品種と異なる特徴の1つは、いまだに朝鮮の気候と風土

〈表6-6〉優良品種の反歩当たり生産性が在来品種より25%高い場合の優良品種普及効果

	A	B	C	D	E	F	優良品種平均	在来品種平均	平均	優良品種普及率	生産性格差
第1年度	19	14	13	12	11	10	18.8	12.0	13	16.7%	56.3%
第2年度	19	18	13	12	11	10	18.1	11.5	14	33.3%	57.6%
第3年度	19	18	16	12	11	10	17.5	11.0	14	50.0%	59.1%
第4年度	19	18	16	15	11	10	16.9	10.5	15	66.7%	60.7%
第5年度	19	18	16	15	14	10	16.3	10.0	15	83.3%	62.5%
第6年度	19	18	16	15	14	13	15.6		16	100.0%	

〈注〉〈表6-5〉と同じである。ただし、灰色の部分は在来品種を栽培した場合の生産量に1.25を掛けて計算し、小数点以下は四捨五入した。

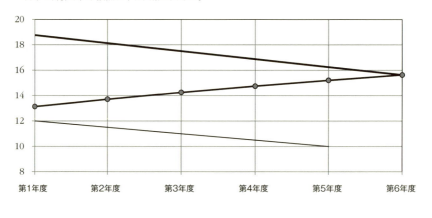

〈図6-13〉優良品種の反歩当たり生産性が在来品種より25%高い場合の優良品種普及効果

に完全に適応した品種ではないという点であろう。ここで発生する最も大きな問題は、劣変退化現象である。勧業模範場の説明によると、「一旦普及した優良品種であっても、数年間にかけて栽培される時は異品種が混淆したり或いはその特性劣変する趨勢を見せているため、総督府では……4年或いは5年ごとに優良品種普及面積全部の種子更新を行う方針を定め、1917年からその実行を督励したが、各種混乱があり予期した成績を上げることができなかったため、系統的採種畓のうち従来その経営が非常に混乱した最下級採

種畜について国庫補助金を交付し1922年度以後5年間優良品種の普及面積全部に対して種子更新をさせる計画を樹立し、その実行中にある」とした[10]。劣変退化を考慮しているという意味に解釈される。

もし劣変退化現象を考慮するようになるとすると、それは〈図6-7〉にどのような影響を与えるだろうか？　やはり簡単な試算を通じてその効果を分析してみることにしよう。

〈モデル3〉劣変退化がある場合
仮定
　①肥沃度が同一な6つの土地（A～F）がある。
　②反歩当たり生産量が優れた優良品種を年度別（1～6）とA→Fの順番で栽培を拡大していく。ただし、劣変退化がある以前の優良品種の反歩当たり生産量は14である。
　③優良品種の劣変退化がある場合（D）では14から毎年1ずつ反歩当たり生産力が減少する。優良品種の劣変退化がない場合には反歩当たり生産量はつねに14で一定する。

こうした仮定の下で優良品種と在来品種および平均反歩当たり生産量を計算すると、〈表6-7〉のようになる。そしてこの表をグラフにすると〈図6-14〉の通りである。

劣変退化がない場合には優良品種（優良品種平均C）でも在来品種（在来品種平均C）でも反歩当たり生産量曲線は傾きがない水平線となる。しかし優良品種に劣変退化があると仮定した場合には、優良品種の反歩当たり生産量曲線（優良品種平均D）は減少趨勢を示す。平均の場合にも劣変退化がない場合（すなわち平均C）よりも劣変退化がある場合（すなわち平均D）には、平均曲線が一層下側に置かれるようになる。

我々が先の〈図6-7〉で見たものは、これまで分析してきた効果、すなわ

---

10) ここで言う1922年からはじまる5カ年計画は「水稲品種改良計画」というもので、1922～1926年の第一次種子更新計画、1927～1931年の第二次種子更新計画、1932～1936年の第3次種子更新計画と続いた。朝鮮総督府農林局『朝鮮米穀要覧』1941年11月、40頁参照。

〈表6-7〉 優良品種に劣変退化がある場合の優良品種の普及効果

	A	B	C	D	E	F	優良品種平均D	優良品種平均C	在来品種平均	平均D	平均C
第1年度	14	8	8	8	8	8	14.0	14.0	8	9.0	9.0
第2年度	13	14	8	8	8	8	13.5	14.0	8	9.8	10.0
第3年度	12	13	14	8	8	8	13.0	14.0	8	10.5	11.0
第4年度	11	12	13	14	8	8	12.5	14.0	8	11.0	12.0
第5年度	10	11	12	13	14	8	12.0	14.0	8	11.3	13.0
第6年度	9	10	11	12	13	14	11.5	14.0	8	11.5	14.0

〈注〉劣変退化がない場合には、灰色部分の値はすべて14と同一である。Aの土地で劣変退化があるとすれば、反歩当たり生産量は14→13→12→11→10→9と、毎年1ずつ反歩当たりの生産量が減少する。B、C、D、E、Fの場合にも同じ方式で反歩当たりの生産量が減少する。

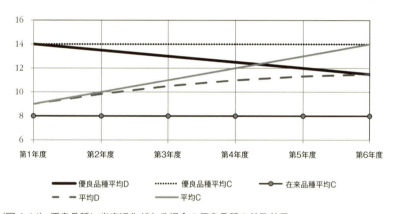

〈図6-14〉 優良品種に劣変退化がある場合の優良品種の普及効果

ち肥沃度の差による効果と劣変退化効果のみならず、稲の品種以外の改良農法の導入に関連した他の様々な要因、例えば肥料投入量の増加や改良農具の導入、あるいは種抜きや除草作業の回数などなどが複合的に作用した結果なのである。筆者が『開発なき開発』で扱った仮説、すなわち優良品種は肥沃度が高い土地から次第に肥沃度が低い土地に栽培が拡大していくという仮説で説明しようとしていたことは、〈図6-7〉で示された優良品種と在来品種の反歩当たり生産量の格差には種子それ自体が持つ生産性の差以外に、他の要因が結合しているものであるため、種子それ自体が持つ多収穫性ははるか

に縮小して考えなければならない、というものであった。金洛年の引用分の最初に出てくる筆者の主張に関する叙述、すなわち「全く生産性の格差がないという極端な主張をしようとしているのではない……もし筆者（許粹烈）の解釈が妥当ならば、優良品種普及による米穀生産量の増加は一層少なく把握しなければならないだろう」が、まさにこのことを意味していた。

一方、金洛年は「優良品種が多収穫品種という確信、または実績がなければこの時期のこの普及率の急増を説明できない……農民の立場で見れば、得にならない仕事に危険を引き受ける理由がない。言い換えれば、許粹烈の論理は当時の農民達の説明しがたい行動を前提にした時のみ成立しうるというわけである」と主張した。

しかし、金洛年のこのような主張にも論理的飛躍がある。農民が品種を選択する場合、多収穫性如何が重要な選択基準の1つとなるのは明らかであるが、それだけが唯一の選択条件ではない。

多収穫品種でないといっても、米質がよく市場でより高い価格を得ることができる場合にも、その品種を選択する動機は充分である。この点については朴ソプの叙述を引用しておこう。朴ソプは『農業統計表』などの資料を分析して、「朝鮮米価に対する日本米価の割合」という図を描いた。その図によると「1910年代に日本米価が朝鮮米価より20％以上高かった。朝鮮の米穀収集商人は日本市場に売ることができる米穀を好み、それが地主と農民に日本市場でよく売れる品種を栽培するようにさせたのである」とした[11]。

また似たような条件だと言っても優良品種を栽培する場合に様々なインセンティブを与え奨励するとしたら、その品種を選択する可能性は一層高くなりうる。そして耕作農民の自由意思ではなく外部の強力な圧力によってある選択を強要される場合もありうる。『朝鮮農政の課題』という本を見ると、優良品種の普及がどれだけ強権的に推進されたのかが簡単にわかる。「栽培品種に就ても同様一定の奨励品種が定められ、之が年次的普及更新の計画が立てられると、最下級の行政単位たる面に至るまで、年次計画が系統的に整

---

11) 朴ソプ「『植民地近代化論』をめぐる最近の論争に対する所見」『2006年度経済史学会定期学術発表大会発表論文集』2006年12月9日。

然と確立せられて、定められた品種以外の栽培は禁止せられ、農民の意欲に関せず強力的に実行せしめられる」とした[12]。

また日本市場での米穀輸出を念頭に置いていた地主たちの中には、小作料、肥料代、家賃などの受け取りから少数の改良品種に栽培品種を制限していた場合もあった。例えば、地主は穀良都などの指定品種以外の場合には5～10％の差をつけた小作料を付加することにしており、小作契約書に事前に明記して在来種の場合10％以上の割増小作料を徴収することにしていた[13]。金洛年は1910年代に驚くべきほど急速に優良品種の普及率が拡大した理由を、全面的に2つの品種間の厳格な生産性の格差のみのせいにしているが、朝鮮総督府や地主の強権的な普及政策もかなり重要な役割を果たしていた点を念頭に置く必要があるであろう。

第2節　施肥の拡大

改良農法のなかで米穀増産に大きな役割を果たしたもう1つの要因として、作物に適合する肥料を適切な量と方法によって投与することが挙げられる。朝鮮の米穀増産に関心を持っていた朝鮮総督府は、「併呑」以来一貫して施肥拡大政策を展開した。朝鮮総督府技師の三井栄長は朝鮮の施肥の発達を次のように時期区分した[14]。

　　第1期　自給肥料専用時代　（1910～1918）：堆肥および緑肥の増産奨励
　　第2期　販売肥料の消極的奨励時代（1919～1925）：豆粕使用奨励

---

12) 久間健一『朝鮮農政の課題』成美堂書店、1943年、6-13頁参照。また3・1運動以前の水稲品種普及初期の農村指導は、その施行過程があまりに強権的で軍隊式であったとまで評価されるという。科学庁技術計画局『朝鮮の米作発達史』1967年、153頁。

13) 朝鮮穀物協会『朝鮮米移出の飛躍的発展とその特異性』1938年、51頁、全羅北道『小作制度及農家経済に関する調査書』1922年、6頁。

14) 三井栄長「朝鮮に於ける肥料奨励の変遷並将来の方針」『朝鮮農会報』第1巻第8号、1927年、8-20頁。

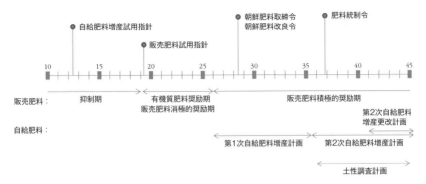

〈図6-15〉肥料政策の変化

第3期　販売肥料の積極的奨励時代（1926～）：一般販売肥料の奨励

　この点を考慮しつつ肥料に対する朝鮮総督府の政策を整理すると、〈図6-15〉のようになる。

　1910年代の肥料に関する政策は、自給肥料の増産に焦点を絞っていた。日本で合成アンモニアによる化学肥料生産が開始されたのは〈表6-8〉にあるように1923年以後で、1910年代には日本の為替事情が別段良くなかったため、肥料を輸入するために外貨を支出するのは難しかった。販売肥料よりは自給肥料の増産に重点を置かざるを得なかったのである。しかし第一次世界大戦の影響で日本の為替事情が多少よくなり、1918年の「米騒動」以後朝鮮での米穀増産が焦眉の関心事として浮上したことにより、大豆粕輸入を中心とする植物質販売肥料の使用が奨励されはじめた。続いて1923年日本窒素肥料（延岡工場）の稼働を皮切りに、1924年第一窒素（彦島工場）、1926年日本窒素肥料（水俣工場）、大日本人造肥料（富山工場）などが続々と生産を開始するなか、1926年からは朝鮮で化学肥料の消費も奨励されはじめた。特に朝鮮の場合は日本窒素肥料が1930年朝鮮窒素肥料興南工場の稼働を開始（硫安日産480トン）して以来、1938年には本宮工場も稼働（硫安日産140トン）されたため、日本最大の硫安生産地帯に浮上した。これにより、1930年代以後の朝鮮では硫安を中心にした販売肥料消費が急速に増大した。

　それでは朝鮮で肥料消費量はどのように変わっていったのだろうか？　肥

〈表6-8〉稼働開始年度別日本の合成アンモニア工場

年度	工場名	使用技術	年度	工場名	使用技術
1923	日本窒素（延岡）	Casale法	1933	宇部窒素（宇部）	Fauser法
1924	第一窒素（彦島）	Claude法	1936	三菱化学（黒崎）	I.G.法
1926	日本窒素（水俣）	Casale法	1937	日東化学（八戸）	I.G.法
	大日本人肥（富山）	Fauser法		矢作工業（名古屋）	I.G.法
1930	朝鮮窒素（興南）	Casale法	1938	朝鮮窒素（本宮）	Casale法
	住友化学（新居浜）	NEC法		多木製肥料（播磨）	I.G.法
1931	昭和肥料（川崎）	東工試法	1939	大日本特許肥料（横浜）	I.G.法
1932	三池窒素（大牟田）	Claude法		東洋高圧（砂町）	Claude法
1933	満洲化学（大連）	Uhde法	1940	日本水素（小名浜）	新Uhde法
	矢作工業（名古屋）	Uhde法		朝日化学（秋田）	新Uhde法

〈注〉年度は稼働開始年度。
〈資料〉高橋武雄『化学工業史』産業図書、1973年、149頁。

料の種類が多様であるため、まずこれらの肥料を簡単に分類して（〈表6-9〉参照）、この分類表によりその消費量を検討してみることにしよう。

　朝鮮の自給肥料消費量の変化をその種類別に見てみると、〈図6-16〉の通りである。自給肥料のうち最も刮目すべき消費量の増加を見せたのは堆肥であった。しかし堆肥消費量が本格的に増加するようになるのは1924年以後で、それ以前には500万トン水準を上下する程度であった。糞尿類消費量は1915年、1925年、そして1933～1941年に関する統計のみがわかるが、だいたい大きな起伏なしに緩慢に増加したものと見られる。1910年代をはじめ1920年代初めにいたるまで、だいたい500万トン程度であったと推察される。要するに、1910年代の場合、自給肥料は主に堆肥と糞尿の2つが中心であったといってもよいであろう。緑肥消費量も全期間にかけてたゆまず増加しているが、その増加率は非常に緩慢であった。

　ところが、全体の緑肥消費量の中では〈図6-17〉で見られるように、栽培緑肥消費量が漸次増加したため、1910年代には野生緑肥が圧倒的であったが、1925～1935年の間には栽培緑肥の消費量が急増し、1930年代には両者の消費量がほとんど似たようになる。肥料の有効成分という側面から見ると、野生緑肥（山野草）に比べて栽培緑肥の方がはるかに多かったため、肥料使用効果の側面では緑肥においても相当な増大がおこったと見てもよいであろう。

〈表6-9〉肥料の分類

自給肥料	堆肥		
	緑肥	野生緑肥	闊葉樹の若葉、山野草など
		栽培緑肥	青刈大豆、紫雲英、ツメクサ、ウマゴヤシ、アルファルファ、ヘアリベッチなど
	糞尿類		人糞尿、糞灰、鳥糞、蚕渣、その他糞尿
	灰類		
	その他自給肥料		
販売肥料	動物質肥料		魚肥類、骨粉類、その他動物質肥料
	植物質肥料		大豆油粕、その他油粕類、米糠、その他植物質肥料
	鉱物質肥料		硫安、過燐酸石灰、硫酸カリウム、チリ硝石、その他鉱物質肥料
	調合肥料		
	その他販売肥料		

〈資料〉朝鮮総督府農林局『朝鮮の肥料』1942年版から作成。

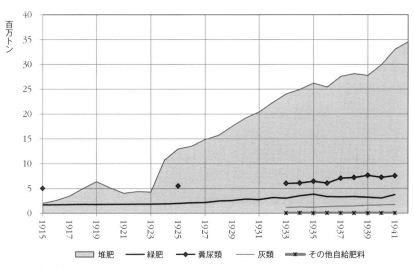

〈図6-16〉自給肥料の消費量
〈資料〉朝鮮総督府農林局『朝鮮の肥料』1924年版、63～64頁、朝鮮総督府『統計年報』各年度版。ただし、数量単位が貫となっているものは、1貫=3.75kgで換算した。

　そして、栽培緑肥の中では〈図6-18〉において見られるように、1920年代中葉までは青刈大豆が圧倒的な割合を占めていたが、1924年以降は紫雲英〔レンゲソウ〕の栽培が急増し、1930年代になると紫雲英が圧倒的な割合を占めるようになる。その他の栽培緑肥の中ではクローバーやアルファルフ

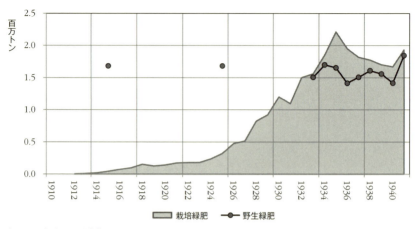

〈図6-17〉緑肥の消費量
〈資料〉〈図6-16〉と同じ。

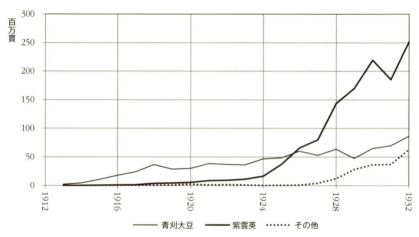

〈図6-18〉栽培緑肥の生産量
〈注〉青刈大豆は、豆の収穫を目的とするのではなく、蔓や葉を飼料や緑肥として使用するために豆が実る前に刈り入れたものを言う。
〈資料〉朝鮮總督府『統計年報』各年度版。

はじまる1920年からは、植物性販売肥料に大きく依存せざるをえなくなった。植物性販売肥料として最も大きな割合を占めるのは、大豆粕であったが、相当量が輸入によって調達された。1926年から化学肥料を含む販売肥料の使用を積極的に推奨しはじめたことにより、鉱物質肥料の消費量が急増する。

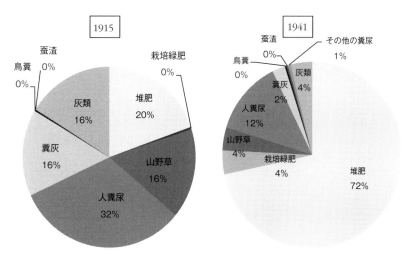

〈図6-19〉1915年と1941年の自給肥料の消費量構成
〈注〉糞灰は人糞尿に灰を混ぜて作る肥料である。
〈資料〉朝鮮総督府農林局『朝鮮の肥料』1942年版より作成。

ァ（ルーサン）などの栽培面積が急速に増加した。

　肥料に関する統計がもう少し正確になる1915年の場合、自給肥料消費の構成は〈図6-19〉の左側のようになる[15]。1941年と比較して見ると、堆肥の割合が顕著に低く、また日帝時代に急速に普及が拡大した栽培緑肥もこの時点では事実上皆無の状態であった。在来の施肥方法が1915年でも依然として続けられていたことがわかる。

　今度は販売肥料の消費量の変化について見てみよう。〈図6-20〉を見ると、朝鮮の販売肥料のうち動物質肥料が占める割合は非常に低いことが一目でわかる。ただし、1930年代中頃にその消費量が多少増加するが、これは鰯油を絞り残った鰯搾粕が動物質肥料として使用されていたためであった。鉱物質肥料および配合肥料の生産し消費も1920年代中頃以降になってようやく増加しはじめるため、1920年代中頃までは鉱物質肥料および配合肥料の消費量は事実上皆無であったとみなしてもよい。これにより、産米増殖計画が

---

15) 肥料に関する統計は1915年以前には確実ではなかったと言う。朝鮮総督府編『朝鮮総覧』1933年、218頁。

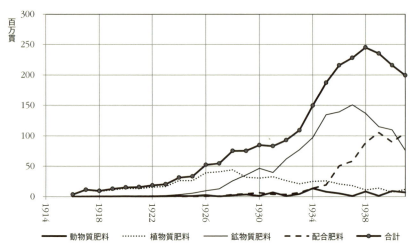

〈図 6-20〉販売肥料の消費量
〈資料〉〈図 6-16〉と同じ。

　しかし、鉱物質肥料の消費量は〈図 6-21〉で見られるように、主に硫安に依存していたため、その過多使用により稲熱病（いもち病）の発生が蔓延し、1937 年の日中戦争勃発以後は、硫安生産の減少によりその消費量が再び減少するようになった。1933 年からは配合肥料の使用が増加しはじめた。
　次に、先に考察した各種肥料の消費量を耕地面積で割り、反歩当たりの肥料消費量を計算すると、〈図 6-22〉のようになる。1923 年までは肥料消費量がそれほど多くなく、1924 年から急速に増加しはじめることがわかる。
　勧業模範場では稲の品種の違いによる生産量の変化に関する調査とともに、肥料投与量による生産量の変化に関しても強い関心を持って調査した。258 頁〈表 6-10〉は、このような目的のために試験栽培した調査結果の一部である。品種はすべて早神力で、反歩当たりの投与量および生産量である。
　すべての試験区で早神力を植え、堆肥をすべて 150 貫ずつ投与した。そして油粕を追加で投与することで、肥料増投時の効果を測定しようとした。試験栽培の結果によると、油粕を全く投与しなかった少量区に比べ、油粕を 7 貫投下した普通区の生産量は 39.2％増大した。しかし、これよりさらに 7 貫を増やして投下した多量区の場合には、普通区に比べて生産量の増加率は

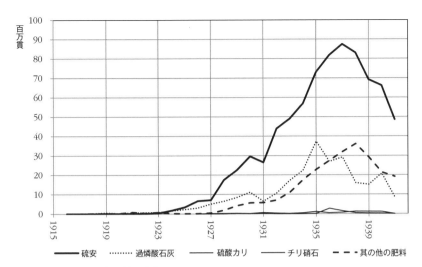

〈図6-21〉鉱物質販売肥料の消費量
〈資料〉〈図6-16〉と同じ。

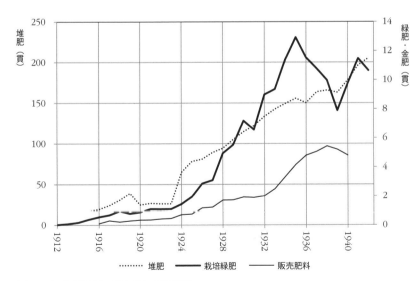

〈図6-22〉各種肥料の反歩当たり消費量
〈資料〉〈図6-16〉と同じ。

〈表6-10〉勧業模範場の肥料投与量実験

区名	少量区	普通区	多量区	最多量区
堆肥（貫）	150	150	150	150
油粕（貫）		7	14	21
玄米収量（石/反歩）	1.264	1.760	1.837	1.878
増加率		39.2%	4.4%	2.2%

〈注〉試験栽培は5苗歩ずつ行ったが、上記表はそれを反歩当たりに換算したものである。
〈資料〉朝鮮総督府勧業模範場『朝鮮総督府勧業模範場報告』第5号、1911年、30頁。

4.4%に過ぎず、さらに7貫を投下した最多量区では、多量区に比べて2.2%の増加のみが観察された。早神力の場合、適切な肥料投入が多収穫を引き上げるために何より重要な前提であることは明白である。ただし、早神力の場合、肥料投入量が増大していくに従い、増産率が少しずつ減少し、さらにもう少し増やして投与すると、ひどい時には生産量が減少する場合も出てきている。しかし、全般的に肥料投入量の増加と生産量の増加は正の相関関係を有しているとした。

上記の実験結果と〈図6-22〉の1910年代の肥料消費量を比較してみよう。勧業模範場では早神力を栽培しながら基本的に堆肥を150貫施用したが、〈図6-22〉で見ると、1915～1923年の年平均1反歩当たりの堆肥消費量は26.0貫、緑肥0.8貫、金肥0.3貫に過ぎなかった。先にも説明したように、この時期の金肥はほとんどが油粕であったため、油粕消費量という点で見ると、事実上少量区と違わないが、堆肥投入量は少量区の六分の一程度に過ぎなかった。現実の施肥量は、勧業模範場の試験栽培条件にははるかに至らないもので、従ってもしこのような施肥環境で優良品種が栽培されたとすれば、どれほどその品種が多収穫品種であったとしても、その多収穫性を保障するのは困難であったという意味に解釈される。

一方、1924年から自給肥料の投入量もそれ以前に比べてはるかに増加し、特に1926年からは化学肥料の使用も勧奨されるなか、肥料消費環境は大きく異なるようになる。1930年からは朝鮮窒素で硫安が大量に生産されはじめたため、硫安消費量も急増するようになる。硫安に対する過度の依存が招いた最も深刻な問題は、稲熱病であった。稲熱病に関する統計がないため、当時の新聞記事で稲熱病が取り上げられた頻度からこのことを推し量って

〈表6-11〉稲熱病に関する年度別新聞報道件数

年度	東亜日報	毎日新報	朝鮮中央日報	中外日報	合計
1928	12			5	17
1929	1			2	3
1930	4			7	11
1932	52				52
1933	14		5		19
1934	12		5		17
1935	5	3	5		13
1936	23	54	25		102
1937	23	3			26
1938	74	41			115
1939	10	10			20
1940	39				39

〈注〉韓国歴史情報統合システムで「稲熱病」で検索した後、「連続刊行物」で各新聞別に報道件数を整理した。

みると、〈表6-11〉のようになる。稲熱病に関する新聞報道は、1928年から現れはじめ、1932年、1936年、1938年には非常に深刻な問題として扱われている。稲熱病が注目されるようになった始まりは、〈図6-21〉で見たように、鉱物質肥料（特に硫安）の使用量の増加とかなり密接な関係があった。しかし、このような稲熱病の拡散現象にもかかわらず、1930年代に米穀生産性が飛躍的に高まっていったのは確実である。

このような肥料消費環境の変化によって先の〈図6-2〉で見たように、最も多く栽培されていた優良品種の種類も1910年代の小肥多収穫品種であった早神力が1924年頃を契機に急速にその割合が減少し、1930年代は多肥多収穫品種である銀坊主や陸羽132号に急速に交代していった。1930年代にはより充実していた灌漑条件と施肥条件の下で、多肥多収穫品種が急速に普及したため、生産性の急速な増加が成し遂げられたのである。〈図6-23〉は、1930年代に普及した銀坊主と陸羽132号がそれ以前に最も生産性が高かった早神力や穀良都より反歩当たりの生産量が多いことを如実に示している。すなわち、1930〜1941年の間の各品種別の反歩当たり生産量を見ると、

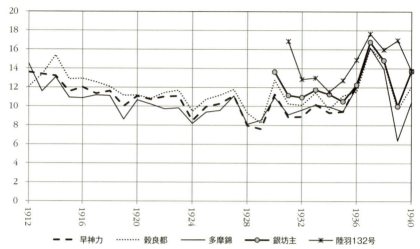

〈図6-23〉主要優良品種の反歩当たり生産量(単位:石)
〈資料〉朝鮮総督府『農業統計表』1940年版から作成。

早神力が1.00石、多摩錦が1.07石、穀良都が1.18石であったが、銀坊主が1.24石、陸羽132号が1.46石と、一層より高い生産性を持つ品種が広く普及していたのである。

また、肥料購入のための低利資金貸付制度は〈図6-24〉で見られるように、1926年から施行されはじめ、1930年代以後急増するようになる。朝鮮窒素肥料(株)の興南工場で硫安生産がはじまるのが1930年ということと、脈絡を同じくする。

朝鮮内で化学肥料が本格的に大量に生産されはじめるなか、〈図6-25〉で見られるように、化学肥料の価格はそれ以前より低くなり、朝鮮と日本の間の価格格差もそれ以前に比べてはるかに少なくなる。しかし、朝鮮の肥料価格はそれ以後にもだいたいにおいて日本より少し高かった。日本窒素肥料はこのような高価格と低生産費を土台に莫大な利潤を得ることができ、その利潤をほとんど社内留保することで、急速に資本蓄積をして新興財閥に成長することができた[16]。

---

16) 東洋経済新報社の推計によると、1942年の朝鮮の鉱工業資産において日窒系資本が占める

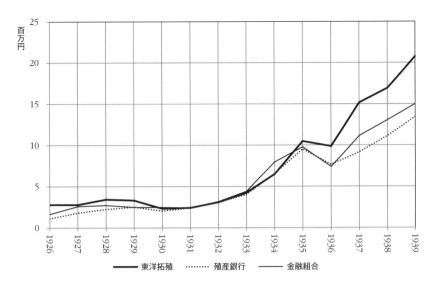

〈図 6-24〉肥料低利資金貸付の累年表
〈注〉資金年度は 9 月から翌年 8 月で 1 年度とする。
〈資料〉朝鮮総督府農林局『朝鮮の肥料』1941 年、26 〜 27 頁。

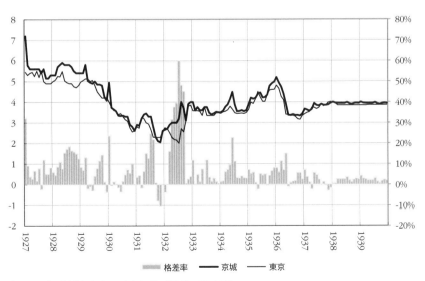

〈図 6-25〉京城と東京の硫安価格（単位：円 / 貫）
〈資料〉京城は朝鮮総督府財務局『朝鮮金融事項参考書』の該当年度版から、東京は東洋経済新報社『東洋経済新報』の該当週版から作成した。

第3節　米穀生産量修正の検討

　先に、土地調査事業が終了して以後、朝鮮総督府自らが2回にわたり米穀生産量を修正したということを指摘したことがある。しかし、『韓国の経済成長』では、この朝鮮総督府の修正以外に、もう一回の修正をさらに加えている。修正のきっかけは、1936年の米穀生産量の調査方法の改訂であった。この調査方法の改訂と関連して、朝鮮総督府農林局長は、次のように語った[17]。

> 　……（1936年の-引用者追加）第1回予想収穫高は一千九百九十四万二千九百十三石と発表せられたが本年は米穀自治管理法の実施に伴い其の基礎資料として米穀の生産高、現在高及移動高を根本的に調査することとなった結果、今日右調査に基く米予想収穫高の発表を見ることに至ったのである。
> 　……従来と同様の調査方法により調査をもなして参考資料とせるが其の調査に依れば予想収穫高一千五百五十二万六千十石似て前年に比し一割三分二厘の減収となり昭和四年以来の大凶作となっている。之は申すまでもなく六月中の西北鮮中鮮に於ける旱魃と七月下旬以降に於ける全鮮的の悪天候による湿害並に風水害殊に稲熱病の全鮮的惨害等に因る結果である。要するに発表の第1回予想収穫高は一千九百九十四万二千九百十三石と従来の調査方法の一千五百五十二万六千十石との差四百四十一万六千八百十三石は新旧調査方法の差異に因る数字上の差異である。

　1936年の米穀生産量に関する調査はその後、第2回予想収穫高調査に続

　　割合は、約26％であったと言う。東洋経済新報社『年間朝鮮（朝鮮産業の共栄圏参加体制）』1942年、26～27頁。
17) 国家記録院朝鮮総督府記録物、総督官房外事課、CJA0002340、M/F 88-700「昭和11年（甲）領事館往復関係」文書綴中「米収穫予想プリント寄贈の件」。米第1回予想収穫高に関して、農林局長談。

〈表6-12〉新旧2つの調査方法別1936年の米穀生産統計（単位：石）

年度	調査時期	調査方法	生産量
1935年	最終確定生産高	旧調査	17,884,669
1936年	第1回予想収穫高 （1936年9月20日）	新調査	19,942,193
		旧調査	15,526,010
	第2回予想収穫高 （1936年10月31日）	新調査	20,199,012
		旧調査	15,572,977
	最終確定生産高	新調査	19,410,763
		旧調査	15,427,832

〈注〉調査時期の第1回、第2回は、収穫量予想調査を意味する。
〈資料〉国家記録院朝鮮総督府記録物、総督官房外事課、CJA0002340、M/F 88－700「昭和11年（甲）領事館往復関係」文書綴のうち「米収穫予想プリント寄贈の件」および、東畑精一・大川一司『米穀経済の研究』〔1〕、有斐閣、1939年、425頁から作成。

いて最終的に確定されたが、この新旧の2つの調査方法による米穀生産高統計を整理すると、〈表6-12〉のようになる。

ともあれ、〈表6-12〉の資料によると、「6月中の西北鮮、中鮮に於ける旱魃と7月下旬以降に於ける全鮮的の悪天候による湿害並に風水害殊に稲熱病の全鮮的惨害」などの原因により1936年の米穀生産高は大凶作だったと言う。したがって、従来の調査方法で集計すれば米穀生産高は1788万4669石から1542万7832石と13.7％減少するが、新たな調査方法で集計すれば、1788万4669石から1941万763石とむしろ8.5％増加することになる。新旧2つの調査方法の間の差は、旧調査方法を基準にした場合25.8％増産になるのである[18]。米穀生産統計系列が1936年を境に不連続的になってしまっている。したがって、日帝時代の米穀生産統計を同一の基準によって連続的に把握するためには、1936年以前の米穀生産統計とそれ以後の統計を何らかの方法によって連続させる修正作業が必要になる。方法は様々なものがあ

---

18) このように1936年には2つの調査方法が並行し、新調査方法が坪刈を強化するなど、より厳密な調査となっていたと判断されるが、旧調査は補助的な調査であったため、どれだけ注意を払って行われていたかを判断するのは難しい。後で扱うことになる様々な補正方法は、結局は新旧2つの調査方法の違いによる生産量の差に大きく依存する。

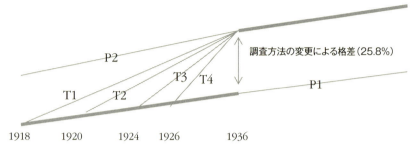

〈図6-26〉1936年の調査方法による米穀生産量の修正方法

累計	主張者	補正期間	補正方法
T1	朴ソプ	1910~1935 (1918～1935)	1918年以後1935年まで趨勢的に上向き調整 1917年までは栽培面積修正
T2	東畑精一	1920～1935	1920年以後1935年まで趨勢的に上向き調整
T3	徐相喆	1924～1935	1924年以後1935年まで趨勢的に上向き調整
T4	伊藤俊夫	1926～1935	1926年以後1935年まで趨勢的に上向き調整
P1	文定昌		1936年以後を比例的に縮小
P2	東畑精一		1935年まで比例的に増大

りうる。現在まで提示された修正方法を概念的に整理すると、〈図6-26〉のようになる。

　このように、新旧2つの調査方法上の違いは、2回の予想収穫量および最終確定生産量において明確にあらわれる。そのため、この2つの調査方法の違いによる収穫量の変化に最初に注目した東畑精一は、1936年のこの2つの統計間の差を根拠に、それ以前の生産量統計を修正する方法を提示した[19]。修正方法において、彼はまず「農産物収穫統計の誤差の主源は、被調査者の過少量報告」にあると仮定した。そのため「調査の正確度が増せば、実収高が統計上増加するのは蓋し当然」だが、「反当収量の趨勢的増大が行われつつある状態に於て、この種の誤差は最も起り易いと考え」た。「同種の調査方法の年々の連続的、慣習的施行は反当り収量の趨勢的増加という事実をもたらし易いから」だというのである。そして朝鮮で米穀生産が趨勢的に増加

---

19) 東畑精一・大川一司『米穀経済の研究』〔1〕、有斐閣、1939年、425～427頁。

するようになるのは、産米増殖計画の実施以後であるため、1920年から趨勢的に補正するのが望ましいであろうと主張した。

徐相喆も農民の米穀生産量に対する過小報告のせいで1924〜1935年の間の米穀生産量統計は実際の生産量より過小となるようになったと考えた[20]。すなわち、小作農が自身の収取量が必要最低消費量に至らない場合には、収穫量は少なく報告するようになるが、1924〜1935年の間の1人当たり米穀消費量が前時期の1人当たり消費量である0.55石に至らなかったため、このようなことが起こったのだと考えた。過小報告という点が妥当な説明だとしても、その理由についての説明は納得しがたい。ともあれ、1924年が補正の起点となる。

伊藤俊夫は東畑の趨勢的補正論を受け入れつつも、誤差の累積が始まる時点については若干見解を異にした[21]。彼は朝鮮の米穀生産の躍進的増加は「昭和年代」に入ってから、すなわち「産米増殖計画の第2期」に照応するものだと考えた。要するに、彼は1926年を契機に誤差が累積的に拡大しはじめたのだと考えた。

一方、文定昌は1936年の新しい調査方法それ自体を不信に思い、1936年以後の米穀生産量統計をそれ以前の趨勢に合わせて下向調整することを提案した[22]。すなわち「1936年に南次郎が朝鮮総督になって以降に朝鮮総督府があらゆる統計上で出したいわゆる米穀生産量は、その実収穫とはほど遠い各郡の郡守と道知事の間の取引の末に調整された米穀供出量の算出根拠として操作された数字に過ぎないのである」とした。

『韓国の経済成長』で農業部門を担当していた朴ソプの方法は、大きく2つの点で他の方法と区別される。第一に、朴ソプの補正は朝鮮総督府の栽培面積に対する統計を修正して使用したという点に特徴がある。彼は「1918年以前の作付面積増加率を、土地調査事業が終わった1918年から産米増殖計画が本格化する1925年の間のものと同じと仮定」した[23]。言ってみれば

---

20) Suh, Sangchul, *Growth and Structural Changes in the Korean Economy, 1910–1940*, Cambridge, M.A. 1978, 18–19頁。
21) 伊藤俊夫「朝鮮米作の技術水準」『朝鮮総督府調査月報』第13巻第6号、4頁。
22) 文定昌『軍国日本朝鮮強占三十六年史』下、柏文堂、1966年、403–405頁。
23) 朴ソプ「植民地期米穀生産量統計の修正について」『経済学研究』(韓国経済学会)第44集第

1918〜1926年の回帰線を1910〜1917年の間に延長し、栽培面積を推計するとう方法を選んだのである。1918〜1935年の間の栽培面積に関しては、朝鮮総督府の統計に耕作不能面積が5％ほど含まれているとみなし、一律に差し引いた[24]。〈図6-27〉で1918年の米穀生産量が朝鮮総督府のそれより5％少ないのは、そのためである。この修正は非常に合理的なものと判断される。

　第二に、朴ソプは趨勢的補正の起点を他の補正方法とは異なり、土地調査事業が完了した1918年と捉えたという点である[25]。この補正起点は他のあらゆる方法に比べて時期的に最も早いものであった。朴ソプの説明によると、土地調査事業で朝鮮総督府は課税地価を算定するために水田に等級を付与し、その過程で収穫量がかなり正確に調査されたとした。しかし、土地調査事業が完了して以降には、「統計調査に臨む総督府の態度」が「はっきりしなくな」り、この時から生産量に対する農民の過小報告が累積しはじめたと考えた。

　このような朴ソプの補正方法に従い推計された米穀生産量を朝鮮総督府のものと比較してみたのが〈図6-27〉である。朴ソプの補正では、いったん1918年の米穀生産量調査は正確であったが、耕作不能地が5％含まれているため、それを差し引けば朝鮮総督府の生産量より5％少なくなる。1918〜1935年の間には、1936年の調査方法の変更による新旧両調査の間の差25.8％が1918年と1935年の間に趨勢的に上向き調整されたが、この期間に朝鮮総督府統計では耕作不能地5％が含まれていたため、それを一律に差し引いてやると、両者間の格差率を1918年の−5％から1935年に＋21.6％になるよう漸次に高くなっていくよう補正されたのである。

　朴ソプの補正は1910〜1935年の間の米穀生産量を平均5.4％ほど増加させるもので、特に1922〜1935年の間の米穀生産量を分厚くするものであ

　　　1号、1996年4月、94頁。ただし、このような修正方法は第5章で扱ったように、同じ植民地近代化論者である李栄薫によって批判されたことがある。
24) 耕作不能地とは、田の畔のように実際には栽培に使用しない面積を意味する。朴ソプはこれを全体の水田面積の5％程度だと仮定した。
25)「以上を土台にして、筆者は1918年以後の調査生産量と実際の生産量の間に意味のある差が現れはじめたと考える」とした。朴ソプ、前掲論文、100頁。

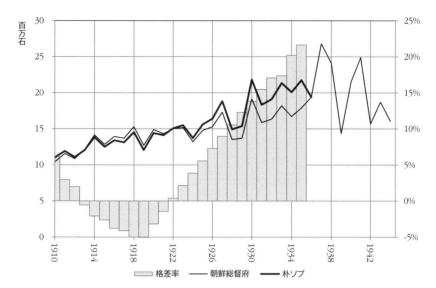

〈図6-27〉朴ソプと朝鮮総督府の米穀生産量比較
〈注〉1936年以後には両者が一致し、したがって格差率は0%になる。
〈資料〉『韓国の経済成長』410頁および、朝鮮総督府『統計年報』各年度版から作成。

るため、日帝時代の農業変化を考察する時、非常に重要な意味を持つと言わざるをえない。全体的に植民地近代化論の様々な命題は、このような補正によって強化される側面がある。しかしながら、朴ソプの補正方法は非常に慎重で、彼の主張のうち相当部分は受け入れられなければならないと考える。

しかし、補正の起点については依然として疑問の余地がある。彼の考えとしては朝鮮総督府の調査態度が土地調査事業以後に緩くなったことを最も重要な根拠としているが、充分に立証された説明とは言いがたい。この後の第7章第2節で秋収期の事例を取り上げて説明することになるが、これらの斗落当たり地代量に関する資料では、このような補正方法は説得力がないことが明らかになるであろう。

第 7 章

農業生産性の長期的変化

第1節　地代量と地代率

　長期的な農業生産性の変化は、経済史の長い間の関心対象の1つであった。農業生産性は主に土地生産性により推定される。この場合土地生産性とは、一定の面積で生産される収穫物の数量、例えば1マジキ（斗落）の水田で生産される米穀の数量と言った、単位面積当たりの生産量で表される。

　問題は、過去の記録から単位面積当たりの生産量の変化がわかる資料が充分でないという点である。このような資料よりはもう少し残っている資料が、単位面積当たりの地代量に関する資料である[1]。現在知られている地代量に関する代表的な資料としては二種類がある。1つは朝鮮後期から日帝時代にかけての斗落当たりの地代量資料である。これらの資料は「地主家の秋収記のような古文書」に収録されているものであるが、この間このような種類の資料がかなり多く発掘された。

　最近、李栄薫がこれらの資料を総合して1685～1947年の間の水稲作土地生産性の変化を考察したことがある[2]。もう1つの資料は朝鮮殖産銀行の資料であるが、1928年から1943年までの16年間、毎年593～670件の標本について畓［水田］100坪当たりの売買価格・法定地価・小作料数量（石）・小作料換価・維持管理費・純利益・利益率などを上・中・下の3等級

---

1) ここでは地代量を小作料数量、地代率を小作料率と同じ意味で使用することにする。
2) 李栄薫「17世紀後半～20世紀前半水稲昨土地生産性の長期趨勢」『韓国の歴史統計：マルサスの世界から近代的経済成長へ』（落星台経済研究所学術大会発表文）、2009年。この論文の参考文献では、斗落当たりの地代量に関する既存研究が網羅されており、〈付録1〉には1660～1947年の間の31地域の斗落当たり地代量と4地域の斗落当たり生産量を整理した表が添付されている。李栄薫編著『マッチルの農民たち』一潮閣、2001年、李栄薫編『数量経済史で見直した朝鮮後期』ソウル大学校出版部、2004年、李栄薫「湖南古文書に表れた長期趨勢と中期波動」『湖南地域古文書の基礎研究』韓国精神文化研究院、1999年。

別に収録している[3]。

 ところが、これら2つの資料は単位面積当たり（例えば斗落当たりあるいは100坪当たり）の地代量はわかるが、単位面積当たりの生産量に関する情報は存在しないという共通点を有する[4]。したがって、これらの資料により単位当たりの生産量、即ち土地生産性を知ろうとするなら、地代率に対する考慮が必要となる。

 まず、地代率は次のような数式によって定義されうる。

$$\text{地代率} = \frac{\text{単位面積当たりの地代量}}{\text{単位面積当たりの生産量}}$$

この数式を少し変形させると、単位面積当たりの生産量に関する数式を得ることができる。

$$\text{単位面積当たりの生産量} = \frac{\text{単位面積当たりの地代量}}{\text{地代率}}$$

 単位面積当たりの生産量が土地生産性を意味するが、これを知ろうとするなら、単位面積当たりの地代量と地代率について知る必要がある。あるいは、地代率がわからないとしても、それが一定であるという前提さえ成立するなら、単位面積当たりの生産量は単位面積当たりの地代量と比例するものであるため、単位面積当たりの地代量資料から土地生産性がわかることになる。要するに、現在豊富に存在する斗落当たりの地代量に関する資料から、土地生産性すなわち単位面積当たりの生産量を知ろうとするなら、地代率に関する情報が必ず必要になる。

 日帝時代の小作料率（地代率）に関しては、金洛年と筆者の間で論争がある。発端は、筆者が『開発なき開発』〔邦題：『植民地朝鮮の開発と民衆——植民地近代化論、収奪論の超克』〕において、日帝時代の代表的な小作料数量資

---

3) 朝鮮殖産銀行『全鮮畓田売買価格及収益調』第1回（1928）～第16回（1943）。ただし、（　）内の数字は調査年度である。
4) 部分的に斗落当たりの生産量資料が存在する場合もあるが、時系列が充分でない場合がほとんどである。

〈表7-1〉民族別所有土地の生産性比較（金洛年の仮想の例）

	朝鮮人の土地	日本人の土地1	日本人の土地2	日本人の土地3
生産量	100	500	150	128.5
小作料	50	450	100	78.5
小作料率	50%	90%	67%	61%
小作人収入	50	50	50	50

〈資料〉金洛年、前掲論文〔注6〕、215頁より引用。

料である『全鮮畓田売買価格及収益調』のデータを、小作料率が一定であると仮定して小作料数量と比例的であると見たのに対し[5]、金洛年は小作人の収入（生産量の中で地代を支払い小作人に残る分）が一定であると仮定して、筆者を批判したことから始まった[6]。金洛年の考えは、単位面積当たりの小作人収入がそれぞれ異なるならば、小作人の間の競争によって結局はそれが平準化されるであろうという競争の原理を日帝時代朝鮮の小作制度に導入したものであった[7]。

彼の考えは〈表7-1〉の仮想の例で説明される。「朝鮮人の土地」と「日本人の土地1」の場合のように、もし生産性格差が5倍で小作料率がすべて50％ならば、小作人は日本人地主の土地を小作することで朝鮮人地主の土地を小作する場合（50）より5倍の収入（250）をあげるだろうし、そうであるならすべての小作人たちが日本人所有の土地を小作しようとするだろうから、日本人の土地の小作料率は上昇するだろう。この小作料率の上昇は単位面積当たりの小作人の収入が同一になるまで継続するだろう、と言うものである。すなわち金洛年のこの仮想の例の特徴は、土地の生産性が異なるにもかかわらず、小作人収入がすべて同一だと仮定したところにある。

金洛年の仮想の例では、「日本人の土地3」のような場合が現実的なものとみなされている。それでは、「日本人の土地3」はどのようにして導き出されたものであろうか？　金洛年の叙述を引用してみよう。

---

5) 許粹烈、前掲書、98-99頁〔日本語版89頁〕。
6) 金洛年「書評：『開発なき開発——日帝下朝鮮経済開発の現象と本質』（許粹烈著）、ウネンナム、2005年」『経済史学』第38号、215～216頁。
7) 咸鏡南道の小作慣行についての以下の分析は、許粹烈「日帝下朝鮮における日本人土地所有規模の推計」『経済史学』第46号、2009年の内容をそのまま持って来たものである。

〈表 7-2〉小作人収入がすべての土地で同一な場合の生産量格差率／小作料格差率の計算表

	日本人の土地1／朝鮮人の土地	日本人の土地2／朝鮮人の土地	日本人の土地3／朝鮮人の土地
小作料格差率（A）	（450 － 50）/50=8	（100 － 50）/50=1	（78.5 － 50）/50=0.57
生産量格差率（B）	（500 － 100）/100=4	（150 － 100）/100=0.5	（128.5 － 100）/100=0.285
B/A	4/8=0.5	0.5/1=0.5	0.285/0.57=0.5

〈注〉朝鮮人の土地の小作料率が50％で、小作人収入がすべての土地で同一だと仮定し、〈表7－1〉から計算した結果である。

　この資料（殖産銀行の『全鮮畓田売買価格及収益調』：引用者）によると、耕地等級（上・中・下）別の小作料がわかるが、100坪当たりの水田小作料の等級別平均が1931年に0.56石、0.38石、0.22石と調査されている。当時の水田の等級別構成比はわからないが、例えば全体の水田が上・中・下と3等分されているとしてみよう。そして日本人所有の水田（14.6％）がすべて上等級で、残りが朝鮮人所有だと仮定すると、日本人所有の水田の小作料は朝鮮人のそれに比べて平均1.57倍高いものと計算される。もちろん、等級別の水田の構成比が異なる場合や、同じ等級内でも格差がありうるが、その点を考慮してもこの数値が大きく異なることはないであろう。表（〈表7-1〉：引用者）の日本人地主3は、小作料が朝鮮人地主の1.57倍（＝78.5/50）である場合を示している。この時、日本人所有の土地の小作料率は61％となり、2つの土地の生産性格差は28.5％と計算される。

　このように「朝鮮人の土地」の小作料率が50％で、小作人収入があらゆる土地で同一だと仮定すると、土地生産性の格差率は小作料格差率の半分となる。金洛年の仮想の例に従い、それぞれ異なる2つの土地の間の生産量格差率／小作料格差率を「朝鮮人の土地」を基準に計算してみると、〈表7-2〉で見られるように、どのような場合でもすべて1/2（＝0.5）の値が導き出される。

　それでは、上記の金洛年の仮想の例を若干の数式を使用してもう少し厳密に検討してみよう。〈表7-3〉は、単位面積当たり（例えば100坪当たり）の

〈表7-3〉用語および概念の定義

	土地1	土地2
生産量	Q_1	Q_2
小作料率	$r_1 = \dfrac{L_1}{Q_1}$	$r_2 = \dfrac{L_2}{Q_2}$
小作料（地主の取り分）	$L_1 = Q_1 r_1 = Q_1 - S_1$	$L_2 = Q_2 r_2 = Q_2 - S_2$
小作人の収入（小作人の取り分）	$S_1 = Q_1(1 - r_1)$	$S_2 = Q_2(1 - r_2)$

生産量がそれぞれ異なる2つの土地（「土地1」と「土地2」）の生産量、小作料率、地主の取り分、小作人の取り分についての用語および概念の定義を整理したものである。「土地1」と「土地2」の区分は、土地生産性による区分にすぎず、民族区分とは何の関係もない点に留意して欲しい。

ここで私たちの関心の対象となるのは、生産量の格差率、すなわち $\dfrac{Q_2 - Q_1}{Q_1}$ と、小作料の格差率、すなわち $\dfrac{L_2 - L_1}{L_1}$ の間の関係、すなわち先の〈表7-2〉の（B）と（A）の比率を見てみようということである。金洛年の仮想の例では、朝鮮人の土地の小作料と日本人の土地の小作料の間に57％の格差があり、従って2つの土地の間の生産量の格差率は、その半分である28.5％とした。すなわち、金洛年の仮想の例では、

$$\frac{\dfrac{Q_2 - Q_1}{Q_1}}{\dfrac{L_2 - L_1}{L_1}} = \frac{28.5}{57} = \frac{1}{2} \quad \cdots\cdots (1)$$

という関係が成立するというのである。

（1）の数式の左辺をもう少し整理すると、（2）の数式のようになる。

$$\frac{\frac{Q_2-Q_1}{Q_1}}{\frac{L_2-L_1}{L_1}} = \frac{Q_2-Q_1}{Q_1} \times \frac{L_1}{L_2-L_1} \quad \cdots\cdots\cdots\cdots\cdots\cdots (2)$$

〈モデル1-小作人の収入が同一な場合〉

(2) の数式で

$$\frac{Q_2-Q_1}{Q_1} \times \frac{L_1}{L_2-L_1}$$

$$= \frac{Q_2-Q_1}{Q_1} \times \frac{Q_1-S_1}{(Q_2-S_2)-(Q_1-S_1)}$$

(〈表7-3〉の $L_1=Q_1-S_1$ と $L_2=Q_2-S_2$ を代入)

ここで、小作人の収入がすべて同一であるとの仮定(すなわち、$S_1=S_2=S$)と、〈表7-3〉の $S_1=Q_1(1-r_1)$ を代入すると、

$$= \frac{Q_2-Q_1}{Q_1} \times \frac{Q_1-Q_1(1-r_1)}{(Q_2-S)-(Q_1-S)}$$

(〈表7-3〉の $S_1=Q_1(1-r_1)$ と、$S_1=S_2=S$ を代入)

$$= \frac{Q_2-Q_1}{Q_1} \times \frac{Q_1 r_1}{Q_2-Q_1} = r_1$$

となる。すなわち、(1) の数式の左辺の値を計算すると、その結果は比較基準となる「土地1」の小作料率と同じになるという意味になる。金洛年の場合、(1) の数式の右辺で見られるように1/2という値が出たが、それは「朝鮮人の土地」の小作料率を〈表7-1〉で見られるように50%(すなわち

$r_1=1/2$）であると仮定したためである。金洛年の1/2という値は、一般的なものではなく、基準となる土地の小作料率が50％という特定の条件下でのみ成立する値である。金洛年によると、小作料の格差率が57％である場合には、この数式による生産性格差率はその半分である28.5％となるのである。

〈モデル2－小作料率が同一の場合〉

今度は、仮定を少し変えた新しいモデルをもう1つ考えてみよう。このモデルでは小作人収入は可変的で、その代わり2つの土地の小作料率が同一である（$r_1=r_2=r$）と仮定される。

再び（2）の数式で

$$\frac{Q_2-Q_1}{Q_1} \times \frac{L_1}{L_2-L_1}$$
$$= \frac{Q_2-Q_1}{Q_1} \times \frac{Q_1 r_1}{Q_2 r_2 - Q_1 r_1}$$

（〈表7-3〉の$L_1=Q_1 r_1$と$L_2=Q_2 r_2$を代入）

ここでもし小作料率がすべて同一だとする仮定（すなわち$r_1=r_2=r$）を代入すると

$$= \frac{Q_2-Q_1}{Q_1} \times \frac{Q_1 r}{Q_2 r - Q_1 r}$$

$$= \frac{Q_2-Q_1}{Q_1} \times \frac{rQ_1}{r(Q_2-Q_1)} = 1$$

となる。この場合には（1）の数式の左辺を計算した値が1となるため、2

つの土地の間の生産量の格差率 $\dfrac{Q_2-Q_1}{Q_1}$ と、2つの土地の間の小作料の格差率 $\dfrac{L_2-L_1}{L_1}$ は、常に等しくなるようになる。先の金洛年の例で小作人収入が同一だとする仮定の代わりに小作料率が同一だとする仮定を採択し、再び計算してみると、民族別の小作料格差率が57％なら民族別生産性の格差率も57％となる。

　ならば〈モデル1〉と〈モデル2〉のうち、どちらがより現実的なものであるだろうか？　それは、論理の問題ではなく実証の問題となる。

　まず、咸鏡南道の『昭和六年小作慣行調査書』という資料から検討をはじめてみよう[8]。この資料は1932年に刊行されたが、調査時期は1931年である。この資料では「普通に行われる定租、打租、検見などの反歩当たりの小作料」と、反歩当たりの生産量についての個別農家単位の事例が収録されているという点で、他の資料に比べて注目に値する[9]。この資料では、各郡別に3件ずつ、定租の場合には16郡48件、打租の場合には18郡54件、検見の場合には5郡15件、合計117件の個別農家についての契約小作料、最近5年間の平均実納小作料、最近5年間の平均収穫量、小作料の収穫量に対する比率、該当水田の時価、などに関する情報が収録されている。

　土地等級と小作形態を無視した上で、117件全体に対して反歩当たりの収穫量を独立変数、反歩当たりの小作料数量を従属変数として置いて、線形回帰分析をしてみると、〈図7-1〉の通りになる。

　推定結果、収穫量に対する係数は0.506と推定され、信頼度は99％以上（有意確率は0.000）と、非常に有意であるものとなった。定数項は0.0334と推定され、信頼度は89％水準で有意である（有意確率は0.113）ものとなった。

---

8)　咸鏡南道『昭和六年小作慣行調査書』1932年。
9)　この表は66～73頁にかけて収録されている。ただし、徳原の中等畓の場合、原本では小作料数量が174、収穫量が174、小作料率は41％となっており、何らかの誤謬がある。したがって、本稿では小作料数量を74に修正して使用した。このように修正した場合、小作料率は42.5％と原本と似たような値になる。

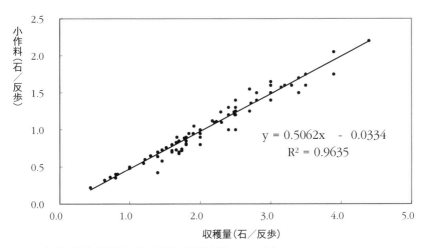

〈図7-1〉生産量と小作料の間の関係（咸鏡南道、1931年）
〈資料〉咸鏡南道『昭和六年小作慣行調査書』1932年、66-73頁より作成。

決定係数（R^2）も0.964と1に近いものとなった。また、推定係数の95％信頼区間が0.488～0.524、定数項の95％信頼区間が-0.075～0.008と計算される。このような結論を見ると、2つの変数は非常に密接な線形の関係を持ち、係数は0.5、定数項は0とみなしてもよいという結果を得ることができる[10]。

この結論は、単位面積当たりの収穫量（すなわち土地の肥沃度）と関係なく、単位面積当たりの小作人収入が同一であるという金洛年の仮想の例が非常に非現実的だという意味に解釈される。反歩当たりの小作人収入とは、反歩当たり生産量から反歩当たり小作料を引いたものであるが、この小作料率が生産量の半分で、土地等級に関係なく一定しているというのは、すなわち単位面積当たりの生産量が増加すれば小作人収入も比例して大きくなるとい

---

[10] 切片が0という仮説に対し、tの値は99％の信頼度レベルで臨界値より小さく、傾きが0.5という仮説に対するtの値も99％の信頼度レベルで臨界値より小さい。一方、ここでは117件全体に対して分析し、このような結論を出したが、これを土地等級別（上・中・下）あるいは小作形態別（定租、打租、検見）で検討してみても、だいたい同一の結果を得ることができる。

う関係があるという意味に解釈される[11]。

　ここまでの分析は、調査対象地域が咸鏡南道のみに限られたものである。調査対象を咸鏡南道ではなく朝鮮全体に拡大した場合にはどうであろうか？調査対象が朝鮮全体にわたっている『農家経済状況調査』を利用して、単位面積当たりの収穫量と小作量数量との関係を検討してみても、また『小作に関する参考事項摘要』の小作料率に関する資料を分析してみても、だいたい同じ結論を得ることができた[12]。

　金洛年が導入した「小作農収入が同一」という仮定は、朝鮮人農民の所得水準が向上されたという自身の主張を裏付けるのに使われた。すなわち、彼は筆者が『開発なき開発』で朝鮮人農民の所得が悪化したと計算した結果に対して、次のように批判しながら、この仮説を適用したのである[13]。

　　　許粹烈は植民地時期の米生産の増加率を52.3％と推計したが、……1910〜1917年の間の優良品種普及拡大の効果（年平均2.7％増加）を反映すれば、それは64.1％に増える。そして……日本人と朝鮮人が所有する水田の生産性格差が5倍にもなるとみなす非現実的な仮定を28.5％に代替すると、米所得の民族間配分はどのように変わるだろうか？　朝鮮人に配分される米は、許粹烈の場合1910〜1941年の間に9.2％増加にとどまっているが、以上の調整を経れば、47％増加に変わる。この数値が全体の米増加率64.1％より低いのは、それだけ日本人の取り分が大きくなったことを意味するかのようであるが、朝鮮人の取り分もまた、少なからず増えた。一方、その間朝鮮人農業人口の年平均増加率

11）　これまでの分析では、地代受取方法（検見、定租、打租）の違いを考慮していなかった。しかし、地代受取方法別にそれぞれ分析してみても、結果はそれほど変わらなかった。各地代受取方法別の回帰式と決定係数（R^2）の値は、次の通りである。検見：$y=0.5033x-0.0174$、$R^2=0.9946$。定租：$y=0.5307x-0.1062$、$R^2=0.9252$。打租：$y=0.4913x+0.0136$、$R^2=0.9931$。小作料率（回帰係数）は50％から1〜3％の範囲内で変わっており、各回帰線は原点を通ると見てもよい。即ち、土地肥沃度が異なっても、小作料率は50％を大きくは超えないことがわかる。
12）　朝鮮総督府農林局農村振興課『農家経済概況調査』1940年、朝鮮総督府農林局『朝鮮ニ於ケル小作ニ関スル参考事項摘要』1933年、68−70頁、許粹烈、前掲書、69−72頁参照。
13）　金洛年「書評：『開発なき開発』」『経済史学』第38号、2005年、330−331頁。

〈表7-4〉日本人所有の耕地面積およびそれが民有課税地全体において占める割合（単位：万町歩、％）

	1931年					1941年				
	民有課税地	日本人所有の耕地面積			割合	民有課税地	日本人所有の耕地面積			割合
		会社	個人	合計			会社	個人	合計	
水田	159	40	30	70	44	168	50	40	90	54
畑	274	10	10	20	7	271	11	11	22	8
計	433	50	40	90	21	439	61	51	112	26

〈資料〉1931年：朝鮮銀行『朝鮮に於ける内地資本の流出入に就て』1933年、46頁。1941年：京城商工会議所『朝鮮に於ける内地資本の投下現況』1944年、31頁。許粹烈『開発なき開発』95頁から再引用。

を許粋烈は1.6％と見たが、これは誇張されたもので、1％程度と見るのが妥当である。そうすると朝鮮人農業人口はその間36.1％（許粋烈の場合には63.6％）増えたことになる。したがって、人口増加を勘案した1人当たり農民の米所得を計算すると、許粋烈の場合1910～41年の間に33.2％が減少したことになるが、ここでは逆に8％増加に変わる。朝鮮人農民所得が31年間に8％増えたということは、33.2％の減少とは確然と異なる結果であるが、非常に遅い成長であると言える。

この引用文の「日本人と朝鮮人所有の水田の生産性格差が5倍にもなるとみなす非現実的な仮定」から説明してみよう。

筆者は『開発なき開発』で、1910～1942年の間の日本人所有耕地面積（水田・畑面積）について推計したことがある。この推計に対しては、未だに何の批判も出ていない。批判はその次の段階、すなわち土地生産性を考慮した場合の日本人所有耕地面積に集中した。土地生産性を考慮した場合の民族別耕地面積がわかる資料は存在しない、と言っても過言ではないであろう。朝鮮銀行（1931年）と京城商工会議所（1941年）の推計がそれでも最もそれに近い資料であるだけである。この2つの資料を整理してみると、明らかに〈表7-4〉のようになる。この表の民有課税地面積は、朝鮮総督府『統計年報』の耕地面積とほとんど同じである。すなわち、この表の民有課税地面積

は、朝鮮の耕地面積を意味する。そしてこの推計によると、日本人が所有する耕地の割合は、水田の場合には1931年に44％、1941年には54％、畑の場合には1931年に7％、1941年に8％だとした。この割合が朝鮮全体の水田と畑の面積に占める割合であることも明白である。筆者は、この推計が朝鮮銀行と京城商工会議所で行ったものである点で、この資料を信頼することにした。

一方、筆者の推計した日本人所有耕地面積は、1931年に水田が24万町歩、畑が12万町歩であり、1941年に水田が29万町歩、畑が12万町歩であった。したがって日本人が所有した実際の面積より〈表7-4〉で提示された日本人所有耕地面積は、2～3倍ほど広いものとなる。日本人が所有する耕地が、朝鮮人が所有する耕地よりその価値がはるかに高いという意味である。土地の価値を決定する要因はいろいろあるであろうが、耕地の場合には、土地生産性が最も重要な要因の1つであろう。耕地に対する投資収益の計算において、土地生産性が何より重要な要因となるためである。そうした考えから〈表7-4〉で推計された日本人所有耕地面積を、土地生産性を考慮した耕地面積として解釈していたのである。土地生産性を考慮した場合の朝鮮人所有耕地面積は、全体の耕地面積で日本人所有耕地面積を差し引けば得られる。そしてここで再び民族別に反歩当たり生産量を得られるようになり、その反歩当たり生産量の民族別割合を出してみると、金洛年が言及していたように、「日本人と朝鮮人が所有する水田の生産性格差が5倍」になるのである。

筆者もやはり、民族別に水田の生産性格差が5倍というのは、常識的に納得がいかないと考え、金洛年の批判に同意した。実際の格差は5倍よりはるかに低い水準だったであろう。しかし、ここで1つ留意すべき点がある。〈表7-4〉の推計は、それが土地生産性を反映したものと解釈してしまった筆者の解釈が間違っていたのであって、推計それ自体は依然として意味を持つものである。〈表7-4〉の「資料」を見ればわかるように、この推計は日本人が農業に投資して所有するようになった耕地の価値（資産）に対するものであるという点は、ほぼ確実である。もしこの2つの機関の推計が大きく間違っていないのならば、水田の場合に表れた民族別5倍の格差は、水田価格の格差と解釈してもよいであろう。すなわち、日本人が所有する水田の平

均価格は、朝鮮人が所有する水田の平均価格より5倍も高かったと解釈されるということである。

　耕地価格は様々な要因によって格差が発生するものであるが、その中でも最も大きな要因は、おそらく土地生産性であろう。筆者はこのような考えから〈表7-4〉の推計を、土地生産性の差を反映したものとすぐに解釈してしまったが、振り返って考えてみると、あまりに単純な論理展開であったようである。すなわち、耕地価格の決定要因には土地生産性以外の接近性や利便性、あるいは土地改良の程度などの様々な要因が作用するだろうからである。したがって、民族別土地生産性の格差は、民族別価格格差よりははるかに低くなるはずであるという点を考慮できていなかったのである。

　しかし、土地の非農業的用途への転用可能性が低かった日帝時代のような環境では、土地生産性が耕地価格の決定に最も大きな影響を与える要因であるのは間違いなく、したがって平均価格にこのように大きな差が生じる場合であれば、土地生産性にも大きな差が生じざるを得ないと判断される。ただし、それを定量化する方法はなかなか難しい。

　『全鮮畓田売買価格及収益調』という朝鮮殖産銀行の調査資料を重視して扱う理由はここにある。この資料は1928年から1943年まで、毎年度別に593〜670件の標本について水田100坪当たりの小作料数量がわかる。100坪当たりの収穫量に対する調査資料がないのが大きな限界ではあるが、資料的価値は充分である。金洛年と筆者の間で、小作料率が一定であると見なければならないのか、あるいは小作人収入が一定だと見なければならないのかをめぐって論争があったが、それもつきつめてみればこの資料の解釈と関連して提起された論争であった。すなわち、100坪当たりの小作料数量だけがわかるデータから100坪当たりの収穫量を推論する過程で、金洛年の見解によるし小作料数量の格差の1/2のみを収穫量格差とみなすことができるが、一方で筆者の見解によると、小作料数量の格差がそのまま収穫量の格差になるということである。正確な計算とはならないであろうが、金洛年は日本人の土地の生産性が朝鮮人の土地に比べて28.5％高いと見た反面、筆者は金洛年と同じ方式で計算しても、小作人収入が一定という前提の代わりに小作料率が一定であるとの前提が妥当ならば、その格差は2倍である57％と見

なければならない、というものであった。

　先の金洛年の引用文には、これ以外にもいくつか計算上の問題がある。第一に、米生産の増加率を52.3％と見るのが正しいのか？　あるいは64.1％と見るのが正しいのか？　という点である。金洛年が64.1％と見る理由は、1910〜1917年の間の優良品種の普及拡大の効果（米穀生産量の増加率が年平均2.7％）を反映したためであった。ところが先に見たように、1910〜1917年の間の米穀生産量が『韓国の経済成長』で推計したもののように、それほど急速に増加したと見るのは無理がある。

　第二に、金洛年は朝鮮人農業人口の年平均増加率を1％と仮定したが、その妥当性いかんはとりあえず論外とするにしても、期間設定に問題がある。すなわち、金洛年は1910〜1941年の間の31年間についてのみ扱っているため、農業人口が36.1％〔即ち（1+0.01）31〕増えたものと見たが、筆者の農業生産量の増加率計算が1910〜1945年の間についてのものであったため、農業人口の変化も同じ期間で設定しなければならない。すなわち、1910〜1945年の間の35年間について年率1％で成長したとすると、41.7％〔即ち（1+0.01）35〕成長したことになる。このように朝鮮人農業人口の増加率のみを推定したとしても、朝鮮人農民所得は金洛年の計算のように8％増加したものではなく、そこから5.6％（41.7％-36.1％）ポイント減った2.4％に過ぎない。これに米生産の増加率を過大評価したことと、日本人と朝鮮人所有の水田の生産性格差を過小に見たことをさらに加えて考えると、朝鮮人農民所得の増加率は簡単にマイナスとなる。

　これまで咸鏡南道の小作料率に関する資料を中心に1920年代後半と1930年代初め頃の小作料率につて考察してきた。この資料は咸鏡南道についてのものであり、標本調査であるため、そのことから来る限界もあるであろう[14]。しかし、この資料には個別農家それぞれに対する「最近5年間平均の実納小作料」と「最近5年間平均収穫量」情報があり、生産量と小作料数量および小作料との間の関係を把握可能にしてくれたという点で、他の小作料率ある

---

[14] 咸鏡南道は小作料の受取り方法においても、また日本人地主が所有する面積が最も小さな道の1つであるという点においても、また一毛作しかできないという点から見ても、一般的とはみなし難いであろう。

いは小作料数量資料と区別される特徴がある。そして、この資料を分析して得られた結論は、生産量の中で50％を小作人が地主に地代として納付するということ、すなわち小作料率が50％の場合が普通であるという事実である。

しかし、米穀生産量が基準となる小作料率概念については、もう少しつきつめて見る必要がある部分がある。米穀を生産するのに使われる費用と米穀以外の副産物で発生する収入の分配問題が伴うためである。すなわち、農道・水路・畦・堤防などの修繕や改良、水害により水田を覆った土砂の除去、客土を搬入する土地改良費用、肥料の生産や購入に必要な費用、種子費用などの様々な費用を地主と小作人がどのように負担するのか、地税・地税付加税などの各種租税および公課金、水利組合費・洑税・水税などの水利施設関連費用を地主と小作人の間でどのように負担するのか、二毛作の畓や間作による生産物と藁などの副産物を地主と小作人の間でどのように分配するのか、などなどによって、費用と収入が大きく異なりうる。小作農民の経済的処遇がどのように異なるのかを分析しようとするならば、生産物の分配以外のこのような付加的な諸条件の変化も考慮に入れなければならないだろうが、このようなあらゆる要因の変化を考慮しうるだけの充分な資料は存在しないようである。現存する資料では、収穫物の分配、租税と種子、藁、二毛作や裏作の生産物などを地主と小作人の間でどのように分配するかについての記述的史料がほとんどである。このような様々な要因が互いに結合しつつ非常に多様な小作形態を作り出す。地方別にもまた時代別にも多くの偏差があり、その呼称も多様であるが、だいたいは定租・打租・執租の3つに区分すればよいであろう。

打租法は19世紀中葉まで最も広く行われていた小作形態であった。収穫現場で収穫物を地主と小作農が折半して分けて受取る方法であるが、籾米を分けることもあり（穀分）、籾米のついている稲束を分けることもあり（束分）、時には水田の畦別に分けることもある（畦分）。重要な点は、収穫現場でこのような分配がなされるという点である。打租法の場合には、地税と種子を地主が負担し、藁は小作人が所有するのが普通であった。あるいは、租税と種子だけをあらかじめ控除して、その残りを均等分することもある。

ところが、19世紀中葉以後から定租および執租という小作形態が広がりはじめた。執租法は打租法と異なり、稲が実る頃に地主あるいは地主代理人と小作人が現場で収穫量を予想し、収穫物を分配する方法である。一見、打租法の方が簡単で執租法の方が面倒くさそうに見えるが、実際には執租法の方がはるかに単純である。打租法の場合には、稲がほぼ熟す頃から稲を刈り入れる時まで地主が監視しなければならないが、執租法の場合には、稲が熟した頃に収穫量をあらかじめ予想して、それを土台に分配する方式であるため、地主の立場からははるかに簡単な分配方法である[15]。執租法の場合には地主が収穫量の1/3を取り、残りの2/3は小作農が取るが、租税と種子は小作人が負担するのが普通である。全羅北道では1912年4月に訓令を発して、定額法を実施できない地方ではこの方法に依って行うこととし、その分配率を地主35/100～40/100と定めた[16]。1910年代にはこの方法は地主に有利に作用するなか、割合が大きくなる[17]。しかし、1920年代以後には、その割合は多少小さくなる。

　打租と執租が生産物を一定の比率で分配する分益法であるなら、定租はあらかじめ定められた数量あるいは金額を納付する方法で、大きく賭只と永賭

15）「賭租の法は簡便なるが故に、大地主の所有地に於て多く用ひられ、殊に遠隔の地に在る地主は殆んど此の法に依れるものの如し。而して其分収職は毎年実地に就き相互協定するものなりと雖、多くは地主に於ては「秋収記」と称する前年迄の収穫量と分収額とを記せる精密なる帳簿を備へ、其の量を知るを得るが故に之を以て協議するを例とす。（中略）此の如き並作に於ては収穫の際監督を要するが故に、遠隔に在る地主は賭租に依らざるを得ざるなり」とした（朝鮮農会『朝鮮の小作慣行：時代と慣行』1930年、18頁）。ただしここで言う賭租の法とは、定額法ではなく執租法であり、並作は打作法（打租法）とみなすべきであろう。
16）『朝鮮の小作慣行：時代と慣行』267頁。1910年頃の資料によると、「全羅道に於ては其標準は通常三分の一なるも、看坪に際して種種の困難あり、結局地主の得る所は実収額の四分の一に当れるが如し」とした（同書、155頁）。日帝時代には小作料率が上昇し、1930年頃になると事実上二分の一に近くなり、打租法や定額法と大きく変わらなくなる。
17）1918年頃の慶尚北道の小作慣例に関する一般的な傾向を見ると、小作農は小作以外にはしかるべき収入源がなく、地主が過酷な要求をしても小作権の喪失を恐れて服従せざるをえない状態にいることが、各郡共通の情勢だとしている。すなわち、（1）収穫見込みを過大にして強制したり、（2）小作料の収納を在来枡で決定し、法定枡で収納したり、（3）在来枡と法定枡の換算率を故意に割増したり、（4）籾の品質の選定を厳重にして優良品のみを収納したり、（5）小作料の収納地を地主の便宜の地に指定して三、四里も隔てているのに小作人に運搬させたり、（6）従来打租の場合には税金の外に人夫賃まで先取り控除していたのに、近年は税金、人夫賃、種子など全部小作人負担としたり、（7）地税其の他各種の付加税も小作人負担の部分を増加させる、などの傾向があったという。『朝鮮彙報』1918年7月号、80－90頁。

に分けられる。1922年の調査によると、賭只は「小作人から一定の額を毎年収穫後穀物又は金銭を以て地主に支払ふもの、畓及田に多く行はれる。定額の標準は通常其の地方に於ける同等地の主要作物平年作収穫の四割内外を以て定め、……普通四五年間之を更新せざるを例とし、地租は小作人之を負担するを常とする」[18]とした。永賭は「賭只の一種で十年間又は永久に賭額を一定し、土地は小作人の任意に使用するのである。畓及煙草・人参其の他特用作物を耕作する田に多く行われ、地租は小作人が負担する」。しかし、割合はそれほど大きくはなかった。

　それではこの3種類の小作形態、すなわち定租・打租・執租が占める割合を調べてみよう。『朝鮮の小作慣行』によると、朝鮮時代には打租が一般的な形態であったが、19世紀後半以後、執租と定租が広く普及しはじめたと言う[19]。1910年代の統計はいまだに発見されていないが、1922年と1930年の統計はわかる。〈表7-5〉で見ると、1922年の場合、全羅道と慶尚道で執租の割合が圧倒的に高いことが目を引く。特に全羅道の場合には、全羅北道で執租の割合が92%、全羅南道が76%と、事実上ほとんどが執租形態だと言ってもよいほど高い。この4道を除く残りの9道の中で、定租が圧倒的な忠清北道以外の8道は、どれも一様に打租が優勢である。特に咸鏡北道と平安北道の北部地域では、ほとんどが打租と言ってもよいほどその割合が高い。1910年代の小作形態別の割合も、この1922年の調査資料と大きく違わなかったであろう。しかし、1920年代には定租法の割合が増加した反面、執租法の割合は多少減少する。

　このような小作形態の変化により実質地代率は変わる場合もあり、変わらない場合もある。しかし、今後の議論と関連して1つだけ確認しておかなければならない点がある。すなわち、小作形態が変われば実質地代率が変わらなくても全体の収穫量の中で地主が取る数量は大きく変わりうる、という点である。289頁〈表7-6〉のような簡単な例を挙げてみよう。ただし、この表は理解しやすくするための仮想のもので、斗落当たりの生産量は24斗、

---

18)『朝鮮の小作慣行：時代と慣行』296頁。
19)『朝鮮ノ小作慣行』126－130頁参照。

〈表 7-5〉畓の小作形態別割合の変化（単位：％）

	定租		打租		執租	
	1922	1930	1922	1930	1922	1930
京畿道	30.0	24.0	66.0	74.0	4.0	2.0
忠清北道	74.0	77.0	22.0	22.0	4.0	1.0
忠清南道	32.0	32.0	45.0	55.0	23.0	13.0
全羅北道	7.3	45.0	0.7	6.0	92.0	49.0
全羅南道	17.0	36.0	7.0	13.0	76.0	51.0
慶尚北道	14.0	30.0	26.0	20.0	60.0	50.0
慶尚南道	31.0	47.0	25.0	22.0	44.0	31.0
黄海道	25.7	35.0	70.3	62.0	4.0	3.0
平安南道	18.0	23.0	80.0	76.0	2.0	1.0
平安北道	2.0	6.0	98.0	94.0	0.0	0.0
江原道	42.0	42.0	55.0	57.0	3.0	1.0
咸鏡南道	21.0	17.0	81.0	82.0	3.0	1.0
咸鏡北道	0.0	5.0	100.0	94.0	0.0	1.0
合計	24.2	32.0	50.8	52.0	25.0	16.0

〈資料〉朝鮮農会『朝鮮の小作慣行——時代と慣行』1930 年、341 頁および朝鮮総督府『朝鮮ノ小作慣行』（上巻）、1932 年、117 頁から作成。

租税は 3 斗、種子は 1 斗と仮定して計算した。

　打租法で最も一般的に行われている方法は、D である。すなわち、収穫物を地主と小作人がそれぞれ折半で受取り、租税と種子は地主が負担する場合であるが、地主の受取り量は 8 斗（24/2-4 斗）、小作農の受取り量は 12 斗となるであろう。一方、執租法で最も一般的に行われる方法は E であるが、地主が収穫物の 1/3 を取り、小作農が 2/3 を取るものの、小作農が租税と種子を負担する場合で、地主の受取り量は 8 斗（24×1/3）となり、小作農の受取り量は 12 斗（24×2/3-4）となる。1 マジキ（斗落）の水田で生産される米穀の量が 24 斗と変わりなく、地主と小作農が実際に受取る数量も変わらないにもかかわらず、小作慣行が打租法から執租法に変化することによっ

〈表7-6〉小作形態別の斗落当たり地主と小作農の受取り量比較（単位：斗）

	小作形態	収穫量のうち地主受取り率	負担者		地主受取り量	小作農受取り量
			租税	種子		
A	打租	1/2	小作農	小作農	12 (12)	12 (8)
B			小作農	地主	12 (11)	12 (9)
C			1/2	1/2	12 (10)	12 (10)
D			地主	地主	12 (8)	12 (12)
E	執租	1/3	小作農	小作農	8 (8)	16 (12)
F			小作農	地主	8 (7)	16 (13)
G			1/2	1/2	8 (6)	16 (14)
H			地主	地主	8 (4)	16 (16)

〈注〉（ ）の外の数字は名目受取り量で、（ ）内の数字は実質受取り量を意味する。

て、地主の名目上の受取り量は12斗から8斗に減り、小作農の名目上の受取り量は12斗から16斗に増加するのである。

長期的に見ると、小作形態のような慣行のみならず、実質地代率それ自体も変わりうる。日帝時代に実質地代率が上昇したことに関しては確実な証拠があるが[20]、朝鮮時代の場合には時期別にそれぞれ異なっていたであろうし、断言しにくい。

このような点を念頭に置いて朝鮮後期から日帝時代に至る期間の農業生産性の変化について検討してみることにしよう。

---

20) 李潤甲は、1905年と1912年の間の郡別小作条件の変化を比較し、地代率が引き上げられたことを示している。李潤甲『韓国近代商業的農業の発達と農業変動』知識産業社、2011年、205頁の表3－7参照。慶尚北道の「小作慣例に関する調査」（1918年）を見ても、「地主の利益と権力のみ増長するの傾向あるは各地方共に其の軌を一にするが如し」としている（慶尚北道「小作慣行に関する調査」『朝鮮彙報』1918年7月号、90頁）。1922年の小作慣行に関する調査でも、道別に小作料率に高騰傾向があったことがわかる（朝鮮農会『朝鮮の小作慣行：地代と慣行』1930年、414－417頁参照）。このような記録で一つ興味深い指摘は、全羅北道の小作料率の高騰と関連して「併合前には小作料の高率を官にて制限せるも現在は然らざる為」としている点である（415頁）。

第2節　朝鮮後期から日帝時代までの農業生産性の変化

　李栄薫は「地主家の秋収記〔秋の収穫の記録〕のような古文書」資料を使い朝鮮後期の水稲作の土地生産性の変化様相を説明しようとした。近頃このような部類の研究が相当多く蓄積されているが、李栄薫の研究がその嚆矢をなす。彼は「湖南古文書に見られる長期趨勢と中期波動」を手始めに『マッチルの農民たち』をはじめこのような部類の研究を活発に行っており、最近では自分自身を筆頭に他の学者らによって発掘された資料までもすべて含めて31の事例を総合的に分析した論文を発表し、次のような回帰式を使用して推定した結果、〈図7-2〉のような斗落当たりの地代量の変化曲線を出した[21]。

$$rent_{ij} = c + \sum \alpha_i place_i \sum \beta_j year_j + \varepsilon_{ij}$$

　rent: 斗落当たりの地代量
　place: 地方ダミー
　year: 年度ダミー

　そしてこのように導き出された斗落当たり地代量の長期趨勢曲線を土台に、「斗落当たり地代量が17世紀末から19世紀末まで下落の長期趨勢だったことは、論理的に言って斗落当たり生産量の減少と地代率の減少の両方に原因があると言えよう」とした。ところが「地代率が下落したという兆しを探し

---

21) 李栄薫「17世紀後半〜20世紀前半水稲作土地生産性の長期趨勢」『韓国の歴史統計：マルサスの世界から近代的経済成長へ』(落星台経済研究所学術大会発表文)、2009年。この論文の付録に収録されている31の事例を道別に見ると、京畿1、忠清南道3、全羅北道4、全羅南道6、慶尚南道4、慶尚北道13で、ほとんど慶尚道と全羅道に集中している。しかし〈表7-5〉で見られるように、慶尚道と全羅道地域は小作形態という点で他の地域と大きく異なる。19世紀後半期に執租および定租の構成比率が大幅に増加し、打租の割合が大きく減少した反面、残りのほとんどの道では打租が優勢である。

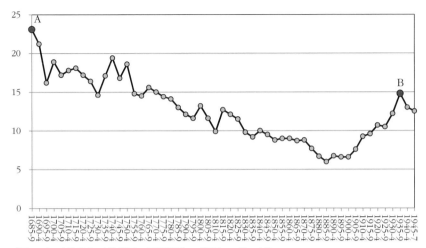

〈図7-2〉斗落当たり地代量の長期趨勢　（単位： 租、斗）
〈資料〉李栄薫「17世紀後半〜20世紀前半水稲作土地生産性の長期趨勢」『韓国の歴史統計：マルサスの世界から近代的経済成長へ』(落星台経済研究所学術大会発表文)、2009年、〈付録1〉より作成。

出すのは難しい。地代量が長期的に減少したのは、なんと言っても地代率より生産量の減少が重要な要因であったと思われる」と述べることで、上記の図が事実上、土地生産性の変化様相を示すものとみなしたようである[22]。

　問題は、このように斗落当たり地代量の長期趨勢を土地生産性の長期趨勢として把握することになると、彼が推計した曲線の開始点である1685〜1689年の斗落当たり地代量は1935〜1939年より56％も高いものになってしまう（〈図7-2〉のAとBの比較）。1930年代後半（B）は土地生産性が日帝

---

[22] 李栄薫が使用した回帰式には地代率変数が含まれていないため、その回帰式によって導き出された曲線には、地代率の変化が考慮されていないとみなすべきである。もちろん李栄薫も「全羅道の場合には地代率が通常40－50％レベルで固定されておらず、生産性の下落によって漸次下落したと見られる」と指摘しており、地代率が変化する場合も念頭に置いているようである。しかし、彼の論文全体で地代率の下落についての言及はここのみで、〈図7－2〉のような回帰分析をする時に地代率の変化は考慮されなかった。このように地代率について何ら考慮なしに斗落当たり地代量の変化趨勢のみ扱っているにもかかわらず、彼の論文タイトルは「土地生産性の長期趨勢」となっているが、これは地代率が一定であったという（あるいはほとんど変化しなかったという）前提でのみ成立しうる発想である。要するに、彼は斗落当たり地代量の長期趨勢をそのまま土地生産性の長期趨勢とみなしていたのである。

時代の中でも最も高かった時期であるが、17世紀後半（A）の土地生産性がこの時期よりさらに高かったというのは、常識的に納得いかない。再び李栄薫の指摘を見てみよう。「1890年代から反騰した斗落当たり地代量は、1900年から本格的に上昇し、1940年にピークに達した。ピークと言っても1770年代以前のレベルを回復できなかった。このようなことがありうるのかという懐疑はありうるが、紛れもない事実と思われる」とした[23]。

　果たして「紛れもない事実」であろうか？　まず李栄薫が編著者となっている『マッチルの農民たち』に収録されている朴基炷の醴泉朴氏家の事例研究から検討してみよう[24]。この事例研究は、朴氏家の所有地の中で小作を使っている部分と自作地部分の2つで構成されているが、前者については朴基炷が、後者については李宇衍がそれぞれ研究している。

　まず朴氏家の小作地部分についての朴基炷の研究から考察してみよう。〈図7-3〉は「大家長期作人の斗落当たり秋賭量」についてのものであるが[25]、1886年から1910年頃までは低下傾向が明らかで、1910年頃以後にはほぼ安定的な趨勢を見せている。朴基炷も植民地時代に「下降が止まったことだけは確実なようである」としている。

　このような斗落当たり秋賭量の変化に対して朴基炷は、「斗落当たり秋賭量の減少は土地生産性の下落のせいなのか、そうでなければ地代率（秋賭量／生産量）の下落のせいなのか。また、その原因は何で、どの要因がどれだけより強く作用したのか」と自問している[26]。「地代率の一定の下落」も指摘しているが、基本的に洑の運営体系の崩壊と小作人に対する支配力の弱化などによる土地生産性の下落に重きを置いているように見える。

　ところが、この〈図7-3〉に表れた変化を土地生産性の下落のせいだと解釈するならば、19世紀末の土地生産性が日帝時代より50％以上も高いものとなってしまう問題にぶち当たることになる。すなわち、植民地近代化論の

---

[23] 「紛れもない事実」としたのは、彼の回帰分析が「統計的に意味がある」という意味であろう。
[24] 朴基炷「19・20世紀初在村両班地主経営の動向」『マッチルの農民たち』（第6章）、一潮閣、2001年。
[25] 大家は朴顕寧家を意味し、小家は朴得寧家を意味する。秋賭量は用語自体が賭只制度と関連があることを示しているが、地代量と解釈してもよいであろう。
[26] 朴基炷（2001）、225頁。

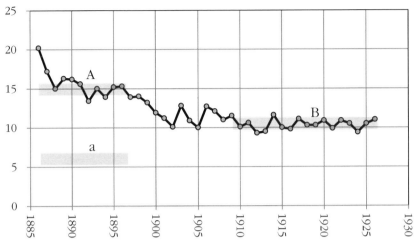

〈図7-3〉醴泉朴氏家の斗落当たり地代量　（単位：斗/斗落）
〈資料〉〈図7-2〉と同じ。

　論文の至る所で指摘している19世紀末の「危機」を説明しようとするなら、19世紀末の土地生産性は、〈図7-3〉の場合なら、Bより高いAの位置ではなく、Bより低いaのような位置に置かれていなければならない。そうしてはじめて日帝時代に「安定」状態に入るという主張も成立しうる。しかし、この図で見ると19世紀末の土地生産性は日帝時代よりはるかに高いレベルにあり、「危機」あるいは「安定」という表現は色あせる。
　なぜこのような問題が生じるのか？　朴基炷の研究では、地代受取り方法の変化に関する分析があるにもかかわらず、それを斗落当たり地代量（秋賭量）の変化と関連させていない所に原因があると考える。すなわち、朴基炷は「19世紀前半期には秋賭記を打作記と呼ぶほど打租の慣行が一般的であった。1870年代からは打作という用語を日記で見つけることはできないが、これはすなわち打租の小作慣行が相当減少したことを示すものと考えられる」[27]。「しかし、打作という用語はこれ以上見つけるのが難しい反面、看坪

---

27) 朴基炷（2001）、231 - 232頁。

〔検見〕という用語は植民地期まで継続して日記で使用されている[28]。これは次第に朴氏家の小作慣行が執租中心になっていることを反映したものと見ることができる。すでに1900年代に慶尚北道醴泉郡の小作慣行は執租が5割以上を占めていた」とした[29]。

朴基炷が指摘したように、地代受取り方法が生産物の半分を受取る打租法から、作物が実った後の刈り取り前に地主が看坪人を派遣して小作人立ち会いのもとで出来を調査してその収穫予想を標準として小作料を定める執租法に変わるようになると、収穫量の中で地主が取ることになる取り分は、一般的な慣行によるなら1/2（打租法）から1/3（執租法）に減ることになる。収穫量の中で小作人が取る取り分が1/2から2/3に増えることになるが、一般的に打租法では種子と租税を地主が負担するが執租法では小作人が負担するため、必ずしも小作人にとって有利に変化したとはみなし難い。〈図7-4〉で小作料受取り方法が初期の打租法から後期に執租法に変化したと仮定すると、打租法による斗落当たり秋賭量15斗は、斗落当たり生産量が30斗であることを意味する。そして執租法による斗落当たり秋賭量10斗は、斗落当たり生産量が30斗であることを意味する。斗落当たり生産量が30斗で変わらなかったにもかかわらず、すなわち土地生産性が同一であるにもかかわらず、斗落当たり地代量は斗落当たり生産量の1/2（15斗）から1/3（10斗）に減少することになるのである。

一方、『マッチルの農民たち』には、醴泉朴氏家の家作畓（自作畓）を分析した李宇衍の論文もある[30]。醴泉朴氏家の家作畓は、石立畓、赤堤畓、命山畓、引水畓、杏坪畓などの5つの畓で構成されているが、〈図7-4〉はそのうち命山畓を除く残りの4つの畓の収穫量と、その5年移動平均値をグラフに描いたものである。命山畓は〈図7-5〉で出てくるであろう。

先の小作地の場合には斗落当たり地代量が分析されたが、ここでは各家作畓の収穫量全体が分析される。したがって、面積や土地生産性が異なれば、

28）「看坪」あるいは「畓験」などの用語は、執租法で使用される用語である。
29）朴基炷（2001）、232頁。
30）李宇衍「農業賃金の推移：1853～1910」『マッチルの農民たち』（第5章）、199頁。李宇衍は面積変化がないものとみなしているようである。

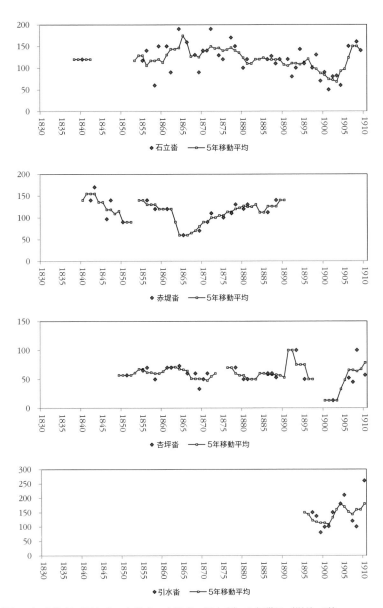

〈図 7-4〉家作畓（石立畓、赤堤畓、杏坪畓、引水畓）の収穫量（単位：駄）
〈資料〉安秉直・李栄薫編著『マッチルの農民たち』一潮閣、2001 年、199 頁より作成。

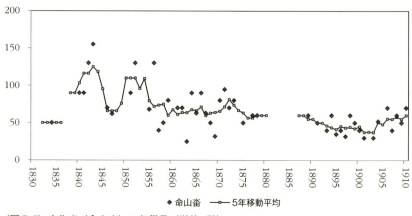

〈図7-5〉家作畓（命山畓）の収穫量（単位：駄）
〈資料〉〈図7-4〉と同じ。

各家作畓の総収穫量も異なることになる。したがって、総収穫量資料で土地生産性の変化を読み取ろうとするならば、家作畓の面積についての考慮が必須となる。

　石立畓の場合は、だいたい120駄［「駄」は積荷の単位］を中心に、上下に変動して1900年前後の10年ほどが特に収穫量が落ちているのみである。杏坪畓の場合にも収穫量は60駄を前後して動いており、やはり1900年前後の10年ほどが特に収穫量が落ちているのみである。引水畓は時系列の長さが短く判断が難しいが、変化様相は石立畓と大きく違わない。赤堤畓の場合には、他の畓に比べて起伏が激しいが、上畓と下畓の区分がこのような変動に影響を与えたかもしれない。ともあれ、収穫量の変化趨勢は激しく揺れつつ、多少減少傾向を見せはするが、やはり減少趨勢がそれほど明らかなわけではない。

　家作畓の中では、唯一命山畓の場合にのみ〈図7-5〉で見られるような収穫量の減少趨勢が鮮明に表れる。李宇衍は、命山畓の場合、1890～1903年の間の4カ年度に田植えの人員が5～6名で大きな変化がなかったため、面積変化がなかったとしているが、それ以前の時期については言及がない。他の筆地と比較すると1850年代までの変化様相が特異で、1850年年代初以前の特に生産量が多かった時期は、1905年以後に比べてとび抜けて多い。命

山畓の場合には、面積変化の可能性もあったことを意味しているため、このグラフが必ずしも土地生産性の変化を意味しうるのかは、さらに検討してみなければならないであろう。

　家作畓の収穫量変化様相がこのようであったため、同じ資料を検討して同じ本に論文を掲載した朴基炷も、家作畓の場合「秋賭収入が減少したのに比べれば、家作畓の収穫減少はそれほどひどいものではなかった」とした[31]。要するに、醴泉朴氏家の家作畓の場合を見ると、小作畓の場合にも、また自作畓の場合にも、土地生産性が先の〈図7-2〉で見られたように19世紀に急落する趨勢は発見されない。

　李栄薫が総合した資料の中で19世紀にデータ値が存在する事例を地域別に分けて見ると、京畿道1件、忠清南道1件、全羅道9件、慶尚道9件など、全部で19件あった。そのうち、全羅道の事例を除く残り、即ち京畿道、忠清南道、慶尚道の事例を見ると、19世紀に斗落当たり生産量が趨勢的に減少したと見るのは難しい。しかし、全羅道の場合には、斗落当たり地代量が19世紀末を底にU字模様を見せている。

　地域別にもう少し詳しく検討してみよう。まず、京畿道と忠清南道の事例をグラフで描くと〈図7-6〉のようになる。

　道別に1つずつ、合わせて2つの事例に過ぎないが、19世紀に斗落当たり地代量に特別な趨勢を言うのは難しい。1930年の資料によると、京畿道と忠清南道は打租が優勢な地域で、したがって19世紀の間にも地代受取り形態は大きく変わらなかったと見てもよいであろう。同一の地代受取り形態では、斗落当たり地代量が変わらなかったことを示す事例だと言えよう。

　慶尚道の場合には、合わせて8件の事例があるが、地域別に変化様相が全く異なり、一律には言いがたい。おおよそ19世紀末まで低いレベルにあったが、20世紀に大幅に増加する類型し、一定の変化趨勢を指摘し難い類型、20世紀にむしろ減少する類型など、3つに区分される。〈図7-7〉は8つの

---

31) 朴基炷「19・20世紀初在村両班地主経営の動向」『マッチルの農民たち』(第6章)、219－220頁。ただし、朴基炷も命山畓と石立畓についての収穫量の変化を描いた図を提示しているが、そこに追加された趨勢線は多項式を使用したために、最初と終わりが実際以上に過大評価されている。

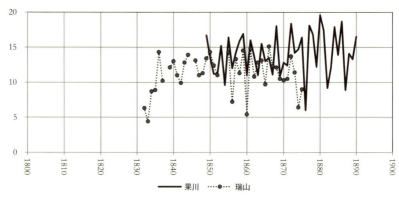

〈図7-6〉京畿道と忠清南道の19世紀の斗落当たり地代量の変化事例（単位：籾，斗／斗落）
〈資料〉李栄薫「17世紀後半〜20世紀前半水稲作土地生産性の長期趨勢」〈付録1〉より作成。

事例をわかりやすく3つのグラフに分けて描いたものである。小作形態の変化、あるいは実質地代率の変化のようなものはとりあえず無視し、斗落当たり地代量の変化のみ見ると、最初の図、すなわち丹城、居昌、榮州2などの3件の事例では、「19世紀危機論」を主張するだけの変化が発見される。ただし、榮州2と居昌の場合には、斗落当たり地代量が明らかに増加する時期が1905年以後となるため、租税の転嫁のようなものが介在した可能性もある。従って、これだけで土地生産性が急増したと断定するのは難しい。3番目の図の醴泉の事例は、斗落当たり地代量の資料だけで見ると、「19世紀危機論」ではなくむしろ「日帝時代危機論」と見ることもできるが、地代受取り形態が変わったなら、これだけで土地生産性が減少したと見るのは難しい場合もありうる。残りの4件の事例は、2つめおよび3つめの図の慶州1、慶州2、大邱、榮州1であるが、どれも19世紀に斗落当たり地代量で明らかな減少趨勢があったと見るのは難しい。慶尚道全体でみた場合、19世紀に土地生産性が傾向として減少したという証拠は明らかではない。

しかし、全羅道の場合には、先に考察してみた京畿道、忠清南道、慶尚道と趨勢を異にする。全羅道の場合には、全部で9件の事例があるが、ほとんど19世紀末あるいは20世紀初が底のU字模様の変化様相を見せている。先の〈図7-2〉で見た李栄薫の趨勢曲線は、この全羅道の事例に大きく影響

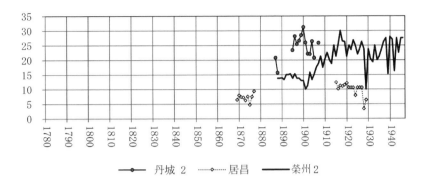

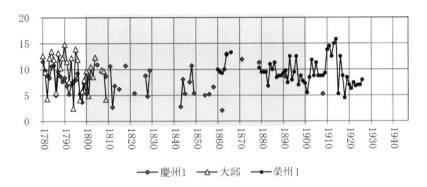

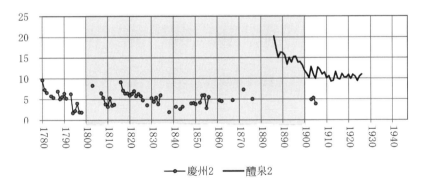

〈図7-7〉慶尚道の19世紀の斗落当たり地代量の変化事例（単位：籾、斗／斗落）
〈資料〉〈図7-6〉と同じ。

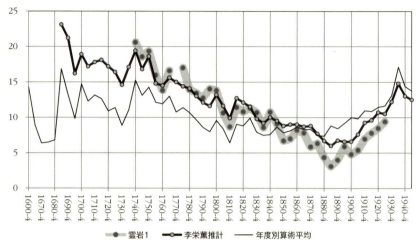

〈図7-8〉斗落当たり地代量の推移　（単位：籾、斗/斗落）
〈資料〉〈図7-6〉と同じ。

を受けたものと考えてもよい。

　この全羅道の事例の中で代表的なのが「霊岩1」である。霊岩1は、時系列の長さが最も長く、長期的な変化を検討するのに非常に適合した事例でもある。〈図7-2〉で李栄薫が推計した趨勢曲線と年度別斗落当たり地代量の平均および霊岩1の斗落当たり地代量曲線を比較してみると、〈図7-8〉のようになる[32]。回帰分析というものがそうであるように、李栄薫の曲線は平均曲線と変化の様子が非常に似ている。しかし、地域別ダミーと年度別ダミーを与えたため、彼が検討した31地域の斗落当たり地代量の変化趨勢が全体平均（即ち、彼が推計した曲線）に反映されていると見ることができる。ただし、19世紀末を基準に時期をさかのぼるほど、李栄薫の推計曲線と平均曲線の間の格差が少しずつ拡大する傾向がある[33]。特に、李栄薫が推計した趨勢曲線と霊岩1の事例は、非常に似たレベルと変化様相を示しているという点で、もう少し詳しく検討してみる必要がある。

---

32) 年度別平均とは、年度別にデータ値を算術平均したものを意味する。
33) 回帰関数による影響と推測される。

小作形態の起源についての各種調査によると、霊岩の秋収記データが始まる18世紀中葉には、おそらく打租法あるいは並作半収形態の賭只法が一般的であったであろう。ところが、先の〈表7-5〉で見られるように、1922年頃には執租が圧倒的に優勢な地域になる。霊岩地域は19世紀後半期に小作形態が打租法から執租法に大々的に移行していく地域と判断される。そして1904年の資料によると、霊岩地方の執租法では地主が収穫物の1/3を受取り種子を負担し、小作人は収穫物の2/3を受取り租税を負担するのが普通であったと言う。1910年の資料によると、霊岩地方の小作人は「時時無料使役に応ずる等恰も主従の如き関係」に置かれていたという[34]。先の〈表7-6〉の計算法によると、このように小作形態が変わるようになると、地主が受取る取り分は実質地代率の変化がなくても相当大きく変わりうる。

　霊岩1の資料については、すでに金建泰が詳しく研究している[35]。金建泰も霊岩1の資料を検討した後、「1740年代20斗に近かった斗落当たり地代額は、その後持続的に下落し、1876年と1888年の急激な変動局面を経て1890年代に入り信じられないレベルである5斗以下に落ち込む。果てしなく下落していた斗落当たり地代額は、甲午農民戦争期間を最低点に下落趨勢を歴史の裏街道に追いやり、上昇勢に機首を返して1920年代に入り10斗まで回復した」としている[36]。しかし彼は、このような事実から「斗落当たり生産量もその時期の間に4分の1レベルまで低くなったという結論をすぐに導き出すことはできないことを、はっきりさせる必要がある」とした[37]。

　李栄薫と金建泰の間のこのような見解の違いは、地代率や小作形態の変化のような、斗落当たり生産量以外の他の要因による斗落当たり地代量の変化に関する認識の違いから来るものと思われる。すなわち、李栄薫は他のあら

---

34) 『朝鮮の小作慣行：地代と慣行』106頁。
35) 金建泰「1743～1927全羅道霊岩南平文氏門中の農業経営」『大東文化研究』第35集、1999年。
36) 金建泰、前掲論文、330－331頁。
37) 金建泰、前掲論文、330－331頁。また金建泰は他の論文でも、霊光寧越辛氏家と霊岩南平文氏門中の地代量推移は、農業生産性を正確に反映しているとみるのは難しいとしつつ、在地地主が受取った地代量には土地生産性が正確に反映されているとする李栄薫などの主張を批判している。金建泰「19世紀後半～20世紀初不在地主地経営」『大東文化研究』第49集、2005年、242頁、および同じ頁の脚注4を参照。

ゆる条件が一定であるという (ceteris paribus) 仮定のもとで、斗落当たり地代量の急激な減少は、そのまま土地生産性の急激な減少を意味し、斗落当たり地代量の増加はそのまま土地生産性の増加だと考えたのに対し、金建泰はこの時期に地代受取り方法が大きく変わったという点を考慮した時、土地生産性は斗落当たり地代量の減少ほどひどく下落したわけではないと考えたのである。

霊岩1の事例の場合、土地生産性以外にどのような要因が斗落当たり地代量のレベルに影響を与えたのであろうか？ 金建泰の分析を通じて見てみよう[38]。分析対象となる水田は、南平文氏家の門中畓である。南平文氏族契では、1740年代から土地（主に水田）を買入れはじめ、1810年代には門中畓の面積が100斗落を少し上回るピークに達するようになる。しかし、1850年代から急速に族契畓を処分しはじめ、1880年代以後には30～40斗落程度に減少するようになる。金建泰が斗落当たり地代量が「信じられないレベルである5斗以下に落ち込む」としていた時期は、まさに所有地面積が大きく変化した以後の時期と一致する。当初購入した土地は肥沃な所が多く、土地等級がわかる筆地についてのみ見た場合、1等が1筆地、2等が14筆地、3等が19筆地、4等が17筆地、5等が3筆地で、残りの33筆地はその等級がわからなかったと言う。斗落当たり地代量とは、平均の概念であるため、1850年代以後に売り渡し残った土地が、それ以前に比べて等級の違いがあったのだとすると、それも斗落当たり地代量の変化に影響を与えたであろうが、金建泰の研究ではこの点については言及がないのが惜しまれる。

次に、地代受取り形態の変化が斗落当たり地代量の減少に影響を与えた。すなわち、18世紀中盤には並作半収額（したがって地代率は50％）レベルの賭只制度であったのが、1879年以後には執租制度に変更されるが、地代率は生産量の1/3レベルであったとしている。もちろん、このような斗落当たり地代量の下落は、作人らが種子や結税をするようになったことと関連がある。南平文氏門中畓の場合、種子と結税を作人が負担する慣行は18世紀中葉に定着したが、作人が完全に負担するようになった時期は19世紀後半だ

---

[38] 以下の金建泰の研究はすべて、金建泰（1999）から持ってきたものである。

としている。すなわち、族契は結税と種子を作人に負担させる代わりに地代をそれだけ下げた可能性があったのである。

最後に、金建泰は門中畓作人の身分の変化が地代受取り量に与える影響についても検討した。すなわち、1850年代以前までは非族契員が多数を占めていたが、それ以後には族契員が多数を占めるようになり、1889年以後からは1～3名を除く全ての作人が族契員であったのである。そうして「契員間の相互扶助を重要な徳目とした契の特性上、作人の大部分が契員である場合には、一般の民田地主地より地代レベルを低く維持するのが創契精神に合う」とした。

要するに、門中畓が初めて形成された時は、生産量の50％を地代として受取ったが、1879年以後には生産量の1/3以下のみ地代として受取ったということになる。先の〈図7-8〉で見ると、1740年代から1870年代までの約130年間の斗落当たり地代量は、20斗レベルから10斗レベルに減っているが、その間に地代率あるいは地代受取り方法において、先に見たような変化があったとすると、土地生産性の違いはこの図で見たように、それほど急激に低下したのではない。すなわち、1740年代の斗落当たり地代量から地代率を50％とみなして斗落当たり生産量を計算してみると40斗レベルとなるが、1870年代の斗落当たり地代量10斗を、地代率を1/3とみなして斗落当たり生産量を計算してみると、30斗レベルとなり、100年の間で土地生産性は25％ほど減少したに過ぎない。1850年代以後、族契員が増えるなか地代率が1/4に下がったと仮定する場合、1870年代の斗落当たり生産量は40斗レベルになり、1740年代のそれと大きく違わなくなる。地代率と地代受取り方法になんら変化がないと仮定して計算した場合、同じ130年間の土地生産性が1/2に減少することになるという計算とは、とてつもなく差が出る。

〈表7-5〉で見たように、1922年の調査によると、全羅北道の場合には執租の割合が非常に高い地域であった。その割合は全羅北道では92％、全羅南道では76％と圧倒的であった。執租という小作形態は、19世紀後半に広く普及しはじめるものであるため、全羅道の場合には小作形態の変化による斗落当たり地代量の変化が他のどの地域よりも顕著であったであろう。特に

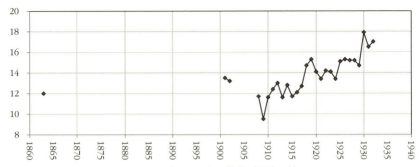

〈図7-9〉羅州朴氏家の斗落当たり地代量の変化推移（単位：斗）
〈資料〉金建泰（2003）、156頁から作成。

　霊岩1の場合には、1850年代以後、族契員の増加による追加的な地代率減少が伴ったであろうから、斗落当たり地代量の減少はより一層劇的なものにならざるを得なかったであろう。このすべての変化は、19世紀後半に主に起こったものである。したがって、地主が受取る地代量だけを基準にするならば、19世紀末が最低点とならざるを得ないが、それが必ずしも土地生産性の低下のせいであるとは、断定し難い。

　李栄薫の分析では、このような地域的特殊性や個別事例の特殊性を考慮せず、事実上平均してしまう方法を取ったため、19世紀後半に土地生産性が劇的に減少するものと理解することになり、「19世紀危機論」を主張することになったのである。しかし、これまでの分析によると、この主張はひどく誇張されたものであることは明白である。

　一方、日帝時代になると、租税と公課金を再び地主が納付しはじめる方向に慣行が変化しはじめる。これと関連した事例としては、金建泰の羅州朴氏家に関する研究を挙げることができる[39]。〈図7-9〉は、羅州朴氏家の斗落当たり地代量に関するグラフであるが、彼はこれを1917年以前の段階、1918～1929年の段階、そして1930年以後の段階に区分し、段階別に分節的増加現象が現れたと見た。そしてその原因について、羅州地域の斗落当たり稲生産量が断絶的に上昇したため生じた現象ではなく、地税問題のために発生

39）金建泰「韓末日帝下羅州朴氏家の農業経営」『大東文化研究』第44集、2003年。

したものと見た。すなわち、「1918年の断絶的な変化は、土地調査事業が完了し、さらに地税令が頒布されたため……それ以前まで小作人が納付していた地税を地主である朴氏家で納付するようになったことにより地税に該当する量の分だけ地代を多く受取ったため、斗落当たり地代量が断絶的に変化したと思われる」と見た[40]。

羅州朴氏家についての金建泰の事例研究で、地代受取り慣行が1918年を境に大きく変わるかのように説明されている点は、特に注目に値する。『小作農民に関する調査』で見ると、日帝が朝鮮を併呑した後、朝鮮総督府は地主をして地税を納付するよう慫慂しはじめ、1914年3月に公布された地税令第6条第3項では、土地台帳または結数連名簿に土地所有者として登録された者に地税を徴収するものと規定したため、地税を地主が納付する方式に慣行が変わり始めたものと推測される[41]。もちろん慣行というものは一朝にして変わるものではないため、朝鮮時代の慣行から日帝時代の慣行への転換は、地域によって異なり、漸進的に成されたものと考えられるが、朝鮮が日本の植民地になる1910年から土地調査事業が完了する1918年の間に集中的に変化が起こったと判断される。羅州朴氏家の場合、1918年にすべての小作地で一度に地代受取り方法を変更したのかどうかはわからない。ともあれ、地税を地主が納付する方式に慣行が変われば、地税負担部分について租税の転嫁が起こるようになり、傾向的には地主が受取ることになる斗落当たり地代量は増加するようになるであろう。

次に李栄薫が整理した斗落当たり地代量資料を使って、1910～1917年の間にそれがどのように変化したのかに焦点を絞って検討してみることにしよ

---

40) 1930年代初に一段階さらに上昇したことについては、地税率の上昇にその原因があるかのように説明しているが、その説明については考えを異にする。1930年代初の地税率を計算すると1920年代より一段階大きく上昇したことは明白であるが、それはこの時期の米穀価格が暴落した反面、地税額は貨幣額として大きく変わらなかったために結果的に地税率が上昇したことになるためで、地税率を引き上げたために生じた現象ではなかった。

41) ここでは便宜上、地税という用語を使用したが、広義で見る場合はその中に国税(地税)、地方税(地税附加税、戸税、家屋税)、府面費(面費は地税割、戸別割など)、その他(学校費は地税または市街地税附加金、戸別附加金、家屋税附加金)、農会費(会員割および地税割)、水利組合費、各種農事組合費などを含むものと解釈しなければならないであろう。地方費や府面費およびその他(学校費、農会費など)はほとんど地税附加金や地税に一定の割合で追加されるのが普通であった。

う。この資料で1910～1917年の間に斗落当たり地代量データが存在する地域は、扶余2・高敞・霊光・光州・羅州・霊岩1・霊岩2・海南・咸陽・居昌・醴泉・安東1・安東2・青松・榮州1・榮州2など、合わせて16であった。データが存在する地域は道別に見ると、全羅道（扶余含む）が8地域で、慶尚道が8地域であった。地域別に1900～1930年の間の斗落当たり地代量をグラフで描き、その中で1910～1917年の間の変化に注目してみることにしよう（〈図7-10〉参照）。ただし、図の（A）と（B）は全羅道地域を2つに分けたもので、（C）と（D）は慶尚道地域を2つに分けたものである。

上記の4つのグラフのうち（A）と（B）、すなわち全羅道地域と、（C）と（D）すなわち慶尚道地域の間には変化様相においてかなりはっきりした区分が出ている。慶尚道地域（（C）と（D））の場合には、榮州2を除くと1910～1917年の間に斗落当たり地代量が趨勢的に上昇したとは言いがたい。しかし、全羅道地域（（A）と（B））の場合には逆に、光州を除くくらいで残りのほとんどの地域において斗落当たり地代量が傾向として増加しているが、その増加は主に1910～1918年の間に起きていた。金建泰の羅州朴氏家の事例研究で言及されていたような変化が、全羅道の他の地域の事例でも確認されたのである。

今度は李栄薫が整理した資料を使い、斗落当たり地代量が1918～1929年の間にどのように変わっていったのか、見てみよう。全体31地域のなかでデータ値が存在し、その変化がわかる地域は、扶余2・高敞・霊光・光州・羅州・霊岩1・霊岩2・咸陽・居昌・醴泉・安東1・安東2・青松・榮州1・榮州2など15地域であった。図が複雑になるのを避けるために、4つのグループに分けて表示すると、〈図7-11〉のようになる。関心の対象である1918～1929年区間は灰色に塗って置いた。15の曲線がこの灰色区間でどのように変わっていくのか、1つ1つ確認してみると、趨勢として増加が認められるケースは光州程度に過ぎず、残りの14地域は趨勢として明らかな上昇傾向を発見し難い。これは朝鮮総督府『統計年報』の反歩当たり生産量がこの期間にほとんど増加しなかったことと同じ結論になる。そしてこれはもちろん、朝鮮人地主の場合に限った事例ではあるが、1936年の米穀

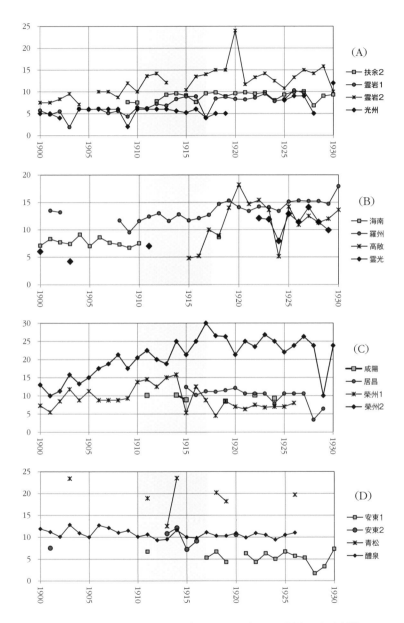

〈図7-10〉斗落当たり地代量の変化（1900〜1918年の間；単位は斗／斗落）
〈資料〉李栄薫「17世紀後半〜20世紀前半水稲作土地生産性の長期趨勢」〈付録1〉から作成。

第7章　農業生産性の長期的変化　307

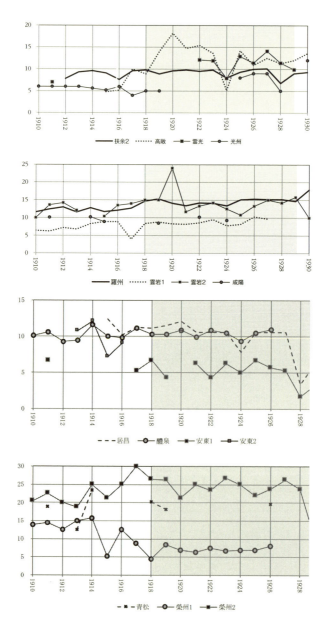

〈図 7-11〉斗落当たり地代量の変化（単位：斗）
〈資料〉〈図 7-10〉と同じ。

生産量調査方法の変更と関連し、1920年代から累積的に誤差が発生したと仮定して1921～1935年の間を趨勢的に補正した東畑精一や、朴ソプの補正方法が正しくない可能性もあるということを意味するものでもある。もちろん分析に使用した15の事例は一種の標本であり、それが無作為にうまく抽出されたという保障がないため、今後新しい史料が発掘されれば結論が異なることもありうるであろう。しかし、現在まで発掘された史料による限り、1918～1929年の間に米穀生産性に大きな変化がなかったというのは明白である。

　これまで植民地近代化論が考える朝鮮時代後期から日帝時代の農業生産性の変化様相を検討した。この主張によると、斗落当たり生産量は19世紀末を底にするU字模様の曲線を描いたものとなる。「19世紀危機論」は、このような変化様相に対する認識を土台に主張されたものであった。おそらく朝鮮時代末に一時的に経済の混乱と沈滞が存在した可能性はある。しかし、李栄薫が整理した資料と植民地近代化論の様々な論著を詳しく検討してみると、朝鮮末期の経済的混乱と沈滞が過度に誇張され、同時に日帝時代の開発の側面、特に1910～1929年の間の生産の増加は実際以上に誇張された側面があるということは明白である。

第3節　20世紀韓国の農業生産性

　日帝時代の変化は、在来的な農業・農法から近代的な農業・農法に転換する過渡期社会であったため、朝鮮時代と比較すると農業部門でも各種近代的な諸要素が少しずつより多い割合を占めていくようになるのは明らかである。したがって、農業において相当な変化が集中していたかのような印象を与えるが、ほとんど誇張された場合が多い。

　〈図7-12〉は1910年以後から最近に至るまでの韓国（南韓）の米穀生産量と反歩当たり生産量をグラフに描いたものである。争点である1910年代の米穀生産量をとりあえず除外して見ると、1920～1950年代中葉まで若干

〈図7-12〉韓国（南韓）の米穀生産量（1920～2004年）
〈注〉精穀基準。
〈資料〉1920～1960年：朴ソプのデータを使用（安秉直編『韓国経済成長史－予備的考察－』ソウル大学校出版部、2001年、56－57頁、74頁）。1961～2008年：大韓民国農林部『農林統計年報』、農林水産部『農林水産主要統計』、農林部『農林部主要統計』、統計庁KOSISなどから作成。

の増加趨勢はあったが、それほど大きな変化はない。日帝時代の変化は言わば「茶碗の中の暴風」のようなものであり、本格的な変化は1950年代後半以後に起こった。1920～1955年の間の年平均生産量と、1975～2008年の間の年平均生産量を比較して見ると、後者が前者の約2.5倍にも達する[42]。単位面積（10a）当たりの生産量も、だいたいにおいて生産量と似たような趨勢で変化した。すなわち、単位面積当たりの生産量は日帝時代にも多少増加する趨勢であったが、その趨勢は解放後と比較すると非常に微々たるものであり、本格的な増加は解放以後、特に1950年代後半期から1970年代後半期の間の20年余りの間に成し遂げられたものであった。農業革命と呼んでもよいほどの驚くべき成長が工業の本格的発展に先行しつつ成し遂げられ、

---

[42] もちろん、解放後の農業生産の急増の原因には日帝時代に行われた農業開発（土地改良と農事改良）があったことは明らかであるが、同一の条件が日帝時代にも存在していたにもかかわらず、その当時の農業生産は大きく増加しえなかった。

その結果1970年代後半になると、宿命のように考えられていた「麦峠」〔4〜5月の春窮期をさす〕がなくなるようになる。

1955〜1975年頃の米穀生産の急増原因はいくつかあるであろうが、そのうち特に重要なものとしては、農地改革と統一稲の普及のような種子改良であると考える[43]。

農地改革は過去に無償没収無償分配の原則下で実施された北韓〔朝鮮民主主義人民共和国〕の土地改革と比較して不徹底な側面があったため、高い評価を受けられなかった。しかし、蒋尚煥などによってこの農地改革以後には日帝時代の地主制が完全に消滅してしまったという客観的な事実が重視されはじめ、田剛秀は農地改革の核心的な担当者が転向した社会主義者であった曺奉岩という点に焦点を合わせる新しい解釈を試みた[44]。農地改革では年間生産量の30％を5年間だけ納付さえすれば、その後はその土地の所有権が小作農に帰属するようになっていた。日帝時代の小作料率（地代率）が50％を上回るレベルであったことと比較して見ると、日帝時代の小作料よりもはるかに少ない生産物を5年だけ支払えば該当する土地の所有主になれるということは、まさに破格的なことであった。

農地改革は土地所有制度において革命的な変化であった。日本の場合には全体耕地面積において小作地面積が占める割合（小作地比率）が1929年までは増加したが、その後には減少趨勢に戻る（以下〈図7-13〉参照）。しかし、朝鮮では小作地比率が1920年代後半に大きく増加した後、1930年代に増加が緩慢であったが、日帝末期に再び増加するなど、全体的に増加趨勢を

---

43) 蒋尚煥「農地改革過程に関する実証的研究（上）」『経済史学』第8号、1984年、蒋尚煥「農地改革過程に関する実証的研究（下）」『経済史学』第9号、1985年、蒋尚煥「農地改革と韓国資本主義発展－慶南地域事例研究を中心に－」『自由公募課題』1999年。蒋尚煥は農地改革の意義として、(1)農地改革を通じて小作農が自作農になることで、営農意欲が高められ、(2)農地改革を通じて造成された財政資金の一部が水利施設拡充に投資され、農業生産基盤改善に活用され、(3)それが土台となり農業生産力が発展し、食糧供給が拡大された、という点に注目した。田剛秀「平等地権と農地改革、そして曺奉岩」『歴史批評』第91号、2010年。

44) 資本主義社会では私的所有を絶対視する主張が多いが、韓国近代経済の出発点はまさにこのような私有財産制度に対する大々的な介入を通じてその基礎が安定したという点に留意する必要があるであろう。ただし、北韓の場合には土地改革後に土地所有の社会化が行われたが、南韓の場合には直接生産者にその所有権が帰属したという点で、北韓に比べてはるかに大きな増産誘発動機を持つことになったと考える。

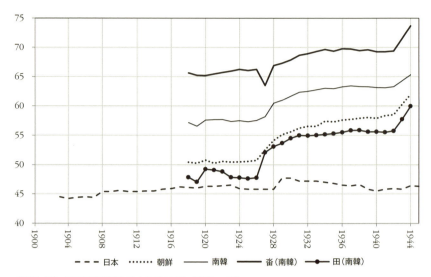

〈図7-13〉日帝時代朝鮮の小作地比率（単位：％）
〈注〉1927年の南韓の畓小作地比率が異常に減るのは、統計の誤謬のためだと思われる。
〈資料〉朝鮮総督府『統計年報』各年度版および朝鮮銀行『朝鮮経済年報』1948年版、Ⅰ－38－39頁から作成。

見せている[45]。小作地比率も日本に比べてはるかに高いレベルであった。こうして1918年の場合、小作地比率は日本が47.8％、朝鮮が50.4％と大きな差はなかったが、1944年には日本が46.4％と少し減った反面、朝鮮では62.0％と12.4％ポイントも多かったことで、両者間の格差がかなり大きくなる。朝鮮の小作制度は後期に行くほど弱化したのではなく、むしろより強化されており、水田全体の約3/4が小作制度によって耕作されるほど、日帝時代農業の性格を規定するものであった。

---

[45] ホン・ジェファン（홍제환）ほかは、日帝末期慶北禮泉郡龍門面の土地台帳を活用して土地所有および所有権移転様相を分析し、1942年から土地所有の不平等度が減少していたが、このような土地所有構造の変化様相は自作農地設定事業に代表される日帝の自作農地拡大政策が実効を見せた可能性と、戦時期朝鮮人労働者動員と消費統制の中で農家の現金収支が改善された可能性などについて示唆しているとした。ホン・ジェファン・李栄薫「日帝末期朝鮮農村の経済動向、1935～1944－慶北禮泉郡龍門面の小土地所有者増加趨勢を中心に－」『経済史学』第45号、2008年12月。ところが〈図7-13〉を見ると、龍門面の事例分析を通じて自作農地が拡大したというまさにその1943～1944年の小作地比率は、日帝時代全体を通じて最も急速に増加している。この点については今後もう少し研究する必要があると考える。

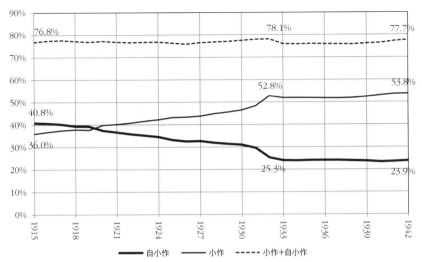

〈図7-14〉小作農と自小作農の農家戸数の割合（単位：％）
〈資料〉朝鮮総督府『統計年報』各年度版より作成。

　小作地比率よりさらに激烈に変化したのは、農家戸数全体のうちで小作農戸数が占める割合であった。朝鮮の自作農戸数は1915年に57万戸であったものが1942年に53万戸と大きな変化はなかったが、自小作農戸数は同じ期間で107万4000戸から72万9000戸に急減した反面、小作農戸数は97万1000戸から164万2000戸と急増した。このように1915年から1932年の間の17年余りの短い期間に激烈な農民分解が起こり、〈図7-14〉で見られるように、自小作農戸数の割合は40.8％から25.3％に減少し、小作農戸数の比率は36.0％から52.8％に急増する。小作農と自小作農を合わせた割合は75.9〜78.1％の間で大きく変わらなかったため、自小作農が自作地部分を喪失して小作農に転換した場合が非常に多かったという意味である。そしてこれら小作地には平均50％を上回る小作料が付加されたため、直接生産者である小作農が積極的に農業生産の増大に乗り出すのは難しい構造であった。
　農地改革はこのように日帝時代末に最高潮に達していた小作制度を一挙に終息させ、直接生産者が土地所有権を持つようにする、まさに革命的な制度

改革であった。そしてこのような制度改革は、直接生産者である農民をして増産に対するより大きな動機付与となり、増産のための努力をどの時期にもまして積極的に推進されうるようにしたと考える。〈図7-12〉に見られるように、1955年以後から米穀生産量および反歩当たり生産量が急上昇をはじめたのは、まさにこの農地改革の効果を論外にしては説明しがたい。植民地的農業制度の清算が、まさに韓国農業革命の開始点であったのである。

ところが〈図7-15〉で見ると、このような農業生産の変化過程で農家人口、農家戸数、1戸当たり農家人口は、1967年までは増加趨勢にあり、それ以後には継続して減少趨勢にあった。1967年以後の減少趨勢は非常に急速なものでもあった。1967年以前までは農業以外の部門の就業機会がそれほど多くなかったため、農民分解が相対的に遅滞するなか、相対的過剰人口と共同体的関係が広範に存続していたことを意味する。しかし、1967年以後には非常に速い速度で農民分解が進んだ。相対的過剰人口が急速に解消されていること、すなわちルイスの言う無制限労働供給の存在、あるいはメイヤスの言う共同体社会の併存などがこの時期になると急速に解体していたことを意味する[46]。実質賃金が停滞状態から抜け出し上昇局面に入るのと、ほ

---

[46] ルイス（Sir William Arthur Lewis）は開発途上国経済を伝統的部門（低賃金で無制限に近い労働供給がある部門）と近代的部門（大量の資本がある部門）に分けて分析する二重経済論を考案し、伝統的部門からの無制限労働供給によって一定の賃金レベルで労働供給曲線が無限に弾力的になると説明した。"Economic Development with Unlimited Supplies of Labour", *The Manchester School of Economic and Social Studies*, X XII May 1954, pp.130~91. Claude Meillassoux, *Femmes, greniers et capitaux*. メイヤスは最低賃金生活者（le smicard; Salaire minimum interprofessionnel de croissance を受ける人）の所得を生存レベルの賃金として考えた。直接賃金とはこの生存レベル賃金を意味するが、これにより労働者自身の肉体の再生産が可能になる。しかし資本主義の維持のためには労働者自身の再生産のみならず、次世代の労働者を創出しうる費用（育児費、教育費など）が必要で、労働者の引退後の生活や失職による生活費用なども賃金に含まれなければならない。この部分を間接賃金とした。資本家は自分が雇用する労働力に対する費用のみ支払おうとするものであるため、直接賃金のみ支払おうとする。共同体社会が存在する場合には、間接賃金は共同体社会で負担するため、資本家は直接賃金を支払うことで継続して労働力を調達しうる。しかし、共同体社会が解体すると、間接賃金は資本家あるいは国家が負担しなければならない。資本家が負担すると実質賃金の上昇として現れることになり、国家が負担すると社会福祉費用の増加として現れる。このような考えを韓国経済に適用すると、例えば農村で労働者としての役割を行えるように養育され、教育を受けた少女らが都市の工場労働に供給されたため、工場主は直接賃金を支払うのみでも必要な労働力を調達し続けることが可能であったということになる。しかし、農村で労働力が流出しつづけると、それ以上はこのような方式の労働力調達は不可能になるため、結局賃金の中に間接賃金が含まれなければならないようになり、したがって実質賃金が上昇すること

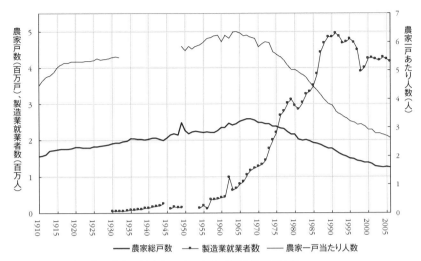

〈図7-15〉農家戸数と農家戸数当たり人口および製造業就業者数
〈注〉朝鮮総督府統計では1933年以後「戸当たり人口」が5名と仮定される。すなわち、「1933年度から調査様式を変更させたため、農業者数を求める場合農家1戸当たり5名とし……農業戸数から算出するものとする」としている（朝鮮総督府農林局『朝鮮米穀要覧』1941年、11頁）。そのため、この図では1933年以後を省略した。1910年代初の統計は信用するまでもない。
〈資料〉（農家戸数及び戸当たり人口）1910～1949年：朝鮮総督府『統計年報』、1941～1946年：朝鮮銀行『経済年鑑』1946年版、1947年：農部農地局『農地改革基本参考資料』1949年、2頁、1948年：韓国銀行調査部『産業総覧（第1輯）』1954年、540頁、1949～1998年：韓国銀行『経済統計年報』、1999～2006年：農林部『農林統計年報』などより作成。
（製造業就業者数）朝鮮総督府『統計年報』各年度版および朝鮮総督府総務局『朝鮮労働技術統計調査結果報告』1941、1942、1943年版（ただし南北の分割は、京畿道は南、黄海道は北として、江原道は1/2と計算した）。1944年：The Korea Economic Mission Department of State, The ECONOMIC POTENTIAL OF AN INDEPENDENT KOREA1, 1947. 1946年：南朝鮮過渡政府『南朝鮮産業労働力及賃金調査』1946年。1947～1948年：南朝鮮過渡政府『南朝鮮労働統計調査結果報告』（第1回および第2回）。1949年：商工部『工場鉱山名簿』1950年。1954～1955年：広報処『大韓民国統計年報』。1956年以後は内務部統計局『労働力調査』経済企画院（統計庁）、『経済活動人口年報』各年度版から作成

ぼ時期を同じくする[47]。

---

47) 裵震漢は1961～1990年の間に農家人口が次のように流出したと推定した。すなわち、1961～65年101万名、1966～70年342万名、1971～75年252万名、1976～80年325万名、1981～85年294万名、1986～90年227万名。この推定によると、農家人口の流出は持続的であるが、その規模は1960年代後半以後にはそれ以前に比べて2～3倍の規模に達していることがわかる。裵震漢「労働市場と人的資源開発で見る韓国の経済発展」『経営経済研究』第

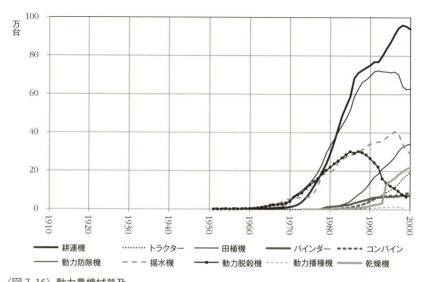

〈図7-16〉動力農機械普及
〈資料〉農林部（農林水産部など）『農林（水産）統計年報』各年度版より作成。

　そしてこの農業人口の減少がはじまる時点から動力農機械の普及が急速に拡散する。〈図7-16〉を見ると、動力農機械保有台数は1970年代から急増し始めるが、この時期は〈図7-15〉で見た農業人口の減少が始まる時期と一致する。すなわち、農業人口の大量流出による農業労働力の不足を機械化・動力化で補完することで、農業人口の減少にもかかわらず、高い土地生産性を維持できるようになったのである。
　解放後の米穀生産量の急増は、肥料投入量でも確認される。〈図7-17〉は20世紀の金肥使用量に関するグラフである。解放以前、特に1930年代にも金肥使用量は大幅に増加したが、解放後と比較すると非常に低いレベルであった。ところが、解放以前の韓国の化学肥料工場は、ほぼ北韓地域に所在していたため、解放直後の南韓の化学肥料生産は、ほとんどゼロ状態に落ちる。消費の場合にはAIDやKFXによる援助で、解放以前のレベルを維持するこ

31巻第2号、2008年、10頁。裵茂基は、我が国労働市場が1975年以後に無制限労働供給が終了したと考えた。M.K.Bai, "The Turning Point in the Korean Economy", *Developing Economics*, June 1982, 117－140pp.

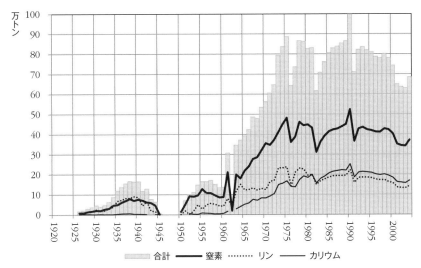

〈図7-17〉肥料成分別金肥使用量

〈注〉 肥料年度：8月1日〜翌年7月21日基準。窒素（100% N）、燐（33%の P205 に該当）、カリウム（100% K20）。

〈資料〉1926〜1945年（南朝鮮）：朝鮮銀行調査部『朝鮮経済年報』1948年版、Ⅰ-365頁（連合国最高司令部自然資源課報告による。軍政庁農務部提供資料による）。1949年〜：農林部（農林水産部など）『農林（水産）統計年報』各年度より作成。

とになる。南韓の化学肥料生産は、1961年の忠州肥料工場の竣工を皮切りに、1962年には湖南肥料工場が竣工され、1967年には嶺南化学（株）と鎮海化学（株）および韓国肥料工業（株）の肥料工場が竣工されたことで、国内消費量に該当する国内生産が成し遂げられるようになる。1977年には当時世界最大と称されていた南海化学肥料工場が竣工されたため、国内生産量は国内消費量をほぼ2倍ほど上回るようになる。化学肥料の国内供給が拡大するにつれ、化学肥料消費量も 1960〜1975年の間に爆発的に増加する。そして肥料供給の増加は米穀生産の場合でも反歩当たり生産量を急増させる主要な契機となった。しかし、自給肥料消費量の場合には、日帝時代に比べて多少増加してはいるが、金肥使用量のように大幅に増加するものではなく、解放後の南韓の米穀生産の増加は主に化学肥料使用の増加によるものであった。

水利施設の場合にも〈図7-18〉に見られるように、日帝時代特に産米増殖（更新）計画期間である 1920〜1933年に水利施設の急速な拡充がなさ

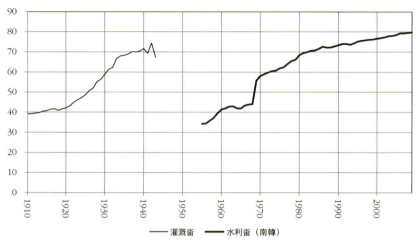

〈図7-18〉20世紀南韓の水利畓の割合（単位：%）
〈注〉日帝時代に南韓の灌漑畓の割合は、1942年に最大74.4%に達するようになる。しかし、1955年の南韓の水利畓の割合は34.2%と半分以下に落ちる。解放と朝鮮戦争などにより実際に灌漑施設が破壊された場合も考えられるが、それよりは水利施設の把握基準が変わったためであると判断される。すなわち、解放以前と以後の変化を連続的に見ようとするならば、1940年代初の割合と1955年の割合が似たレベルとなるよう、日帝時代の割合を一律に縮小して見なければならないであろう。
〈資料〉第5章の〈図5-12〉参照。

れた。解放後にも1950年代後半以後、水利施設の拡充が非常に急速に進められ、1980年頃には水利畓の割合が70%に至るようになり、2010年には80%レベルに至るようになる。水利畓の割合の拡大は、農業生産量の増大および農業生産の安定を増大させた。

詳しい説明は省略するが、解放後にはこのほかにも農薬使用量の増加と農業専門人力の養成および農業部門に対する政府投資の増大および農業金融の拡大が続いた。その大部分が先の〈図7-12〉で見た米穀生産量が急増する時期と一致する。

これまでの分析でわかったように、韓国の農業生産、特に米穀生産は日帝時代に変化が始まるが、本格的な変化は解放後に成し遂げられたのは明らかである。植民地状態から解放され、独立国家を形成するようになったことが、このようなあらゆる急進的な変化の主要な土台となることも、やはり明白である。

第 8 章

おわりに
――誇張された危機、
　　そして誇張された開発

植民地朝鮮が解放された時、南韓は非常に貧しい国の1つであった。その当時、人々はその貧しさが日本帝国主義の収奪のせいだと考えた。また朝鮮は自ら資本主義化したり、近代化していくことができる力量はあったが、日本の朝鮮支配がそのような機会を奪ってしまったため、正常な発展が歪曲されて遅滞したと考えた。前者は「収奪論」として、そして後者は「資本主義萌芽論」と「内発的発展論」として理論化された[1]。

　しかし解放後半世紀の間、韓国経済が目覚しい成長を成し遂げるなか、全く異なる考えが登場しはじめた。1980年代になると、日帝がたとえ朝鮮を収奪したとはいえ、そのような収奪のためには開発が必要で、この植民地時代の開発の経験と遺産が解放後の韓国経済の開発に非常に重要な役割を果たしたという考えが登場することになった。いわゆる「収奪と開発論」の台頭である。そして最近では「収奪と開発論」から一歩踏み出して、収奪の側面を否定し、開発の側面をより一層強調する「植民地近代化論」まで登場するようになる[2]。すなわち、開発という観点で韓国近代経済を見ると、その視角は植民史観、収奪論、収奪と開発論、植民地近代化論と変化してきたが、最後の植民地近代化論は、植民史観と対蹠関係にあった収奪論を批判して開発のみを強調するようになったため、最初の植民史観に事実上回帰している。

　植民地近代化論の代表的な研究業績の1つである『数量経済史で見直す朝鮮後期』という本で、李栄薫は次のように語った[3]。

　　1860年代から本格化した危機のまっただ中で、社会は分裂し、政治
　　は統合力を喪失した。見方によっては危機は、1905年の朝鮮王朝の滅

---

1) 資本主義萌芽論と内在的発展論は植民史観の核心である停滞論に対する対抗論理であった。
2) 1980年にも韓国が依然として貧困状態を抜け出すことができなかったならば、「収奪と開発論」、いや「植民地近代化論」のような理論が登場するのは難しかったであろう。まさにそうした意味で、日帝時代の開発の側面を強調する理論は、解放後の韓国経済の高度成長と切っても切れぬ関係を持っているのである。しかし植民地近代化論の出現背景となる20世紀後半期の韓国経済の高度成長は、韓国が植民地状態から抜け出したからこそようやく可能であったという点にも注目する必要がある。
3) 李栄薫『数量経済史で見直す朝鮮後期』ソウル大学校出版部、2004年、382頁。

亡が、ある強力な外国勢力の作用によってというよりは、そのあらゆる体力が尽きてしまったあまりに自ら解体したと言ってもよいほどに深刻なものであった。この新しい19世紀の歴史像は、1950年代以来彼らの伝統社会が正常な経路で発展してきており、彼らの歴史が歪曲されたのは帝国主義の侵入のためであると堅く信じてきた韓国の多くの歴史学者らを当惑させている[4]。

　そうであるとすれば、自分たちの歴史像は何であろうか？　日本は「自ら解体した」と言わなければならないほどに危機に陥った朝鮮王朝を接収し、植民地にしてその経済を安定させて開発し、潤沢にしたのみならずあらゆる制度を近代化させたが、それが解放以後の韓国経済の高度成長の歴史的背景となったというのが、まさに自分たちの歴史像であった。植民地支配の不当性についての簡単な言及を除けば、1950年代以来韓国の多くの歴史学者が克服しようと努力してきた、まさにその植民史観を蘇らせたも同然であったため、「彼ら」を当惑させるには充分であったのである。

　では、朝鮮王朝末期の危機論とは何か？　『数量経済史で見直す朝鮮後期』、『マッチルの農民たち』などの様々な研究では、共通して19世紀末危機論が登場する。その根っこは地主家の秋収記のような古文書研究にある。そして、このような秋収記研究の決定版が、2009年落星台経済研究所学術大会で発表された「17世紀後半〜20世紀前半水稲作の土地生産性の長期趨勢」という論文である。これまで発掘された31地域の斗落当たり地代量データを総合的に分析したものである。

　ところが、このような研究において植民地近代化論に共通する点がある。彼らが明らかにしたいのは、土地生産性、すなわち斗落当たり生産量が19世紀末に惨憺たるレベルに落ち込んだということである。しかし収集された資料の中の大部分は、斗落当たり地代量についてのものである。李栄薫の論文タイトルがまさにそうである。言ってみれば、斗落当たり地代量データを

---

[4] 「彼らの伝統社会が正常な経路で発展してき」たと見る理論は、おそらく資本主義萌芽論と内在的発展論のことであろう。

使用して斗落当たり生産量の変化について分析をしたいのである。そうしようとするならば、斗落当たり生産量の中で地主が受け取る割合を知る必要がある。その割合が一定なら、斗落当たり地代量資料から斗落当たり生産量の変化趨勢を読み取ることができるようになる。

　通常、斗落当たり生産量の中で地主が受け取る取り分は地代率と言われる。ところが、理論的に考える地代率が一定だとしても、地税と種子を誰が負担し、藁を誰が取るかによって、地主が受け取る取り分が大きく変わりうる。朝鮮時代中期まではいわゆる打作法と言って秋収した収穫物（籾であれ籾がついている稲束であれ）を半分ずつ分けて受け取る方法が一般的であった。この時、地税と種子は地主が負担した。しかし朝鮮時代後期になると、全羅道と慶尚道地方で執租法という小作方法が広く普及する。この執租法では、収穫前に地主あるいは地主の代理人が小作人とともに収穫量を予想し、その中で1/3は地主が取り、2/3は小作人が取る方法で収穫物の分配が行われることになるのが普通である。この場合、地税と種子は小作人が負担する。小作人の取り分が増えて地主の取り分が減るが、地税と種子の負担の転嫁があるため、小作人の実質的な取り分が増えたとは言いがたく、また地主の実質的な取り分が減ったとはみなしがたい。しかし、地主家の秋収記に記録される斗落当たり地代量は減少することになる。19世紀中葉以後、打租法から執租、あるいは定租法への地代受取り方法の変化が全羅道と慶尚道地域で広範に起こった。19世紀末になると、全羅道と慶尚道地域では打租による地代受取り法が少数となり、検見と定租が圧倒的な割合を占めるようになる。このような地代受取り方法の変化結果については、日帝時代の調査を整理した〈表8-1〉で確認される。

　一方、朝鮮が日本の植民地となって以後、朝鮮総督府は納税義務者を明確にするために土地所有者が納税するように制度を変更させて行き、地税令によって土地所有者が納税することが法律的に要求されたことにより、土地調査事業が終了する1918年までには再び地税と種子は地主が負担する方式に慣行が変わる。これにより、斗落当たり生産量の中での地主の取り分は1/3から1/2に上向き調整される場合が多くなったであろう。もちろん、こうした割合は小作地の種類や地方、あるいは時期や副産物の分配方法などによっ

〈表8-1〉全羅道と慶尚道の小作料受取り方法別割合（単位：%）

道	郡	定租	打租	検見	合計	道	郡	定租	打租	検見	合計
全北	高敞	36	6	58	100	慶尚北道	榮州	67	16	17	100
全羅南道	霊岩	30	20	50	100		安東	10	32	58	100
	霊光	46	9	45	100		青松	20	34	46	100
	海南	51	19	30	100		醴泉	30	20	50	100
	羅州	20	10	70	100	慶尚南道	咸陽	89	3	8	100
	光州	50	10	40	100		居昌	68	9	23	100
全羅道全体		39	12	49	100	慶尚道全体		47	19	34	100

〈注〉検見は執租の別名である。表で挙げられた郡は、すべて李栄薫のデータに出てくるものである。道全体の平均は表で挙げられた郡以外の他の郡まですべて含めたものである。
〈資料〉朝鮮総督府『朝鮮の小作慣行』（上）、119－120頁より作成。

て多様であった。要するに、日帝時代に斗落当たり地代量が再び増加する場合があるものの、そのうちの一部は土地生産性が高くなって増加した場合もあるであろうが、別の一部はこのような地代受取り方法の変化によるものもあったと考えられる。斗落当たり地代量資料によって斗落当たり生産量を分析しようとするなら、こうした点を考慮すべきであるが、植民地近代化論では地代率あるいは地代受取り方法の変化を考慮しなかった。そのため、19世紀末の斗落当たり地代量の急減と日帝時代の斗落当たり地代量の増加を、単に土地生産性の変化としてのみ解釈したため、19世紀末の惨憺たる危機と日帝時代の成長を過大評価する誤りを犯すことになってしまったのである。

一方、植民地近代化論の日帝時代に対する考えは、金洛年の次の引用文に典型的に表れている。行間を読むと、よしんば植民地支配が不当なものではあったとしても、植民地時期の経済的成果はよかった、またそれが解放後にもよい影響を与えたという点も、同時に強調されているのがわかる。

　　植民地支配の不当性は日本帝国主義が朝鮮人の意志に反して主権を侵奪したことにあり、それは例えばその時期の経済的成果の善し悪しだとか解放後との連続性如何のような評価によって左右されうる性格のものではない。植民地支配の不当性に対する批判と植民地時期に表れた経済

現象に関する分析は、次元が異なるものであるため、これを混同してはならないであろう[5]。

朴ソプもやはり、植民地支配下で朝鮮経済が近代化したと考えている。

> たとえ非常に緩慢ではあっても植民地期にも近代化が進行したとすれば、植民地とは何かという問題が必ずや議論されなければならないだろう。植民地支配下でも社会が近代化しうるという筆者の主張は、植民地支配下では近代化できないという伝統的な主張とは完全に異なるためである[6]。

　金洛年と朴ソプなどの例に見られるように、植民地近代化論の最大の特徴の1つは、日帝時代に経済発展と近代化が成し遂げられたのは事実で、またそれを肯定的に評価しなければならない、ということである。植民地近代化論はこのような自分たちの主張を膨大な統計資料を体系的に分析して立証しようとする。膨大な資料を収集・整理し、必要な補正を加えて体系的に分析して得た結果物のうち代表的なものが『韓国の経済成長』に収録された1911～1940年の間の朝鮮のGDPである。先の引用文で見たような日帝時代の経済発展と近代化は、このような分析結果を土台としているのである。
　そうであるならば、この推計結果は信頼しうるだけのものなのであろうか？　こうした部類の推計の中では最も秀でたものであることは明らかであるように思われるが、残念なことに、その研究に参加しなかった外部の者がそれを評価するのは難しい。推計作業があまりに膨大であるため、外部の者がその推計結果の妥当性如何を評価するのは、事実上不可能なのである。今後その推計に使用されたデータと、推計の具体的な方法が公開されれば、部外者たちもその推計の妥当性について評価することができるようになるであろう。しかし現段階では、推計結果だけを対象に限定した評価のみが可能な

---

5) 金洛年『解放前後史の再認識』1、チェクセサン、228頁脚注66。
6) 朴ソプ『植民地近代化論の理解と批判』白山書堂、2004年、49頁。

だけである。

　『韓国の経済成長』の推計結果だけを取り出して見た時、特に疑わしい期間がある。1910〜1917年の間である。この期間の推計結果が疑わしい理由は、まずこの期間の経済が他の期間に比べてひときわ急速に成長したものと推計されたという点である。〈表8-2〉は『韓国の経済成長』で推計された各種統計を6年間隔で分けて、区間増加率を出したものである[7]。鉱業・製造業・住居光熱費・家計施設および運用・米などの5項目を除いた残りすべての項目において、1912〜1918年の間の区間増加率が最も高い。除外した5項目の区間増加率も、どれも2番目に高いのである。要するに、1912〜1918年の間は、一般的に日帝時代で最も急速に経済が成長したと言われる1930〜1936年の間よりさらに急速に経済が成長し、隣接区間である1918〜1924年の間および1924〜1930年の間と比べると、桁外れに高い増加率を示している。『韓国の経済成長』で推計された結果によると、日帝時代の黄金期は1930年代ではなく、驚くべきことに1910〜1917年の間であることになる。この期間に朝鮮経済がこのように急速に成長したということを信じるべきなのか、疑問が生じざるを得ない。

　1917年まで朝鮮経済が急速に成長したという推計を疑問に思わざるを得ないもう1つの理由がある。すなわち、『韓国の経済成長』で農業生産が急増したという1910〜1917年の間は、朝鮮総督府自らが自分たちの統計が不正確であったと考え、朝鮮総督府『統計年報』1918年版と1919年版で2回にかけて修正を加えていた時期と、問題の時期が正確に一致する。そのため、この期間の急増をそのまま信じてもよいのか疑わしいのである。

　日帝初期の農業生産統計が不正確であったのは、統計調査が1908年以後にようやく体系化されはじめ、まだきちんと定着していなかったこととも関連している。すなわち、朝鮮の農業生産統計に関する調査は、隆熙2年（1908年）農商工部訓令第192号「農業統計に関する件」に始まる[8]。この訓

---

[7]　各年度の統計値は3年平均値とした。例えば、1912〜1918年の間の成長率は1911〜1913年の間の3年平均に比べて、1917〜1919年の3年平均値が何パーセント増加したものなのかを計算した。ただし、1936〜1939年区間は他の区間に比べて期間が短い。

[8]　『旧韓国官報』隆熙2年6月23日付け。

〈表8-2〉『韓国の経済成長』推計値の区間増加率比較（単位：%）

		1912~1918	1918~1924	1924~1930	1930~1936	1936~1939
GDP		33.1	12.5	21.2	31.7	11.7
1人当たりGDP		23.2	6.3	11.1	19.7	7.8
産業生産	農業	18.4	7.7	11.3	17.4	−12.0
	水産業	156.8	61.1	54.0	32.0	4.4
	鉱業	141.8	−2.0	67.4	146.8	86.0
	製造業	88.2	46.1	29.1	97.4	46.8
家計最終消費支出		26.8	14.3	21.4	24.0	9.0
衣服費		23.2	11.2	19.7	17.0	4.8
住居光熱費		59.1	24.4	27.3	80.5	4.0
家計施設および運用		17.3	10.3	−1.1	39.2	−5.1
保健医療費		77.3	31.3	30.4	30.5	16.5
交通通信費		153.0	37.2	136.7	22.3	50.5
教育文化娯楽費		100.3	59.1	43.3	67.8	49.3
その他		139.0	−21.1	−0.8	40.7	−27.0
家計穀物消費量		8.0	0.4	6.7	4.9	2.5
1人当たり家計穀物消費量		−0.1	−5.1	−2.1	−4.6	−1.0
米		1.8	−9.7	1.4	−6.4	11.4
その他穀類		−0.9	−2.7	−4.2	−3.3	−9.0
薯類		157.6	−0.0	14.9	36.6	4.1
合計		1.9	−5.6	−1.4	−3.3	−0.1

〈資料〉『韓国の経済成長』附表より作成。

令では、漢城府尹と各道観察使に対し、農業者（戸数、人口）、米・麦・豆（実際の耕作面積、収穫量）、牛と馬の数、養蚕戸数と桑畑面積を調査して報告させるようにした。しかし1908年の統監府『統計年報』に農業生産統計が収録されていないことから推測すると、この訓令は実際に実行されたようには見えない[9]。

---

9) 統監府『統計年報』は1906年の第1次以後1909年の第4次まで4巻が発刊された。第1次統監府『統計年報』には、農業生産に関する統計表として、「韓国産米推定数量および価額」（第129表）、「韓国農産物推定耕作地面積」（第130表、大豆、人参、煙草、綿花、大麦、麻、苧および蓖麻、雑穀および蔬菜）など、推定された農業統計が収録されている。第131表～第137表には、大豆、人参、煙草、綿花、大麦、麻、苧および蓖麻の耕作面積・生産量・生産額に関する推定統計が収録されている。しかし1907年の第2次統監府『統計年報』と1908年の第3次統監府『統計年報』には農業統計が収録されていない。要するに、農業生産統計は1909年版からようやく調査・公表されはじめたのである。

隆熙3年 (1909年) には農商工部訓令甲第13号「農業統計に関する件改正」によって調査項目が大幅に増加する[10]。農業者に対する調査は本国人と外国人を区分して戸数と人口を調査するようにし、畓と田を区分する耕地面積についての調査様式が追加された。農業生産量調査項目も米（粳稲、糯稲、陸稲）、麦（大麦、小麦、裸麦、燕麦）、豆、および雑穀（小豆、粟、稗、黍、秫、玉蜀黍）、特用作物（綿花、蔘、大麻、煙草、荏）の栽培面積と収穫量（収穫量および1反歩当たり平均収穫量）などを調査するようにした。蚕業については桑畑面積（面積、改良面積）、蚕収穫量（春蚕、夏蚕、秋蚕）、養蚕戸数、製糸戸数などを調査するようにし、家畜および家禽については牛、馬、ロバ、豚、羊、鶏の頭数を調査するようにした。1910年版朝鮮総督府『統計年報』の農業統計は、この隆熙3年の訓令を土台に調査された結果と言える。

この訓令でもわかるように、農業統計は第一線の行政機関で調査され、それがもう少し上位の行政機関で集められる方式により作成されたため、第一線の各行政機関の報告様式を統一せざるをえなかった。これに朝鮮総督府は報告様式の統一を期するために1911年6月に朝鮮総督府訓令第55号「朝鮮総督府報告例」を作成し、第一線の行政機関に配布した[11]。

この報告例の中で第424号〜第468号様式が農業部門に関する報告様式である。この様式のうち、「年報」という項目で調査されたのが、朝鮮総督府『統計年報』や『農業統計表』に収録された統計であるが、そのうち米穀生産統計に関する様式としては「米栽培面積および収穫量表」（第428号様式）と「稲優良品種栽培面積及び収穫量表」（第429号様式）がある。

各様式には「備考」が添付され、様式に依拠して報告する時に留意しなければならない点が簡単に扱われている。しかし、この報告例の「備考」の指摘だけでは、米穀栽培面積や収穫量についての統一された統計作成は難しい。したがって、朝鮮総督府では「農業生産統計作成に関する件」（1915年）という通牒を通じて、より具体的に農業統計作成方法について明らかにしている。

---

10)『旧韓国官報』隆熙3年10月27日、28日、30日、11月19日付け。
11) この報告例は1912〜1922年に毎年修正され、その後1925年、1927年、1930年、1933年、1937年にも修正された。報告例が修正され続けたのは、そうした修正過程を経るなかで調査が少しずつ体系化されていったことを意味するため、言い換えれば初期に行くほど調査に不備な点が多かったと解釈される。

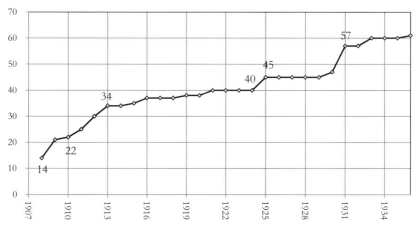

〈図8-1〉朝鮮総督府の農業生産統計調査品目数の変化（単位：品目）
〈資料〉朝鮮総督府『統計年報』各年度版より作成。

　これまで考察してみた通り、農業生産統計の作成法は1908年に最初に始められ、少しずつ具体化されていき、1915年の「農業生産統計作成に関する件」という訓令が出て、ようやくより完全な姿を備えるようになった。そしてその間調査品目数も〈図8-1〉に見られるように増え続けたが、1913年までの品目数の増加が特に著しい。すなわち、農業生産統計調査品目数は1908年の14品目から1910年の22品目に増え、1913年にはさらに34品目に増えた。その後、1924年まではわずか6品目増えるに留まっており、だいたい1913年頃になってようやく調査体系がある程度落ち着くようになったことがわかる。

　報告例が配付されたのが1911年で、調査品目数の大幅な増加が行われたのも1913年までであり、農業生産統計作成方法を比較的具体的に記述した「農業生産統計作成に関する件」という訓令が出されたのも1915年で、耕地についての正確な把握も1918年の土地調査事業の完了によってようやく完全になった点、などなどを考慮すると、1917年までの統計は未だに体系化できないものであったと見てもよいであろう。朝鮮総督府が、土地調査事業が完了する1918年版『統計年報』とその翌年である1919年版『統計年報』で1917年までの過去の統計を修正せざるをえなかったのも、まさにこ

第8章　おわりに——誇張された危機、そして誇張された開発　329

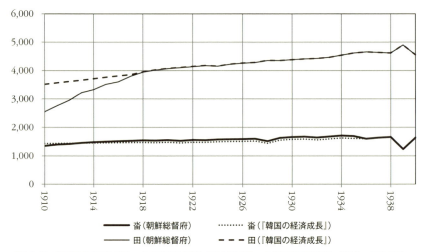

〈図 8-2〉『韓国の経済成長』と朝鮮総督府『統計年報』の栽培面積比較（単位：千町歩）
〈資料〉朝鮮総督府『統計年報』および『韓国の経済成長』附表より作成。

のような理由のためであった。

　問題は、このような2回にわたる修正で1917年までの統計が正確になったのかどうか、という点である。『韓国の経済成長』では農業生産に関する推計を行う時、生産量は栽培面積に単位面積当たりの生産量を掛けて出している。ところが、このうち栽培面積は朝鮮総督府が2回にわたって修正したにもかかわらず、さらに追加で修正して使用したのに対し、単位面積当たりの生産量は朝鮮総督府の修正が妥当だとみなしてそのまま使用している。『韓国の経済成長』で修正した栽培面積は〈図8-2〉の通りである。これは、朝鮮総督府の2回にかけての修正にもかかわらず、その修正された資料のうち一部が依然として不十分な修正であったことを植民地近代化論者たちも認めていることを意味する。まさにこうした点で、1917年までの朝鮮のGDPが急速に増加したということに疑問が生じざるをえないのである。

　ところが、1917年までの朝鮮は、依然として農業中心地域で、生産全体において農業が占める割合が圧倒的に高かった。したがって、この時期にGDPが急速に成長したということは、農業生産が急速に成長するよう推計されたために生じた結果であった。日帝時代に農業開発は、周知の通り

1920年の産米増殖計画が始まって本格化した。1917年までの朝鮮の実質農業生産が1918年以後に比べてはるかに急速に増加したとすれば、1918年以後の農業生産に有利な条件を超える何か特別な条件がなければ、合理的に理解できない。果たして1917年までに1918～1929年の間より農業生産をより早く増大させるだけのはるかに有利な何かの条件が存在したのだろうか？

筆者は1917年までの朝鮮の農業生産が、1918～1929年などそれ以後の時期に比べてより早く成長したとみなしうるだけの特別な理由を発見できず、従って1917年までの農業生産の増加は1918～1926年あるいは1918～1929年の間の成長趨勢と大きく変わらなかったとみた。したがって、1917年までの農業生産あるいはGDPに関する推計結果は、1918年以後の趨勢に合わせて修正されなければならないと主張した。もちろん、植民地近代化論が筆者のこのような主張を受け入れることになれば、植民地朝鮮が開発されるなかGDPが非常に急速に成長したとか、1人当たりのGDPが急速に増加し、その過程で朝鮮人の生活の質も向上した、などなど植民地近代化論の最も核心的な命題は相当大きな打撃を受けることになるであろう。ともあれ、植民地近代化論では初期の推計を修正する代わりに、筆者の主張に対して猛烈な批判をしてきた。1917年までの農業生産が急増したことを説明しうる十分な理由があるのに、筆者がそれを無視しているというのである。どちらの主張が正しいのであろうか？

第2章と第3章では、李栄薫と趙廷來の論争を素材にして、全羅北道と金堤・萬頃平野、特に碧骨堤を中心に日帝初期の水利施設の存在様態を検討した。金堤・萬頃平野地帯の水利施設、あるいは農業生産性と関連して、趙廷來は収奪論の色眼鏡をかけて小説を書いたため、その小説では日帝時代の朝鮮で起こった主要な変化のうちの1つである開発の側面は、全く扱われなかった。すべては「奪われて連行されて」というイメージに収斂された。その反対に、李栄薫は植民地近代化論という色眼鏡をかけて趙廷來を批判したため、最初から収奪の側面は考慮の対象になりえず、日本人と日帝による開発だけが主な関心事になった。金堤・萬頃平野地帯に果てしなく広がっていた干潟と浜田を今日のような豊かな平野地帯に変貌させたのは、日露戦争以後朝鮮に進出していた日本人農事経営者たちであり、朝鮮総督府であった。彼

らによって初めてこの捨てられた土地が沃土に変貌することができたというのである。ここに見られるのは、土地を奪われて流浪の道に旅立たなければならない朝鮮人たちではなく、荒廃地を沃土に変える開発であり、そこに動員された朝鮮人の行列であり、開発の結果生計が潤うようになった朝鮮人たちであった。沃土と荒廃地、収奪と開発、この互いに対立的な視角が収奪論と植民地近代化論という2つの理論を媒介に、日帝初期の金堤・萬頃平野地帯で鋭くぶつかり合ったのである。収奪論と植民地近代化論が激烈にぶつかり合うこのようなケースは、日帝初期の朝鮮の農業を理解する上で、これ以上ないよい素材となる。

では、事実（fact）はどうだったのであろうか？　日帝初期の金堤・萬頃平野は趙廷來が考えたような豊饒な平野地帯ではなかった。この地域は、低起伏性の平坦地が広範に広がっており農耕に有利な条件を備えていたが、必要な農業用水を調達するのが難しい所でもあった。東津江、古阜川、院坪川など、この地域を流れる主要な河川は、平野面積に比べて水量が法外に不足していた。したがって、この地域の開発には水源の確保が何より重要であり、古代以来、水源開発のための努力が繰り返されて来た地域であった。金堤・萬頃平野の農業開発史は、そのまま人工灌漑史だと言えるほどに、水利施設の築造と維持が特に重要な地域がこの地域であった。碧骨堤が最も象徴的な存在であった。

碧骨堤は今から約1700年前であるA.D.330年に築造された平地型貯水池であった。現存する遺跡から見ると、3.3～4.3mの高さの堤防が南北に3kmほど伸びている、巨大な規模の貯水池の堤であった。そして碧骨堤を韓国で最も古い貯水池とみなすのが通説であった。

ところが、碧骨堤が貯水池としての機能をまともに行ったのは、この1700年間でしごく一部の期間に過ぎなかったと思われる。ほとんどの期間、碧骨堤は堤防の一部が破壊された状態で過ごして来た。碧骨堤が最後に重修されたのは、朝鮮の太宗時代である1415年であったが、6年後の1421年に「大暴雨」により堤防の一部が破壊され、貯水池としての機能を失って以来、日帝時代初期まで放置されてきたと思われる。碧骨堤に代わる役割を果たしたのが、各地に設置された洑であった。東学農民運動の始発点となった萬石

洑がまさにそのような洑の1つであった。この萬石洑（光山洑および龍山洑）によって灌漑されていた古阜郡の北村面、龍山面、畓内面などは、むしろ水害を心配しなければならないほど比較的十分な農業用水の供給を受けることができていたが、水量が多くなかった金堤郡の新坪川と院坪川流域の水田は、常に農業用水の不足で旱魃の被害にさらされていた。特に新坪川と萬頃江の間の地域（萬頃面一帯）は、旱魃の被害が最も大きく、院坪川と新坪川の間の地域（西浦面と半山面および洪山面の一部地域）がその次に旱魃の被害が大きい地域であった。充分ではなかった河川水さえも中間に設置された洑に貯留されたため、各河川の下流地域は深刻な農業用水不足の事態に直面せざるをえなかった。『アリラン』の舞台となる金堤郡洪山面、半山面、西浦面一帯は、このように20世紀初めには旱魃の被害に全面的にさらされた地域で、生産性が高い地域ではなかった。

　そうだとすると、植民地近代化論の事実認識は妥当なのであろうか？　植民地近代化論では、この地域は生産性が低い所であるという点を強調しすぎたあまり、事実上不毛の地であるとみなした。本書の第2章の冒頭に引用した李栄薫の地図（〈図2-1〉）が、植民地近代化論のこの時期の農業に対する全般的な認識がどのようなものであったのかを要約して見せてくれる。この地図では、海岸から直線距離で6～7km離れた碧骨堤をはじめとして新坪川の宗新里前の堤防など、内陸奥深くの場所に古代に建てられた防潮堤がずっと存在し続けたという前提下で、その防潮堤と海岸の間の地域を干潟や浜田とみなしている。海水が随時に出入りする地域は、正常な農耕地とはなり得ないため、これらの地域を事実上の不毛地帯とみなしていた、と言っても過言ではないであろう。碧骨堤を防潮堤だったとする主張が成立しさえすれば、趙廷來に対する批判はそれ1つでも充分であり、それ以上他の批判は一切無用になるであろう。

　しかし、碧骨堤が防潮堤であったという李栄薫の主張は、全く妥当性のないものであった。それが最初に築造された約1700年前にも、海進説を裏付けるだけの明らかな証拠がなかった一方で、『三国史記』や『三国遺史』の記録には、それを貯水池とみなしうるに値する根拠がいくつも登場する。太宗朝と世宗朝の『朝鮮王朝実録』には、碧骨堤の重修に関連する多くの記事

が収録されているが、そこでも碧骨堤は貯水池として重修されたことが明らかになっている。さらには、李栄薫が防潮堤説の証拠とした『世宗実録地理誌』の「本朝太宗15年に再び積み上げたが、利益は少なく弊害は多かったため、すぐに壊した」という記事も、それが防潮堤であったことを語ってくれる証拠ではなかった。ただ、李栄薫がこれを防潮堤だと恣意的に解釈しただけである。碧骨堤近隣地域の地形に関する各種資料から見ても、碧骨堤の堤下の地域が海水の浸入に無防備にさらされていた地域ではなかったことは、明らかである。東津江水利組合の設立のために朝鮮総督府に提出した文書でも、日帝初期の金堤・萬頃平野地域の水利施設と関連した多くの貴重な情報を得ることができるが、その資料で碧骨堤下の平野地帯が海水の被害を受ける地域ではなかったとしている。東津水利組合で農地改良事業を実施するなかで作成した地図で見ても、碧骨堤の下の平野は、干潟や浜田ではなく、正常な農耕地であったことは明らかになった。碧骨堤は初めて築造された時だけでなく、1415年の重修当時および日帝初期にも防潮堤として機能したことは決してなかったことは、過去および現存するあらゆる証拠から明白である。このような碧骨堤を防潮堤と断定することで、日帝初期の全羅北道地方のあらゆる水利施設に対する到底納得しがたい解釈が出続けることになる。第2章と第3章、そして『時代精神』に掲載した李栄薫の批判文を読んでみれば、日帝初期の全羅北道の水利施設に対する李栄薫の著述のほぼ大部分が不正確で恣意的な解釈で満たされていることがわかる。最初のボタンを掛け違えたため、連鎖的に誤謬が生じたのであろうと推察される。

　では、碧骨堤の堤下の地域の土地生産性は、実際とその程度であったのだろうか？　不正確な資料ではあるが、このような土地生産性を垣間見ることができる資料がいくつか存在する。その1つは朝鮮総督府『統計年報』の郡別反歩当たり収穫量に関する資料である。この資料を整理すると、〈図8-3〉のようになる。

　今日の金堤郡（金堤市）の区域は、1914年に金溝郡と萬頃郡を併合して作られたものであるが、この資料は行政区域改編以前のものであるため、3郡が別々に出てきている。金堤郡に属するようになる3つの郡の反歩当たり生産量は、すべて全羅北道全体平均の1.109石よりは少ない。しかし、各道別

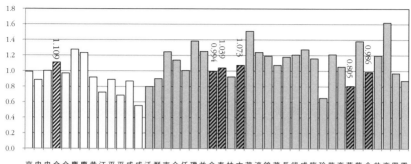

〈図8-3〉道別および全羅北道郡別反歩当たり生産量（単位：石／反歩）
〈注〉反歩当たり生産量は1909〜1912年の4カ年度を平均した値である。
〈資料〉朝鮮総督府『統計年報』1909〜1912年度版より作成した。

平均と比較してみると、特別少ないとは言いがたい。ただし、萬頃郡の場合には農業用水の供給が特に不足していたため、反歩当たり生産量は0.805石と他の2つの郡に比べ二割ほど少ない。しかし、郡の耕地の大部分が碧骨堤の堤下に位置する金堤郡の反歩当たり生産量が0.994石であり、郡の耕地がすべて碧骨堤の内側に位置する金溝郡の0.986石よりむしろ若干多い。1910年頃に碧骨堤の内側と外側の2つの地域の間で土地生産性にほとんど違いがなかったことを意味する。金堤郡と隣接する泰仁郡と古阜郡は、金堤郡より反歩当たり生産量が若干多いが、その差は大きくはない。この資料に依拠しても、碧骨堤の下側の平野地帯を干潟や浜田と見る李栄薫の見解は、全く妥当性を持たない。

同じ朝鮮総督府の資料に『土地調査参考書』の郡別資料もある。これを全羅北道について抜粋し、グラフに描いたのが〈図8-4〉である。調査時点は1905〜1909年頃であると判断される。金堤郡の反歩当たりの収穫量は1石程度で、〈図8-3〉で見たものと大きく変わらない。ただし〈図8-3〉とは異なり〈図8-4〉では、反歩当たり生産量が金堤郡と萬頃郡ですべて同じである。金堤郡と萬頃郡の反歩当たり収穫量は、全羅北道の他の郡の中間程度に該当する。やはり、碧骨堤を防潮堤とみなし、その下の耕地を干潟や浜田

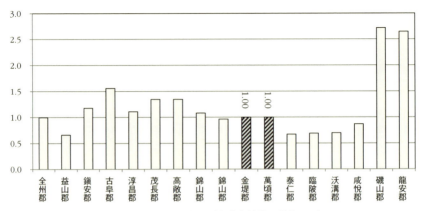

〈図 8-4〉全羅北道の郡別反歩当たり収穫量（中位畓基準、単位：石）
〈注〉原資料では 100 坪当たりの収穫量に対するものであるが、単位を反歩に換算した。調査始点は不明だが、1909 年旧韓国政府臨時財産整理局の調査によるものであると言う。そして収穫量は最近 5 年間平均であるとしている。
〈資料〉土地調査局『土地調査参考書』第 5 号、1911 年 8 月、99－100 頁より作成。

と見た場合にはありえない生産量のレベルである。

　『全羅北道統計年報』でも郡別の反歩当たり収穫量統計を見ることができる（〈図8-5〉参照）。図が複雑になるのを避けるために、全羅北道平均と金堤郡をはじめとするいくつかの郡の統計のみ描いたが、全体平均が1910～1916年の間に趨勢的にほとんど変化がないという点が注目される。金堤郡の場合には1914年から行政区域の改編があったという点を考慮しなければならないが、全羅北道平均より若干低い状態でありながらも、だいたいにおいて平行して変化している。図で反歩当たり生産量が最も低かった年度は1915年の0.77石で、全羅北道全体平均とはだいぶ差が出るが、残りの3年度は0.996～1.100石の間で、全羅北道の全体平均より若干低い程度であり、大きな差はない。

　最後に、東津北部水利組合と東津南部水利組合および東津江水利組合などの水利組合設立認可申請書の中には、組合設立によって発生する利益を検討する部分があるが、そこで水利組合設立以前と以後の反歩当たり生産量および費用の変化に関する資料を見つけることができた。

　まず各水利組合の資料に依拠し、各区域に含まれる村落とその土地等級別

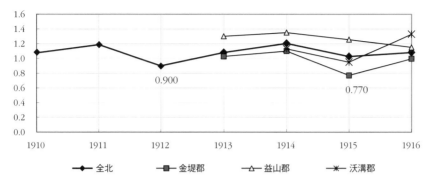

〈図 8-5〉全羅北道と金堤郡の反歩当たり生産量（単位：石）
〈注〉1913 年の金堤郡資料は行政区域改編以前のもので、従って金溝郡と萬頃郡が別々に存在する。
　1913 年の資料でも反歩当たりの生産量は金堤郡が 1.10 石、萬頃郡が 0.88 石、金溝郡が 1.13 石
　であった。だいたいにおいて〈図 8-3〉で見たものと似たような様相である。
〈資料〉『全羅北道統計年報』1913–1916 年版より作成。

分類を整理すると、〈表 8-3〉のようになる。

　東津北部水利組合の書類で、その前の 10 年間の反歩当たり玄米収穫量を見ると、〈表 8-4〉の通りである。この表でもわかるように、反歩当たり米穀生産量は区域別に異なっていた。各区域の位置は〈図 2-6〉で確認することができ、各区域に属する村落リストは〈表 8-3〉で探すことができる。水利組合全体の区域面積は 3941 町歩であったが、そのうち 4 割ほどは「第 3 区」に属し、「第 2 区乙」が 15％程度、全体面積の半分ほどが「第 1 区」と「第 2 区甲」に属する。すなわち、新坪川北岸に属する「第 1 区」と新坪川南岸に属する「第 2 区甲」区域では、3 年に一度「半収」があり、残りの 2 年は「皆無」であったと言う。そのため過去 10 年間のこの区域の反歩当たり収穫量は 0.24 石と非常に低く出されている。その反面、竹山支流北岸と碧骨堤の堤下に属する「第 2 区乙」と「第 3 区」は反歩当たり収穫量が 0.84 石と 0.90 石で、非常に高く策定されている。「第 2 区乙」の場合には、全収－半収－全収が反復されるもので、そして第 3 区は全収－半収が反復される形態で生産が行われたと仮定したのである。このように、東津北部水利組合の過去 10 年間の反歩当たり収穫量推計は全収、半収、皆無という 3 種類の概略的な基準を使用して規則的に（3 年あるいは 2 年周期で）把握するものであ

〈表 8-3〉東津江水利組合区域内の村落

郡	面	等級	東津北部水利組合			東津南部水利組合
			第2区甲	第2区乙	第3区	
金堤	半山	3	新坪、宗南	竹洞、自古、石山、加七		
金堤	西浦	3	大長、花洞	海倉、院基、佛堂		
金堤	洪山	3		五峯、雙弓、竹山、霊九、下院、内才、水越	流興、新月、福間、麻浦、待山、小三、大三、上新、柳湖、連峰、新村	
金堤	扶梁	2			方下、後浦、前浦、朱村、新亭、射亭、大場、新坪	
泰仁	龍山	1				禾湖、亭子、新徳、舟所、古棧、群浦
泰仁	北村	1				長達、東嶺
泰仁	伐末	1				山北一部
泰仁	畓内	1				藁田、黄田
古阜	巨麻	3				月坪、松月、石橋、南坪
古阜	白山	3				元川、典江、鳳棲、山内、下古

〈注〉東津江水利組合の区域に含まれる村落を基本に、各組合別に製表した。「等級」は東津江水利組合の区分による。東津北部水利組合および東津南部水利組合でつけた太い枠線を引いたものは、1等級の土地であり、灰色で色をつけたのみのものは2等級の土地に該当する。等級別の反歩当たり収穫量については〈表 8-4〉(東津北部水利組合)、〈表 8-5〉(東津南部水利組合)、〈表 8-6〉(東津江水利組合)を参照せよ。村落名の後ろの「里」や「村」を省略した。
〈資料〉国家記録院、MF90-0741、0422、0522-0523 頁より作成。

〈表 8-4〉東津北部水利組合の過去 10 年間の反歩当たり玄米収穫量

区域区分	過去10年間反歩当たり玄米収穫量										10年平均(石/反歩)	区域面積	
	1	2	3	4	5	6	7	8	9	10		町歩	割合(%)
第1区	◐	○	○	◐	○	○	○	○	○	◐	0.24	988.0	25.1
第2区甲	◐	○	○	◐	○	○	○	○	○	◐	0.24	1,027.5	26.1
第2区乙	●	◐	◐	○	○	○	◐	◐	◐	●	0.84	585.0	14.8
第3区	●	◐	●	○	○	○	◐	◐	●	●	0.90	1,540.3	39.1
合計											0.55	3,940.8	100.0

〈注〉記号を使って反歩当たり玄米収穫量を中心に整理した。
ただし、記号の意味は次の通りである。● = 全収 (1.2 石)、◐ = 半収 (0.6 石)、○ = 皆無 (0.0 石) 水利組合完成後にはすべての区域で反歩当たりの米穀生産量を 1.2 石と予想している。
〈資料〉国家記録院、MF 90-0741、0466 頁。

ったため、決して厳密な調査とは考えられない[12]。このような統計をそのまま信じてもよいのか、確信が得られないが、区域別土地生産性の高い、低いという順序程度は事実として受け入れてもよいであろうと考える。すなわち、新坪川流域に属する「第1区」と「第2区甲」は、土地生産性が非常に低く、竹山支流流域に属する「第2区乙」と「第3区」は比較的生産性が高く策定されているが、その中でも第3区がより高く把握されているのである。

東津南部水利組合の場合には、区域別に反歩当たり玄米生産量がわかるが、ここでは組合区域を「最旱害地」「水害地」「その他」などの3区域に区分している（〈表8-5〉参照）。「最旱害地」は蘘田から白山、白山／八旺里から東津江下流の間の地域、「水害地」は防水堤以南と光山洑から蘘田の間の地域を主にしており、「その他」は他のすべての水田で区分した。だいたい龍山洑から蘘田にいたる区間のうち、東津江左岸に属する地域は「水害地」、蘘田から東津江下流の間の地域は「最旱害地」、東津江右岸地域は「その他」に区分されるであろう。先に見たように、蘘田川（菊汀から蘘田方向に流れる河川）が事実上水源としては意味をなさなかったために、そこから東津江下流地域は最も旱魃のひどい地域として分類されたであろうし、萬石洑から蘘田にいたる地域は河川の氾濫による水害の被害を受ける地域に分類されたようである。この地域に在来防水堤がすでに築造されていたのも、このような水害予防と無関係ではなかったであろう。

この表を見ると、この水利組合の区域別面積は「その他」が51.7％と半分以上を占めており、残りは大部分が「最旱害地」である。「水害地」も若干あるが、その割合は6.9％に過ぎなかった。反歩当たり収穫量も「その他」が0.96石と最も多く、「水害地」と「最旱害地」がそれぞれ0.72石および0.60石であった。この反歩当たり収穫量を、先の東津北部水利組合の場合と比較してみると、全体平均としては0.55対0.79（石／反歩）と、南部水利組合がはるかに高いが、「最旱害地」区域の反歩当たり収穫量の差が非常に大きかったためであった。すなわち、全体のほぼ半分近くを占める最旱害地

[12) 先の〈表8-4〉は「最近年の事実を総合して概算したもので、事業完成後の生産量は1905年から施行した試験収穫率を固定して平均数を出したものである」としている。

〈表8-5〉東津南部水利組合の設立前後の反歩当たり玄米収穫量の変化

区域	区域面積		以前10年間の反収（石/反歩）	事業完成後の反収（石/反歩）	増加率（%）
	町歩	構成比（%）			
最早害地	720	41.4	0.60	1.2	100.0
水害地	120	6.9	0.72	1.2	67.4
その他	900	51.7	0.96	1.2	25.0
計	1,740	100.0	0.79	1.2	51.1

〈注〉「反収」は反歩当たり玄米収穫量を意味する。
〈資料〉国家記録院、MF 90−0741、0479頁。

の反歩当たり収穫量が南部水利組合では0.60石/反歩で比較的高く概算された反面、北部水利組合ではわずか0.24石/反歩と概算されたためである。

東津江水利組合の資料では、〈表8-6〉に見られるように、面別に土地等級と反歩当たり米穀収穫量が出ている。古阜郡畓内面と泰仁郡北村面および龍山面は1等級土地に分類され、水利組合設立以前にすでに反歩当たり1.2石の米穀を生産する地域であった。金堤郡扶梁面は2等級の土地に分類され、反歩当たり収穫量は0.8石であった。残りの地域は3等級の土地として反歩当たり収穫量が0.6石であった。

このように東津江水利組合の場合には、面別で反歩当たり収穫量資料が出されているため、先の東津北部および東津南部水利組合と互いに比較してみることができる。東津北部水利組合で第1区に属していた区域は、東津江水利組合として2つの水利組合が縮小統合するなか、区域の外に出されてしまう。そのため東津北部水利組合で反歩当たり収穫量が最も低かった地域としては「第2区甲」のみが残ることになるが、その反歩当たり収穫量は0.24石であった。ところが東津江水利組合では反歩当たり収穫量が最も低い3等級地域の反歩当たり収穫量が0.6石であった。同じ地域について東津北部水利組合では反歩当たり収穫量を0.24石、そして東津江水利組合では0.6石と、大幅に異なって把握していたことを意味する。東津北部水利組合の資料が過小評価されていたと思われる。

水利組合設置認可を受けるためには水利組合設置の利得を立証しなければならない。従って、水利組合設置認可申請書の中に含まれる水利組合の経済性の評価と関連する部分は、一般的に反歩当たりの収穫量を設置以前のもの

〈表8-6〉東津江水利組合の等級別反歩当たり玄米収穫量

区域区分	等級	畓面積		反歩当たり収穫量（石）		増収率（%）
		町歩	構成比（%）	完成前	完成後	
古阜郡／畓内面	1	225.6	6.6	1.2	1.5	25.0
泰仁郡／北村面、龍山面	1	585.9	17.1	1.2	1.5	25.0
金堤郡／扶梁面	2	549.5	16.0	0.8	1.2	50.0
古阜郡／巨麻面、白山面	3	490.5	14.3	0.6	1.0	66.7
金堤郡／洪山面、竹山支流左岸	3	692.3	20.2	0.6	1.0	66.7
金堤郡／洪山面、半山面、西浦面、竹山支流右岸	3	889.0	25.9	0.6	1.0	66.7
計		3,432.8	100.0	0.77	1.15	49.4

〈注〉収穫量は玄米とすると明記されている。0413頁。
〈資料〉国家記録院、MF 90-0741、0412-0413頁。

は過小評価し、設置以後のものは過大評価する傾向がある。東津北部、東津南部、東津江水利組合の書類を読む場合は、このような点に留意しなければならないであろう。しかし、新坪川下流地域（「第1区」と「第2区甲」）は、土地生産性が相当低い地域で、院坪川下流地域（「第2区乙」）もしょっちゅう旱魃になる場所であるため、やはり土地生産性が多少低かった。しかし碧骨堤の下側（「第3区」）と萬石洑の近隣地域は、比較的灌漑がよくなされており、土地生産性が高い地域であった。先の朝鮮総督府『統計年報』や『全羅北道統計年報』で萬頃郡の反歩当たり生産量が特に低かったということと、一脈を通じる。それぞれの河川の下流地域で、海岸に隣接した場所では、土地生産性が相当低かった可能性があるが、金堤・萬頃平野地帯は全体的に全羅北道の他の地域に比べて特別土地生産性が低い地域ではなかったと判断される。

　これまで検討してみたように、日帝初期の朝鮮の農業状況を最悪なものに追いやろうとする植民地近代化論の見解は、先に見た朝鮮王朝末期の危機状況を強調することと連続線上にある。また、日帝時代の朝鮮の農業に対する見解も、やはり同一の延長線上に置かれていた。すなわち、朝鮮が日本の植民地になるなか、朝鮮の農業生産が飛躍的に発展しはじめた、というものである。このうち、特に問題となるのは、統計が不正確であった1917年までの農業生産であった。

農業生産の増大に影響を与える要因としては、大きく栽培面積の拡大と反歩当たり生産量の増加の2つをあげることができるであろう。第5章では、開墾と干拓および地目変更による栽培面積の変化を扱った。開墾や干拓のほとんどは、朝鮮総督府の承認を受けなければならないもので、従って比較的記録がよく残っている。干拓王と呼ばれていた藤井寛太郎や東洋拓殖会社の干拓事例など、開墾と干拓に関する多くの記録も残っている。しかし、これらの開墾と干拓によって増大した面積は、朝鮮全体の耕地面積に照らし合わせてみるとそれほど広い面積ではなく、これによって農業生産が急増したとするのは難しい。〈図8-1〉で見たように、『韓国の経済成長』でも栽培面積は非常に緩慢に増加したものとして取り扱っている。植民地近代化論者の中で、李栄薫のみ唯一そうした方式で栽培面積を補正することに対して批判的であるが、第5章で説明したように、彼の主張は妥当ではない。

　このように、農業生産の急増を栽培面積の急増で説明することができないとすれば、反歩当たり生産量の急増以外には説明する術がなくなる。第5章では、灌漑面積の変化について扱ったが、それ以外にも、第6章では優良品種の普及や肥料投入の増加などの改良農法の普及が農業生産にどのような影響を与えたのかを扱った。これらの様々な要因の中で、1910～1917年の間に、他の期間よりも急速に増加したのは、優良品種栽培面積の増加が事実上唯一である。灌漑面積の拡大や肥料投入の増加は、1910～1917年の間よりは、1918年以後、特に産米増殖計画が始められた1920年以後に大幅に増加する。従って、灌漑面積の拡大や肥料投入の増大という観点から農業生産の変化を問うとするなら、1910～1917年の間ではなく1918年以後に、より急速に増加していなければならない。結局、1910～1917年の間の農業生産の急増を説明しうる唯一の要因は、優良品種の普及ただ1つだけが残ることになるのである。

　果たして、優良品種の普及が拡大したため1910～1917年の間の朝鮮の農業生産が急増したのだろうか？　第6章ではこの点に焦点を合わせて分析した。分析に使用した基本資料は、植民地近代化論であれ筆者の場合であれ、どちらも朝鮮総督府『農業統計表』であった。同一の資料を使用したにもかかわらず、筆者はこの期間の農業生産が事実上停滞していたと見たのに対し、

植民地近代化論は急増したと主張した。資料解釈の違いが原因である。

　植民地近代化論の資料解釈は、朝鮮総督府『農業統計表』の優良品種と在来品種栽培地の反歩当たり生産量の差（例えば、〈図6-7〉の2つの曲線間の垂直距離）を品種自体の生産性の違いのみで解釈した。しかし、もし優良品種栽培地が、灌漑施設がよく整えられており、改良農法の導入がより活発な傾向がある場所だとすれば、〈図6-7〉の2つの品種間の垂直距離の中には、品種それ自体による格差以外に、土地肥沃度のような他の要因により発生する格差が含まれている。言ってみれば、品種自体のみによる生産性格差は、垂直距離よりはるかに小さい可能性もあるという意味である。植民地近代化論ではこの点を考慮しなかったため、非常に単純な問題で解釈の間違いを犯すことになる。すなわち、優良品種が在来品種より生産性がはるかに高く、その優良品種の普及率が1910年代に飛躍的に増加したため、優良品種と在来品種の栽培地すべてにおいて平均反歩当たり生産量も急増せざるをえなかったというのである。第6章で見た金洛年の論理がまさにこれであった。

　〈図8-6〉で(A)は朝鮮総督府『農業統計表』の米穀の反歩当たり生産量についての統計のうち、1914～1929年部分のみ取り出して描いたものである。反歩当たり生産量は0.8～1.0石の間を行ったり来たりしながら変化しており、趨勢的に増加したとは言いがたい。回帰線を置いてみても、同様である。しかし、(B)を見ると、趨勢的に増加したと言える。1910～1914年の間の4カ年度を含めたのか(A)、含めなかったのか(B)によって、1914～1929年の間の変化についての解釈が完全に異なりうるのである。金洛年の主張は(A)のような場合には成立しない。この期間にも優良品種と在来品種の間の格差は大きく存在しており、優良品種普及率も大幅に高くなった。金洛年の論理の通りであるとすれば、反歩当たり生産量も大幅に増加していなければならないが、(A)で見るし、全くそうではない。反歩当たり生産量は事実上停滞していたのである。朝鮮総督府の農業統計の中でも、特にその正確性が疑われる1910～1913年の間の資料を投入してはじめて、金洛年の論理がある程度合うようになる。要するに、金洛年の論理は、まだ優良品種の普及がしごく微々たるものであった1910～1913年を含めてようやく、優良品種の普及率の増加が平均反歩当たり生産量を増加させたと主張し

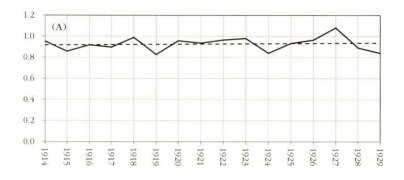

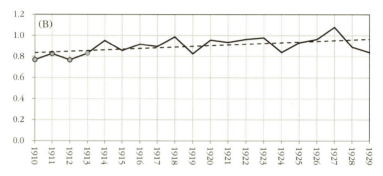

〈図8-6〉朝鮮総督府『農業統計表』の米穀の反歩当たり生産量の変化推移
〈注〉（A）と（B）は他のものはすべて同一で、1910〜1913年の間を含めたことだけが異なる。
〈資料〉朝鮮総督府『農業統計表』1940年度版より作成。

うるに過ぎないのである。この簡単で明白なことを統計の達人たちがなぜ見つけることができなかったのだろうか？　植民地近代化論という理論の「色眼鏡」をかけて日帝時代の農業を見たためではなかっただろうか？

　解放になった時、南韓の米穀生産量は〈図7-12〉に見られるように、1920年のレベルと大きく変わらなかった。筆者の資料ではなく、『韓国の経済成長』で農業部門を担当していた朴ソプの資料によると、そうなのである。もし筆者の主張通りに1910〜1917年の農業生産の急増が不正確な統計を充分に修正しないで使用したために生じたもので、実際の農業生産は停滞的であったとするならば、1910年の米穀生産量は1920年のそれと大きく異ならなかったであろう。すなわち、解放ごろの南韓の米穀生産量は、1910年

と大きく異ならなかったという意味になる。このようにならないと、解放直後のとてつもない貧困は説明できない。政治的独立は日帝支配下で抑えられていたあらゆる発展のエネルギーが爆発しうる契機となった。〈図7-12〉で見られるように、米穀生産量、あるいは反歩当たり生産量は解放後にはじめて爆発的に増大しえた。日帝時代の変化は、20世紀全体の変化様相から見ると、あたかもコップの中の暴風のようなものであり、農業革命とでも言える位の驚くべき生産増加は、1950年代後半から1970年代後半の間の20年間あまりに起こったのである。〈図7-11〉が鮮明に示している事実である。

付表

〈付表1〉日帝時代の朝鮮の開墾面積と干拓面積（累計）推計

	『朝鮮土地改良事業要覧』			『統計年報』国有未墾地（開墾＋干拓面積）	林采成 干拓面積
	未墾地（開墾面積）	共有数面（干拓面積）	合計		
1910					
1911	135	0	135	135	0
1912	276	11	287	287	11
1913	481	169	650	650	169
1914	778	329	1,107	1,107	329
1915	1,387	357	1,744	1,744	357
1916	2,354	836	3,190	3,190	836
1917	2,876	1,104	3,980	3,753	956
1918	3,756	1,451	5,207	4,882	1,174
1919	4,276	1,620	5,896	6,153	1,411
1920	4,682	2,025	6,707	6,912	1,565
1921	5,414	2,276	7,690	7,559	1,929
1922	6,443	2,687	9,130	10,464	2,339
1923	6,807	3,119	9,926	13,367	4,145
1924	7,002	3,468	10,470		4,639
1925	8,685	7,150	15,835		5,078
1926	10,129	7,850	17,979		5,519
1927	11,248	11,366	22,614		6,215
1928	12,716	13,257	25,973		8,693
1929	14,174	15,775	29,949		10,952
1930	15,004	17,869	32,873		13,506
1931	19,274	20,704	39,978		14,920

1932	20,732	27,040	47,772		17,499
1933	21,147	30,692	51,839		21,617
1934	22,197	31,979	54,176		26,828
1935	23,541	34,156	57,697		28,429
1936	24,160	37,995	62,155		29,851
1937	26,376	43,908	70,284		33,262
1938	26,841	46,335	73,176		36,272
1939	28,370	52,882	81,252		40,742
1940	31,652	53,523	85,175		46,930
1941					47,246
1942					47,730
1943					49,145
1944					49,582
1945					49,596

〈注〉灰色に塗ったセルは『統計年報』の未墾地面積から林采成の干拓面積を引いて推計した干拓面積および開墾面積である。

〈資料〉朝鮮総督府『朝鮮土地改良事業要覧』各年度版、朝鮮総督府『統計年報』各年度版、林采成『植民地朝鮮における干拓事業に関する研究－韓国人の能動的参与と成長－』ソウル大学校経済学修士学位論文、1995年より作成。

〈付表 2〉 日帝時代の灌漑面積の変化

	하천조사서				토지개량사업요람				
	수리조합	재래제언보	인가사업	합계 1	제언	보	양수기	기타	합계 2
1910	6,336	240,721		247,057	379,871	-		126,570	506,441
1911	6,336	244,084		250,420	383,234		364	126,570	510,168
1912	8,333	250,526	3	258,872	391,686		727	126,570	518,983
1913	8,333	256,985	457	265,775	398,589		1,091	126,570	526,250
1914	16,194	264,825	1,045	282,064	414,878		1,454	126,570	542,902
1915	16,194	271,866	1,819	289,879	422,693		1,818	126,570	551,081
1916	23,947	279,399	2,741	306,087	438,901		2,181	126,570	567,652
1917	24,747	286,231	3,558	314,536	447,350		2,545	126,570	576,465
1918	24,747	290,814	5,267	320,828	453,642		2,908	126,570	583,120
1919	36,143	290,814	6,305	333,263	466,077		3,272	126,570	595,919
1920	43,730	290,814	7,015	341,559	474,373		3,635	126,570	604,578
1921	49,642	290,814	8,672	349,128	481,942		6,518	120,043	608,503
1922	66,802	290,814	9,603	367,219	500,033		9,401	130,956	640,390
1923	76,546	290,814	11,016	378,376	511,190		12,283	141,869	665,342
1924	82,374	290,814	18,796	391,984	524,798		15,166	152,782	692,746
1925	103,236	290,814	27,054	421,104	114,634	439,284	18,049	195,893	767,860
1926	126,361	290,814	33,613	444,388	117,698	465,855	22,001	197,445	802,999
1927	136,681	290,814	45,374	472,869	124,946	463,531	24,448	213,537	826,463
1928					141,645	476,606	40,718	225,161	884,131
1929					149,682	479,978	46,940	235,180	911,780
1930					170,162	500,217	39,898	250,155	960,432
1931					188,621	527,856	42,674	259,808	1,018,959
1932					197,422	533,874	41,178	261,665	1,034,139
1933					217,906	567,628	42,624	284,374	1,112,532
1934					226,473	586,730	45,697	288,408	1,147,308
1935					243,282	581,573	52,565	284,028	1,161,448
1936					248,764	599,748	61,602	266,357	1,176,470
1937					253,400	602,891	66,877	296,574	1,219,742
1938					262,496	597,296	69,428	287,594	1,216,814
1939					268,461	595,846	76,829	295,541	1,236,677
1940					284,179	590,794	87,305	298,370	1,260,727
1941					286,834	553,482	83,673	295,524	1,219,512
1942					292,539	528,257	94,143	290,573	1,205,511
1943					333,588	467,762	101,369	272,290	1,175,008

〈注〉 推計仮定については、第 5 章の本文参照。
〈資料〉 1910 ～ 1927 年：朝鮮総督府『朝鮮河川調査書』第 1 巻、409 － 410 頁、1925 ～ 1945 年：朝鮮総督府『朝鮮土地改良事業要覧』1931、1934、1939、1941 年版、1941 ～ 1943 年：朝鮮銀行調査部『朝鮮経済年報』1948 年版、Ⅰ － 40 頁。

著者略歴
許粹烈（ホ・スヨル）
ソウル大学校経済学科を卒業し、同大学院で経済学修士・博士学位を取った。日本の京都大学招聘外国人研究者および米国ハーバード大学 visiting scholar を経て、現在忠南大学校経商大学経済学科教授として在職している。韓国近代経済史が専攻で、特に日帝時代の朝鮮経済について関心を持ち研究してきた。『開発なき開発』、「日帝下朝鮮における日本人土地所有規模の推計」、「韓国経済の近代化始点」などの論著がある。

訳者略歴
庵逧由香（あんざこ・ゆか）
立命館大学文学部教授。高麗大学校史学科大学院文学博士。専攻は朝鮮近現代史、日韓関係史。主要論著に、「朝鮮における総動員体制の構造」『岩波講座東アジア近現代通史 第6巻』岩波書店、2011年1月（共著）、庵逧由香「植民地期朝鮮史像をめぐって－韓国の新しい研究動向－」『歴史学研究』No.868、2010年7月、などがある。

植民地初期の朝鮮農業
──植民地近代化論の農業開発論を検証する

2016 年 4 月 30 日　初版第 1 刷発行

著　者	許　　粹　烈
訳　者	庵　逧　由　香
発行者	石　井　昭　男
発行所	株式会社　明石書店

〒101-0021 東京都千代田区外神田 6-9-3
電　話　03 (5818) 1171
ＦＡＸ　03 (5818) 1174
振　替　00100 7 24505
http://www.akashi.co.jp

装幀　　　明石書店デザイン室
編集・組版　有限会社閏月社
印刷・製本　モリモト印刷株式会社

(定価はカバーに表示してあります)　　ISBN978-4-7503-4328-0

韓国の歴史教育
皇国臣民教育から歴史教科書問題まで
金漢宗著　國分麻里、金玹辰訳
●3800円

東アジアの歴史
世界の教科書シリーズ㊷
アン・ビョンウほか著　三橋広夫、三橋尚夫訳
●3800円

古代環東海交流史1　高句麗と倭
東北亜歴史財団編著　羅幸柱監訳　橋本繁訳
●7200円

古代環東海交流史2　渤海と日本
東北亜歴史財団編著　羅幸柱監訳　橋本繁訳
●7200円

高句麗の文化と思想
東北亜歴史財団編　東潮監訳　篠原啓方訳
●8000円

高句麗の政治と社会
東北亜歴史財団編　田中俊明監訳　篠原啓方訳
●5800円

独島・鬱陵島の研究
歴史・考古・地理学的考察
洪性徳、保坂祐二、朴三憲、呉江原、任徳淳著　韓春子訳
●5500円

ヨーロッパからみた独島
フランス、イギリス、ドイツ・ロシアの報道分析
閔有基、崔在熙、崔豪根、閔庚鉉著　舘野晢訳
●5800円

検定版　韓国の歴史教科書
高等学校韓国史
世界の教科書シリーズ㊴
イ・インソク、チョン・ヘンニョル、パク・チュンヒョン、パク・ボミ、キム・サンギュ、イム・ヘジュン著　三橋広夫、三橋尚夫訳
●4600円

日本の朝鮮植民地支配と植民地的近代
李昇一、金大鎬、鄭炳旭、文暎周、鄭泰憲、許英蘭、金旻榮著　庵逧由香監訳
●4500円

朝鮮時代の女性の歴史
家父長的規範と女性の一生
奎章閣韓国学研究院編著　小幡倫裕訳
●8000円

植民地朝鮮の新女性
「民族的賢母良妻」と「自己」のはざまで
文玉杓著　井上和枝訳
●4000円

韓国人女性の国際移動とジェンダー
グローバル化時代を生き抜く戦略
柳蓮淑著
●5700円

韓国・済州島と遊牧騎馬文化
モンゴルを抱く済州
金日宇、文素然著　井上治監訳　石田徹、木下順子訳
●2200円

朝鮮王朝儀軌
儒教的国家儀礼の記録
韓永愚著　岩方久彦訳
●15000円

国際共同研究　韓国強制併合一〇〇年　歴史と課題
笹川紀勝、邊英浩監修　都時換編
●8000円

〈価格は本体価格です〉